普通高等教育"十三五"规划教材 园艺园林系列

园艺植物遗传学

张菊平 主编

化学工业出版社

·北京·

《园艺植物遗传学》包括绪论、遗传的细胞学基础、遗传物质的分子基础、遗传学的基本定律、园艺植物性别的决定和花性分化、细胞质遗传、数量性状的遗传、近亲繁殖和杂种优势、遗传物质的变异、群体遗传与进化、园艺植物主要性状的遗传等内容。全书概念准确、内容丰富、条理清晰、图文并茂、通俗易懂。每章有思考题，以便学生复习训练。

　　《园艺植物遗传学》可作为高等农林院校园艺、园林、农学、林学等专业教材，也可作为园艺、园林科研、生产的参考用书。

图书在版编目（CIP）数据

园艺植物遗传学/张菊平主编. —北京：化学工业出版社，2016.7（2024.11重印）
普通高等教育"十三五"规划教材
ISBN 978-7-122-26929-4

Ⅰ.①园…　Ⅱ.①张…　Ⅲ.①园林植物-植物遗传学-高等学校-教材　Ⅳ.①Q943

中国版本图书馆 CIP 数据核字（2016）第 087751 号

责任编辑：尤彩霞　　　　　　　　　装帧设计：关　飞
责任校对：宋　玮

出版发行：化学工业出版社（北京市东城区青年湖南街 13 号　邮政编码 100011）
印　　装：北京科印技术咨询服务有限公司数码印刷分部
787mm×1092mm　1/16　印张 14　字数 366 千字　2024 年 11 月北京第 1 版第 4 次印刷

购书咨询：010-64518888　　　　　　　售后服务：010-64518899
网　　址：http://www.cip.com.cn
凡购买本书，如有缺损质量问题，本社销售中心负责调换。

定　　价：38.00 元

普通高等教育"十三五"规划教材
《园艺植物遗传学》
编写人员

主　编　张菊平
副主编　胡建斌　杜晓华
编　者　（按姓氏拼音排序）

杜晓华　河南科技学院

胡建斌　河南农业大学

李　征　西北农林科技大学

刘珂珂　河南农业大学

欧庸彬　西南科技大学

谭　彬　河南农业大学

张会灵　河南科技大学

张菊平　河南科技大学

张　勇　四川农业大学

前　言

园艺植物（horticulture plant）包括果树、蔬菜、花卉、茶树、芳香植物、药用植物、食用菌和地被植物，以及室内外盆花、鲜切花、果蔬盆景、花木盆景甚至干花，对丰富人类营养和美化、改善人类生存环境有重要意义。

园艺植物遗传学（horticultural genetics）以园艺植物为对象，以园艺植物重要经济性状的遗传变异为研究内容，以培养具有坚实理论基础的园艺植物遗传育种工作者为主要目标。《园艺植物遗传学》教材课程性质为专业基础课，先修课程有植物学、园艺植物学、花卉学、植物生理学、基础生物化学等。

本书在编写过程中，总结和吸纳了植物遗传学的基础理论和最新研究成果，力求做到语言上简洁精练、深入浅出，内容上全面反映园艺植物遗传的新理论和新成果，以便能科学系统地服务于园艺植物遗传学的本科教学。为了便于学生自学，在内容安排上，每章有思考题。同时，编写过程体现了多接口的自学内容和进一步学习的空间。全书概念准确、内容丰富、条理清晰、图文并茂、通俗易懂。

本书共十章，各章的编写人员分工如下：绪论由张菊平、胡建斌编写，第一章由欧庸彬、张会灵编写，第二章由李征、张勇、杜晓华编写，第三章由张会灵、欧庸彬、谭彬编写，第四章由欧庸彬、胡建斌编写，第五章由胡建斌、张勇编写，第六章由张勇、李征编写，第七章由张勇、李征编写，第八章由杜晓华、张会灵、张菊平编写，第九章由张菊平、李征、杜晓华编写，第十章由张菊平、胡建斌、杜晓华、刘珂珂编写。全书初稿经张菊平、胡建斌多次讨论、修改后，由张菊平对内容、编排和图表进行统一定稿。全书大多数章节示意图由河南科技大学的王磊同志编辑和绘制。在编写和审改过程中，得到了西北农林科技大学巩振辉教授的关心和帮助，并提出了宝贵的修改意见。谨在此表示衷心的感谢！

本书适于作为园艺、观赏园艺、园林、林学、农学及相关专业师生的本科教材，也可作为从事园艺、园林科研、生产的相关工作者参考用书。

本教材内容新、起点高、覆盖面广、知识丰富。虽然在编审人员的共同努力下完成了这一艰巨任务，但由于时间紧、任务重，知识和经验有限，书中不妥之处在所难免。恳切希望使用本教材的师生和读者不吝赐教，发现问题及时反馈，提出宝贵意见，供再版时采用。

张菊平

2016 年 5 月

目　录

绪　　论

一、园艺植物遗传学研究的对象和任务

（一）园艺植物遗传学的研究对象

遗传学（genetics）是 20 世纪发展起来的一门系统的科学。遗传学作为一个学科的名称是由英国生物学家贝特生（W. Bateson）于 1906 年首次提出。园艺植物遗传学（horticultural genetics）是以园艺植物（果树、蔬菜、观赏植物、药用植物、茶树、芸香植物等）为研究对象，研究其遗传和变异以及主要经济性状遗传规律的科学，也可认为是研究其遗传信息的科学。现代园艺植物是一类供人类食用或观赏的植物。狭义上，园艺植物包括果树、蔬菜和花卉；广义上，它还包括茶树、芳香植物、药用植物、食用菌和地被植物，以及室内外盆花、鲜切花、果蔬盆景、花木盆景甚至干花。这些植物在生长发育过程表现出各自独特的性状，如产量、品质（外观品质、内在品质、营养品质等）、成熟期、抗性（抗病性、抗虫性、抗寒性等）等性状，它们不仅为人们提供了丰富多样、美味可口的副食品，而且还作为美丽的音符组成了花园中美的乐章。

园艺植物遗传学以园艺植物的各种性状为研究对象，以个体为研究单位，研究各主要性状遗传变异的基本规律。在此基础之上，利用遗传变异的基本规律对各经济性状进行遗传改良，为园艺产业的发展研究品种的培育技术，进而为园艺事业的建设提供更加丰富的新品种、新材料，同时也为更好地栽培各类园艺植物提供理论依据。

（二）园艺植物遗传学的任务和内容

1. 园艺植物遗传学的任务

园艺植物遗传学的任务在于：阐明园艺植物遗传和变异的现象及其表现规律，探索其遗传和变异的原因及其物质基础，揭示其内在的规律，从而进一步指导园艺植物的育种实践，选育出新类型和新品种，更好地造福人类。

2. 园艺植物遗传学的内容

园艺植物遗传学的内容主要包括遗传物质及其传递途径、基因的结构与基因的表达调控、遗传信息转化为性状所需的内外环境、遗传物质在世代间传递的方式和规律及其表达（基因的原始功能、基因间的相互作用、调控以及个体发育的作用机制等）和改变的原因等。

二、遗传学的基本概念和基本内容

（一）遗传学的基本概念

遗传学是研究生物遗传和变异的科学。遗传和变异作为生物的两个基本属性，是生命运动中的一对矛盾统一体。

1. 遗传和变异

自然界的园艺植物种类繁多，品种各式各样。它们通过繁殖产生后代，使种族繁衍。现

代的植物类型都是古代原始类型的后裔，是植物进化的结果。植物通过繁殖，能产生与亲代性状相似的后代，这种子代和亲代之间性状的相似性，就是遗传（heredity）。所谓"物生其类"、"种瓜得瓜，种豆得豆"就是指物种间的遗传。这种基本的生命特征不论通过性细胞进行有性繁殖，还是通过体细胞或组织进行无性繁殖，都会体现出来。

生物体通过遗传，不仅传递了与亲代相似的一面，同时也表现出与亲代相异的一面。同种生物的亲代与子代间以及子代不同个体之间的差异，称为变异（variation）。

遗传和变异是生物体在繁殖过程中普遍存在的两种现象，这两种现象表现在植物的各种遗传性状上。所谓遗传性状，是指凡是能够通过亲代遗传物质传递而使子代发育形成的与亲代相似的形态特征和生理特性，甚至还包括行为特征。如豌豆籽粒的颜色性状、番茄无限生长和有限生长特性所表现的明显差异，都是能够遗传给子代的性状，均称为遗传性状。遗传性状可以产生变异，变异性状可以遗传。遗传和变异是一对矛盾，两者既对立又统一，相互依存，相互制约，贯穿于个体发育与系统发育的始终，在一定条件下又能相互转化。子代的性状既和亲代相似，但又不完全一样，甚至有的性状出现大的差别。遗传的同时，又有变异发生。即所谓的"不变之中有变"。矛盾对立与统一的结果促使了生物的进化。

植物有遗传特性，就能使物种和品种在一定时期内和一定条件下保持相对的稳定性，正如优良的品种可以通过繁殖而保存。植物有产生变异的特性，才有可能出现新类型，使植物能得到改良和发展。遗传和变异是生命活动的基本特征之一，是生物进化发展和品种形成的内在原因。在生命运动过程中，遗传是相对的、保守的，而变异是绝对的、发展的。没有变异，生物界就失去了进化的动力，遗传只能是简单的重复。德国哲学家莱布尼茨曾说"世界上没有完全相同的树叶"，就是对物种变异的诠释。没有遗传，不可能保持物种的相对稳定，变异不能积累，变异也就失去了意义，生物也就不可能进化。

我国劳动人民从自然界的野生芥菜中选育形成许多栽培变种，如叶用芥菜有大叶芥、花叶芥、宽柄芥、结球芥和分蘖芥，茎用芥菜有榨菜、薹芥以及根用芥菜等。

桃的品种近千个，性状千差万别，但考查其根源，均来自我国原产的毛桃。

大部分果树是异花授粉植物，它们种子的胚本身就含有双亲的遗传基础，由种子繁殖的后代变异性较大，不能完全保持原品种的性状特征，子代个体几乎都或多或少地不同于原来的亲本，完全与原品种相同的情况是不存在的。所以生产上多用无性繁殖的后代，才能继承亲本的遗传性状，这就是果树生产上通常采用无性繁殖的优良品种苗木进行栽培的道理。

中国园艺学会（1982年）对我国原产的绚丽多彩、娇艳多姿的菊花种质分类进行了统一界定，共计分为5类30型：①平瓣类：宽带型、荷花型、芍药型、平盘型、翻卷型、叠球型；②匙瓣类：匙荷型、雀舌型、蜂窝型、莲座型、卷散型、匙球型；③管瓣类：单管型、翎管型、管盘型、松针型、疏管型、管球型、丝发型、飞舞型、钩环型、贯珠型、针管型；④桂瓣类：平桂型、匙桂型、管桂型、全桂型；⑤畸瓣类：龙爪型、毛刺型、剪绒型。目前，菊花品种达2万多个，这说明了人工选育的作用，尤其是在掌握了遗传规律的基础上，采用杂交育种和人工诱变等现代育种方法以后，更能大大加速园艺植物育种的进程，有预见地和有把握地创造新的品种，甚至新的物种。

2. 遗传和环境

遗传是指生物体子代的性状相似于亲代的现象，是性状遗传的结果。但亲代的性状并不是直接传递给子代，而是通过亲代传递给子代的某些遗传物质来实现。雌雄性细胞受精形成的受精卵，一般具有一整套的遗传物质，通过个体发育中的新陈代谢过程，才能表现出与亲代相似的性状。

遗传物质具有一种性状发育的潜在能力，它能按照一定的方式对外界环境条件摄取所需要的物质和能量，通过代谢活动产生一定的反应。这种遗传物质称为遗传基础，即基因型（genotype）。基因型是指生物体遗传物质的总和，这些物质具有与特殊环境因素发生特殊反应的能力，使生物体具有发育成特定性状的潜在能力。具有一定基因型的植物，在一定的环境条件作用下，通过生长发育表现出具体的性状类型，即为表现型（phynotype）。基因型是性状遗传的可能性，是性状发育的内因，是表现型形成的根据，环境对遗传所起的作用必须通过基因型才能实现。表现型是遗传基础在外界环境条件的作用下表现出来的现实性。它们之间既有联系，又有区别，它们有本质和现象、原因和结果、可能性和现实性的关系。因此，表现型是基因型和环境条件共同作用的结果。有了一定的基因型还必须有环境条件的作用，才能发育成表现型。外界环境是基因型转变为表现型的必要条件。条件变化时表现型往往随之发生变化，但并不因此影响基因型。

常见的红元帅苹果，它在枝条、叶柄基部、果皮等部分能形成花青素，而青香蕉苹果则不能，就是说二者的基因型不同。但是，红元帅苹果虽然有红色果皮的基因型，如果在没有日光的条件下也不能产生红色素的表现型。没有日光的条件不能表现出红色果皮的特征，但基因型并没有改变。一旦暴露在日光下，花青素的色泽就又可以表现出来了。而青香蕉苹果既使在日光下，也不会表现为红色，因为它不具备这种基因型。

韭菜在阳光下由叶绿体制造叶绿素而呈现绿色，称为青韭。但在软化栽培时，进行培土遮光后，就不能产生叶绿素，表现为叶片柔嫩，呈黄白色，称为韭黄。由此可见，它们同样具有性状发育的潜在能力，但光照条件的有无直接影响到性状表现上的差异。

（1）遗传和个体发育

植物的雌雄性细胞融合后形成受精卵，继而分化、发育成种子。种子获得了一定的温度和水分就萌发长成幼苗。幼苗从土壤中吸收水分和无机盐类，从空气中吸收二氧化碳，并从日光中得到能量，经过一系列的新陈代谢过程，进行生长发育，分化成各种组织和器官，表现出各种性状和特性。子代从亲代获得一定的遗传基础，在一定的环境条件下，按照亲代个体发育相似的途径和方式进行新陈代谢，因而有相似的性状和特性表现。不同的园艺植物物种，如柑橘和苹果、甘蓝和白菜、牡丹和玫瑰，它们的遗传基础不同，新陈代谢类型不同，发育的性状也不同。因此，可以根据形态特征明显地加以区别。甚至即使同是柑橘类，但只要品种不同，也有不同的新陈代谢方式，使之发育成若干不同的性状，可用以鉴别品种的差异。因此，对于遗传的实质可以理解为：子代从亲代获得具有性状发育潜力的遗传基础，它按照亲代个体发育相似的途径和方式进行新陈代谢，也就是说，子代按亲代的发育方式对环境条件有特定的要求，从中吸取物质经过同化和异化作用，建成相似于亲代的自身繁殖过程，并决定了性状发育的顺序和时间，表现出亲代的性状和特性。例如，黄瓜不同品种对霜霉病的抵抗能力，因品种的遗传基础而不同，而且不同品种的抗病性表现的时间也会有所不同，有的品种苗期抗病，成株感病；有的品种苗期感病，成株抗病；有的品种苗期和成株都抗病或都感病。这主要是由于遗传基础的差异影响到不同的发育方式而表现不同的抗性。

（2）反应规范（reaction norm）

任何植物都表现有一定的遗传稳定性，又有一定的适应不同环境和产生不同反应的能力。同一基因型的品种，在不同的环境条件下会形成不同的表现型，它对环境条件的反应是可变的，但这种变化也有一定的范围。遗传学上把同一基因型品种在不同环境条件下的表现型所表现的范围，即反应的可能变异幅度，称为反应规范。基因型的反应规范是在植物长期进化过程中形成的，它具有一定的适应意义。如果在历史发育过程中遇到的环境条件差异愈大，其反应规范也愈大。

慈菇（*Sagittaria sagittifalia*）生长在不同水分含量的环境中，植株的形态就有所不同；甚至同一植株的不同部位生长在不同的条件下，也能形成不同的性状。沉在水中的叶呈带状，浮在水面上的叶为椭圆形，生长在空气中的叶则为箭形。同样，水毛茛（*Ranunculus aquatilis*）的叶片沉在水中时叶形为丝状全裂，而露在水面以外时叶深裂。蒲公英（*Tarasacum mongolicum*）生长在平原，植株高大，而生长在高山，则株型低矮。樱草（*Primula sinensis*）的某些品种的花色因温度不同而改变，20℃以下花呈红色，30℃以下花呈白色；而有些品种在20℃和30℃时都呈白色。苹果中的金冠品种和柑橘中的温州蜜柑被称为"广域品种"，在世界许多地区有广泛栽培，反应良好，正是它们适应范围宽广的结果。

在遗传学研究中，不仅需要研究控制性状的基因型，而且需要分析不同环境下性状的反应规范。研究园艺植物一、二年生的蔬菜和花卉对环境条件的反应规范，可通过分期播种试验加以比较，从而探知它们最好生长发育所需的条件，确定播种栽培的适宜时期。在农业生产中，掌握了解了各种园艺植物的各性状的反应规范，采取相应栽培措施，就能使各种经济性状在最适条件下得到最好表现，达到丰产高效的目的。

3. 变异的类型

植物的变异主要表现在以下几方面：①形态特征的变异。植株的株型、组织和器官等外观形态特征的变异，如植株高矮、树形宽窄、果实大小、花朵颜色和种子形状等。②组织结构的变异。植物茎、叶、果实等组织内部解剖结构的变异，如细胞的多倍性变异、嵌合性变异等。③生理生化特性的变异。植物的生长速度、光合效能、呼吸强度、生长节律和物候期等生理过程的变异，以及化学成分的改变。④生态特性的变异。由于地理纬度、海拔高度和立地条件等影响，使在物种内形成不同适应性的类型。如结球白菜有海洋性气候生态型（卵圆型）、大陆性气候生态型（平头型）、交叉性气候生态型（直筒型）等之分。⑤抗性变异。对不良条件，如气候、土壤和病虫害等的抵抗能力有所差异。抗性变异与植物的形态、组织解剖特征、生理生化特性和生态特性等有关。

在园艺植物生产中经常会遇到两种类型的变异：可遗传的变异和不可遗传的变异。在遗传学研究或者育种工作中，正确区分这两种类型的变异尤为重要。

（1）可遗传的变异

可遗传的变异是指变异的性状能在后代中继续表现，即变异的性状能遗传给后代。如豌豆植株的高茎和矮茎、桃果肉的黄色和白色、苹果的短果枝芽变等能够繁殖保存。遗传物质是性状遗传的物质基础，由于遗传物质的变化，引起新陈代谢的改变，从而导致性状的变异，使得这种变异的性状能够遗传。

可遗传的变异的来源主要有：①基因重组和互作。植物通过异体杂交或杂合体自交引起基因的重组和互作，可产生具有不同基因型的个体，表现出不同的性状。如桃的黄肉、有毛品种与白肉、无毛品种杂交，后代除了出现亲本类型外，还会出现黄肉、无毛和白肉、有毛的性状重组新类型。②基因突变。由于基因的分子结构或化学组成上的改变而产生的变异。如番茄品种橘黄佳辰，经突变后产生新品种粉红佳节。③染色体变异。由染色体的结构和数目的变化而引起的性状的变异。直果曼陀罗通过染色体易位可产生约100个新品系。在葡萄的白香蕉品种中能产生四倍体大粒葡萄的芽变。④细胞质突变。细胞质内具有遗传功能的物质如质体、线粒体等的改变而产生的变异。如天竺葵叶片边缘产生白色变异，形成镶嵌的银边天竺葵；由大叶黄杨产生的金星黄杨和银边黄杨，属于同样的变异类型。

（2）不可遗传的变异

植物在生长发育过程中受到环境条件的影响，使性状表现出某些变异，这些变异只表现在当代，不能遗传给子代，如果引起变异的环境条件消失了，变异的性状也随之消失。这类变异称为不可遗传的变异。如一个茄子品种，由于播期、栽植密度和施肥的不同，在植株外形和产量上的差异明显；生长在同一块田地里的大白菜，即使是相邻的植株，它们所得到的水分、养分、阳光及其他一些环境条件等都是有差别的，这种差别可以使个体之间产生或多或少的差异；栽培菊花时，可用整形和不同的繁殖方式来控制花朵的大小和数量。这些变化是由环境条件或栽培措施的不同所引起的，并不是遗传物质改变的结果，因而属于不可遗传的变异。

还有一种"持续变异"，是属于环境因素引起的变异，它可以通过母本细胞质而连续传递多代，即使在后代中严格选择，这种变异也会逐代减少，直至全部消失。如用0.75%水合三氯乙醛处理菜豆种子，会使叶子产生畸形变异，第一代具有这种畸形叶的植株达73%，以后各代也选畸形叶留种，第二代有67%，以后逐代减少，到第六代只有4%，第七代不再出现。

自然界中这两种变异往往同时存在，或者同时存在于某一性状中，有时容易区分，有时比较困难。想要区分这两种变异，可把变异植株的种子播种在正常条件下，观察它的后代。如果该植株后代恢复了原品种的性状，那就是不可遗传的变异；如果后代植株的性状与变异株相同，那就是遗传的变异。了解了变异的种类和实质，就可准确选取可遗传的变异，作为育种的原始材料或直接培育成新品种。

4. 遗传、变异和选择

(1) 选择是生物进化的基本动力

选择是植物进化和育种的基本途径之一。达尔文进化学说的中心内容是变异、遗传和选择，这三者是相互联系缺一不可的。变异是进化的主要动力，是选择的基础，为选择提供了材料，没有变异，就不会出现对人类有利的性状，选择就失去了意义。已经发生的变异，一定要通过繁殖把有利的性状遗传下去。遗传是进化的基础，又是选择的保证，没有遗传，选择就失去了意义。只有通过选择、繁殖，将有利的变异性状遗传下去，选择才有现实意义。因此，选择决定了生物进化的方向。植物在环境条件的作用下，可以不断地自发或诱发产生新的变异，由变异形成新的类型。生物的变异多种多样，有自然变异和人工变异、有利变异和有害变异，已经出现的变异，有的能遗传，有的不能遗传。如果新的变异类型在生活力和适应性方面能超过原有类型，则会继续生存繁衍，如果新的变异类型不及原有类型，就会失去生存竞争力。育种过程实际上是发现或创造可遗传的变异，并对这些变异加以选择和利用的过程。

(2) 自然选择与人工选择

自然选择是生物生存所在的自然环境条件对生物的选择作用。选择的结果是适者生存繁殖，不适者被淘汰、灭亡，使生物适应环境条件的性状得以保存和发展，但这些性状不一定符合人类的需求。自然选择积累了对生物体本身有益的变异，在条件仍存在时可使后代继续向这种变异方向发展，其结果是促进物种的进化。在植物栽培与驯化过程中，人类经常选择那些对人类自身有利的变异来改进植物品种，这种方式称为人工选择。人工选择是栽培植物产生和发展的主要手段，是现代选择育种工作的主要内容。人工选择是人为地选择符合人类需要的变异，并使其向人类有利的方向发展。人工选择可分为无意识选择和有意识选择。无意识选择是指人类无预定目标地保存植物优良个体，淘汰没有价值的个体。在这个过程中，完全没有考虑到改变品种的具体遗传特性，选择的作用一般十分缓慢，但由于长年累月也产生了明显的效果。人类自从开始从事农业生产后，便有意识或无意识地注意到植物的遗传和变异现象，逐渐由无意识的选择过渡到有意识的选择。所谓有意识的选择是指有计划、有明确目标，应用完善的鉴定方法系统地进行选择工作。这种选择作用大，见效快，随着人类文明的发展，园艺植物的有意识选择也越来越占主导地位。

自然选择的作用在于定向地改变群体的基因频率，促进生物不断地进化，产生对自然条件高度适应的新的类型、变种乃至新物种。人工选择的作用则是选择合乎人类需要的某些变异性状，并促进其继续发展，进而成为更加符合现代农业生产要求的新型品种。自然选择和人工选择相结合可以形成既适于自然环境，也适于栽培要求的新品种，使育种成为一门以遗传学为基础的人工进化的科学。所以，遗传、变异和选择对生物进化和品种选育是互相依存、互相制约的。

5. 遗传物质和遗传信息

（1）遗传物质

遗传物质主要由生殖细胞、受精卵和体细胞中的染色体及其座位中的基因所组成。染色体（chromosome）是细胞遗传物质（基因）的载体，在保证基因稳定传递、基因分离和自由组合方面具有重要意义。基因（gene）是由丹麦科学家约翰生（W. Johannson）于 1909 年提出，用来代替孟德尔的遗传因子（genetic factor）。基因是能够表达和产生一定功能产物的核酸序列（DNA 或 RNA），是遗传的最小功能单位，在一定条件下，它决定着遗传信息的表达，从而决定生物的遗传性状。生物的形态、生理、生化和行为等特征均受基因的控制。基因组（genome）通常是指单倍体细胞染色体中的所有基因。

生物体所有基因构成了基因型，而基因型在环境条件的作用下使个体表现出各种具体性状，即表现型。基因型没有改变、表现型发生的变异是不能遗传给后代的。正如生长在高肥力的地块上或者其边行上的植株，其茎秆苗壮、叶片肥大，但它们的后代如果只生长在一般条件下就没有了这种表现。只有基因型或者说是遗传物质发生了改变的变异才能遗传给后代。由环境条件的改变所引起的表型变异，称为饰变（phenocopy）。在植物组织培养中也经常发生一种不涉及到基因结构的变异，通常称为外遗传变异（epigenetic variation）。

（2）遗传信息

遗传信息以密码的形式贮存在 DNA 分子中。生物上下代之间传递的遗传信息是由 DNA 分子中的 4 种碱基（腺嘌呤 A、鸟嘌呤 G、胞嘧啶 C、胸腺嘧啶 T）按 3 个一组，通过不同组合进行编码的。每 3 个碱基（1 个三联体）构成 1 个氨基酸的密码子，4 种碱基构成 64 种三联体密码，不同的密码组合形成 DNA 分子。一个基因或者 DNA 分子决定了不同数目的 20 种氨基酸的排列组合，从而决定肽链或蛋白质分子的构成。基因的结构决定遗传信息，基因结构发生改变，其携带的遗传信息也随之改变。

（二）遗传学的基本内容

遗传学不仅是研究生物遗传和变异规律的科学，还是研究遗传物质的结构、功能、传递及表达规律的科学。因此，遗传学的研究内容主要有三个方面：①遗传物质的本质，包括遗传物质的理化本质、所包含的遗传信息、结构、组织和变化等；②遗传物质的传递，包括遗传物质的自我复制、染色体的行为、染色体及基因在个体和群体中的数量变迁等；③遗传物质的表达，包括基因的原始功能、基因间的相互作用、调控以及个体发育的作用机制等，遗传信息的表达使得遗传物质的功能得以实现。

遗传信息是由基因的结构决定的，遗传信息表达为具体性状才是基因功能的实现，生物体的性状是基因结构与功能之间因果关系的体现。因此，遗传学就是研究基因的结构与功能、基因传递与表达规律的科学。遗传学也可称为基因学，即研究基因和基因组的结构、基因在世代间的传递方式和规律、基因转化为性状所需的内外环境、基因表达的规律以及运用这些规律能动地改造生物，为人类谋福利，满足人类需求。

三、遗传学的发展历史及趋势

（一）遗传学的发展历史

1. 古代遗传学知识的积累

18 世纪中叶以前，遗传学基本上属于萌芽时期。人类在利用和改造生物的过程中，逐渐积累对生物遗传和变异的认识以及对遗传本质的探索和猜测，具有明显的朴素唯物主义和经验的性质，在方法上比较直观，并更多地注重生物的形态特征。

2. 近代遗传学的奠基

18 世纪下半叶和 19 世纪上半叶，法国学者拉马克（J. B. Lamarck，1744—1892）和英国生物学家达尔文（C. Darwin，1809—1882）对生物界的遗传和变异进行了系统研究。拉马克认为环境条件的改变是生物变异的根本原因，由环境引起的变异都是可遗传的，并在生物世代间积累，提出器官的用进废退（use and disuse of organ）与获得性遗传（inheritance of acquired character）学说。达尔文在解释生物进化时也对生物的遗传、变异机制进行了假设，并提出泛生假说（hypothesis of pangenesis），认为遗传物质是存在于生物器官中的"泛子/泛生粒"，遗传就是"泛子"在生物世代间传递和表现。达尔文也认可获得性状遗传的一些观点，认为生物性状变异都能够传递给后代。

达尔文之后，在生物科学中广泛流行的是新达尔文主义，在生物进化方面支持达尔文的选择理论，但在遗传上否定获得性状遗传。德国生物学家魏斯曼（A. Weismann，1934—1914）提出种质连续论（theory of continuity of germplasm），认为多细胞生物由种质和体质组成，种质指生殖细胞，负责生殖和遗传；体质指体细胞，负责营养活动。种质是"潜在的"，世代相传，不受体质和环境影响，所以获得性状不能遗传；体质由种质产生，是"被表达的"，不能遗传。种质在世代间连续，遗传是由具有一定化学成分和一定分子性质的物质（种质）在世代间传递实现的。

融合遗传认为：双亲的遗传成分在子代中发生融合，而后表现。其根据是，子女的许多特性均表现为双亲的中间类型。因此，高尔顿及其学生毕生致力于用数学和统计学方法研究亲代与子代间性状表现的关系。虽然融合遗传的基本观点并不正确，但是在这一基础上所创建的一系列生物数学分析方法，却为数量遗传、群体遗传的产生和发展奠定了基础。

3. 现代遗传学的建立和发展

① 初创时期（1900—1910）　真正科学、系统地研究生物的遗传和变异是从奥地利人孟德尔（G. J. Mendel，1822—1884）开始的。孟德尔进行了 8 年的豌豆杂交试验，用科学的方法设计实验，把所得结果进行分类、统计，最后根据所得结果分析研究，提出了对这种遗传、变异现象的解释。1866 年发表"植物杂交试验"论文，首先提出分离和独立分配两个遗传基本规律，认为生物性状受细胞内遗传因子（hereditary factor）控制；遗传因子在生物世代间传递遵循分离和独立分配两个基本规律。遗憾的是这一重要结论在当时未被重视。直到 1900 年，荷兰的狄·弗里斯（H. de Vries）、德国的柯伦斯（C. E. Correns）和奥地利的柴马克（E. V. Tschermak）分别重新发现孟德尔规律，是遗传学科建立的标志。目前世界科学界公认 1900 年是遗传学建立和开始发展的一年。孟德尔被称为遗传学的奠基人。这两个基本遗传规律是近现代遗传学最主要的、不可动摇的基础。1905 年，英国遗传学家贝特生给这门正在发展中的科学定名为遗传学。1901—1903 年，狄·弗里斯发表了"突变学说"。1903 年，萨顿（W. S. Sutton）提出了染色体遗传理论，认为遗传因子位于细胞核内染色体上，从而将孟德尔遗传规律与细胞学研究结合起来。1905 年，哈迪（G. H. Hardy）

和魏伯格（W. Weinberg）提出随机交配群体中基因频率和基因型频率的计算公式和遗传平衡定律。1909 年，约翰生（W. L. Johannsen）发表"纯系学说"，并提出基因的概念，以代替孟德尔的"遗传因子"。

② 全面发展时期（1910—1952）　1910 年后，美国遗传学家摩尔根（T. H. Morgan，1866—1945）等用果蝇为材料进行大量试验，在果蝇的遗传研究中，发现了连锁遗传的现象。他们通过研究细胞核中染色体的动态，研究性状连锁遗传的规律，创立了基因理论，证明基因位于染色体上，呈直线排列，从而提出遗传学的第三个基本规律——连锁遗传规律。结合当时的细胞学成就，摩尔根等创立了染色体遗传理论，确立了基因作为功能单位、交换单位和突变单位"三位一体"的概念。相对于现代遗传学，人们把这一时期所确立的理论体系称为经典遗传学理论。1930—1932 年，费希尔（R. A. Fisher）、赖特（S. Wright）和霍尔丹（J. B. S. Haldane）等人应用数理统计方法分析性状的遗传变异，推断遗传群体的各项遗传参数，奠定了数量遗传学和群体遗传学的基础。1941 年，比德尔（G. W. Beadle）和泰特姆（E. L. Tatum）用红色面包霉为材料，着重研究基因的生理和生化功能及诱发突变等问题，证明了基因是通过酶而起作用的，提出"一个基因一个酶"的假说，从而发展了微生物遗传学和生化遗传学。20 世纪 50 年代前后，在遗传物质的研究上取得了重大进展，证实了染色体是由脱氧核糖核酸（DNA）、蛋白质和少量核糖核酸（RNA）所组成，其中 DNA 是主要的遗传物质。1944 年，阿委瑞（O. T. Avery）用肺炎双球菌的转化实验证明了遗传物质是 DNA 而不是蛋白质。1952 年，赫尔歇（A. D. Hershey）和蔡斯（M. Chase）在大肠杆菌的 T_2 噬菌体内，用放射性同位素标记法进一步证明 DNA 是 T_2 的遗传物质。

③ 分子遗传学时期（1953—）　1953 年，沃森（J. D. Watson）和克里克（F. H. C. Crick）根据 X 射线衍射的研究结果，提出了 DNA 分子结构的双螺旋（double helix）模型，对 DNA 的分子结构、自我复制以及 DNA 作为遗传信息的储存和传递提供了合理的解释。这是遗传学发展史上的一个里程碑，开创了分子遗传学发展的新时代。1957 年，本兹尔（Benzer）以 T_4 噬菌体为材料，提出顺反子（cistron）学说，把基因具体化为 DNA 分子上的一段核苷酸序列。1961 年，莫诺（J. Monod）和雅各布（F. Jacob）在研究大肠杆菌乳糖代谢的调节机制中，发现了基因表达的调控开关，提出操纵子（operon）学说。1961—1965 年，尼伦伯格（M. W. Nirenberg）等完成了遗传密码的破译工作，将核酸上的碱基序列信息与蛋白质结构联系了起来，使蛋白质和核酸的人工合成成为可能。1970 年，史密斯（H. O. Smith）发现了能切割 DNA 分子的限制性内切酶（restriction enzyme）。1973 年，伯格（P. Berg）在试管内将两种不同生物的 DNA（SV40 和 λ 噬菌体的 DNA）连接在一起，建立了 DNA 重组技术，并于 1974 年获得了第一株基因工程菌株，拉开了基因工程的序幕。1977 年，桑格（F. Sanger）等发明了简单快速的 DNA 序列分析法，为基因的合成与基因序列分析提供了便利。之后，随着基因组测序的发展，取得了人类、多种农业和实验生物的基因组 DNA 序列信息，催生了基因组学、蛋白质组学、生物信息学的发展（后基因组学），使表观遗传学研究进入发展的快车道。

目前，遗传学已经作为生命科学的核心带领着其他学科快速发展。在基础遗传学飞速发展的今天，园艺植物遗传学研究也在日益向纵深发展。了解遗传物质对园艺植物的产量、品质、抗逆等性状的表达调控机理以及各性状的遗传变异规律，是进行园艺植物品种改良的基础。

（二）遗传学的发展趋势

在遗传信息大爆炸的背景下，遗传学整体研究日益显示出其优势和重要性。多学科与遗传学的相互交叉和渗透更加密切，出现许多崭新的科学概念和新的前沿领域。

基因组学（genomics）在基因组的结构及其功能研究方面取得突破性进展，从而带动生命科学及其他学科的研究取得重大进展，促使遗传学仍然占据未来生物学的核心地位。

生物信息学（bioinformatics）是借助数学、逻辑学、计算机科学、生物化学和分子生物学等多学科的研究方法和技术来处理、分析和解释海量的遗传信息，阐明其生物学意义。生物信息学在过去着重于序列的存储、分类、检索、结构模型和功能分析，现已扩展到基因组学的各个层面，强调数据和信息的整合性研究，与高通量生物技术仪器应用紧密结合。

系统生物学（systems biology）是建立在实验生物学（细胞生物学、分子生物学等）、生物大科学（基因组学、转录组学、蛋白质组学、代谢组学等）、计算生物学（生物信息学、生物数学等）等学科基础上的一门交叉学科；系统生物学主要研究某一个生物复杂系统中所有组分的构成以及在特定条件下这些组分之间的相互作用，并分析该系统在一定时间内的动力学过程，借鉴新的研究思路、技术和方法，通过数据获取、信息处理和模型构建等解决生命科学前沿重要的理论和实际问题。

目前，遗传学已成为自然科学中进展快、成果多的最活跃的学科之一。随着人类基因组计划的完成以及"功能基因组时代"和"后基因组时代"的到来，现代遗传学无限广阔的发展前景已越来越清晰地展现在我们面前，彻底弄清DNA序列所包含的遗传信息及其生物学功能，将使人类在认识自然和改造自然上产生巨大飞跃。

四、园艺植物在遗传学研究中的特殊作用

遗传学研究过程中，包括一些遗传规律的发现、若干学说和假说的建立，许多是以园艺作物为试材而实现的。园艺植物因具有特殊的应用价值和重要经济意义而倍受重视。

① 园艺植物种类的多样性　园艺植物既包括果树（落叶的、常绿的）、蔬菜（根菜类、茎菜类、叶菜类、花菜类、茄果类、瓜类、豆类、薯芋类、水生蔬菜、多年生蔬菜、种子类蔬菜）、花卉（露地花卉、温室花卉），还包括茶树、芸香植物、药用植物等。从生态习性上看，既有一、二年生植物，又有多年生植物，既有草本植物也有木本植物。它们除了在自然界通过自然选择和进化形成稳定的物种外，更由于长期的人工选择和培育在种内形成了极其丰富的品种类型。园艺植物物种、品种的多样性和特异性为园艺植物的遗传和变异研究提供了丰富的素材。因此，园艺植物遗传学的研究必将在指导园艺植物育种和生产实践方面发挥重要作用。

② 园艺植物变异的多样性　园艺植物的变异来自许多方向，既有来源于种子的，又有来源于植物体其他营养器官和生殖器官的。在园艺植物生长过程中的任何时期都有可能发生变异。诱导变异的手段多样，既有物理诱变，又有化学诱变。一些畸形变异的植株在自然选择中将被淘汰，但在人工选择中由于奇特的观赏价值而被繁殖保存，甚至有意识地去创造特殊的变异，增加新类型的出现。如花型、花色、叶型、叶色、株型的改变，以及花期、花量、开花持久期、抗旱、抗寒、耐荫、耐水涝等特性的改变。园艺植物的变异均为肉眼可观察到的性状，易检测、可保留。因此，园艺植物变异的普遍性、多样性以及可检测、可保留性等在遗传学追踪研究中较其他作物更为方便。

③ 园艺植物繁殖方式的多样性　园艺植物可通过种子进行有性繁殖，也可用根、茎、叶等营养器官进行扦插、嫁接、分株、压条等无性繁殖。此外，随着现代生物技术的发展，很多园艺植物可通过细胞和组织培养以及原生质体培养等方法进行繁殖。园艺植物繁殖方式的多样性，增加了发生变异的可能性，也为保存各种类型的变异提供了条件。因此，用园艺植物进行遗传学研究更方便。

④ 生命周期相对较短　多数园艺植物的生命周期较短，如大部分蔬菜和一部分花卉属于一、二年生植物，有些在设施条件下可实现一年多茬栽培，这缩短了观测研究对象遗传与变异的时间。

⑤ 保护地栽培　园艺植物中的多数蔬菜和花卉是在保护地栽培的，栽培环境很容易实现人工调控，性状的观察与追踪相对容易，严格的繁殖控制能有效地防止遗传改良品种的逸生。因此，保护地栽培方式也为遗传学研究提供了便利。

总之，园艺植物具有许多不同于其他作物的特性，为遗传学研究提供了丰富的内容，还有许多重要的遗传变异规律尚未被人们发现和认识，这就要求我们必须从其所具有的特点和应用要求来开展相关研究。园艺工作者应积极利用所掌握的遗传学基本原理和规律进行品种改良，同时在园艺植物育种实践中为丰富和发展遗传学研究做出积极贡献。

思 考 题

1. 名词解释：
遗传　变异　基因型　表现型　个体发育　遗传物质
2. 简述生物体发生遗传变异的途径。
3. 遗传、变异与环境在生物的进化中各起怎样的作用？
4. 遗传学的应用前景如何？
5. 简述基因型和表现型与环境和个体发育的关系。
6. 简述园艺植物在遗传学研究中的作用。

第一章　遗传的细胞学基础

各种生物之所以能够表现出复杂的生命活动，主要是由于生物体内遗传物质的表达，推动生物体内新陈代谢过程的结果。生命之所以能够世代延续，也主要是由于遗传物质能够绵延不断地向后代传递的缘故。遗传物质DNA（或RNA）主要存在于细胞中，其贮存、复制、表达、传递和重组等重要功能都是在细胞中实现的。

第一节　植物细胞

细胞是生物体存在的基本结构单位和功能单位，既是生物结构中的一个形态学单位和生理学单位，又是生物个体发育和系统发育的基础，还是生物遗传变异的基本单位。研究植物的遗传变异规律应以细胞学为基础。一个植物细胞（体细胞），包含植物体生长发育的全部遗传信息，具有在适宜条件下发育成完整个体的潜在能力，这就是植物细胞的全能性。细胞内遗传物质DNA准确地复制自己，并有规律地分配到子细胞中去，保证了生命现象在世代间的连续性。

植物细胞虽因种类、器官、组织的不同而在形状、大小上表现出多样性的差别，但都由细胞壁（cell wall）、细胞膜（cell membrane）、细胞质（cytoplasm）和细胞核（nucleus）所组成（图1-1）。

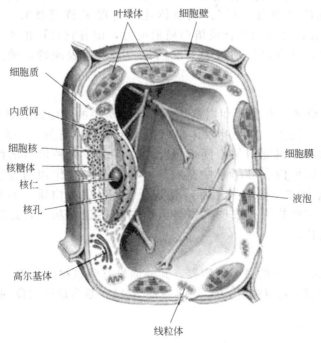

图1-1　植物细胞的结构

一、细胞壁

细胞壁是植物细胞特有的，主要由纤维素、果胶质和半纤维素等组成的刚性结构，对细胞起着定型和定位的作用，对植物的细胞和植物体起着保护和支持的作用。细胞壁上具有的间隙可形成胞间连丝，实现原生质间的交流。

二、细胞膜

细胞膜是细胞的界膜，是包被细胞内原生质体的由蛋白质和磷脂组成的一层薄膜，简称质膜（plasma membrane）。它的主要功能是有选择地阻止细胞内许多有机物质的渗出和调节细胞外一些营养物质的渗入，是细胞内外物质交换的屏障，能保证细胞内环境的稳定，进而保证物质吸收、信息传递、能量转换等生命活动的有序运行。

三、细胞质

细胞质是在细胞膜以内细胞核以外的所有半透明、胶状、颗粒状物质的总称，主要成分是蛋白质、脂肪、氨基酸和细胞质基质。在细胞质中分布着由蛋白纤丝组成的细胞骨架及各种细胞器（organelle）。细胞骨架的主要功能是维持细胞的形状和运动，并使细胞器在细胞内保持在适当的位置。细胞器是细胞质内具有一定形态、结构和功能的物体，主要有线粒体（mitochondria）、质体（plastid）、核糖体（ribosome）和内质网（endoplasmic reticulum）等。

1. 线粒体

在细胞中呈球状、棒状或线条状。在同一组织的不同细胞里，线粒体的数量、形状和体积不同，一般直径为 $0.5\sim1.0\mu m$。线粒体由内外两层膜组成，外膜光滑，内膜向内回旋折叠，形成许多横隔。线粒体含有多种氧化酶，能进行氧化磷酸化反应，产生三磷酸腺苷（ATP），可传递和贮存所产生的能量，使之成为细胞内氧化作用和呼吸作用的中心，是细胞的"动力工厂"。线粒体还含有脱氧核糖核酸（DNA）、核糖核酸（RNA）和核糖体等，具有独立合成蛋白质的能力，即有它自己的遗传体系；线粒体具有分裂繁殖的能力，也有自行加倍和突变的能力，因而表现特定的遗传性状，呈现细胞质遗传。

2. 质体

质体包含有叶绿体、有色体和白色体。如天竺葵中的叶绿体、番茄果肉中的有色体和马铃薯块茎中的白色体。其中叶绿体是绿色植物中所特有的，一般呈盘状，其大小、形状和分布因植物和细胞类型的不同而变化很大，但在同种植物的细胞内叶绿体数目是相对稳定的。叶绿体内有叶绿素的基粒。叶绿体是光合作用的场所。叶绿体也含有DNA、RNA、核糖体和一些酶类物质，能够合成自身的蛋白质，并且能分裂增殖，又能发生白化突变。这些特征都表明叶绿体具有特定的遗传功能，是遗传物质的载体之一，呈现细胞质遗传。

3. 核糖体

核糖体是直径为20nm的微小细胞器，其外面没有膜包被，主要存在于粗糙型内质网上。在细胞质中数量很多。核糖体内含有丰富的RNA，是合成蛋白质的主要场所，具有遗传功能。

4. 内质网

内质网是单层膜结构，在形态上是多型的，不仅有管状，也有一些呈囊腔状和小泡状。在内质网外面附有核糖体的，称为粗糙内质网；不附着核糖体的称为光滑内质网。内质网是转运蛋白质合成原料和合成产物的通道，并且和蛋白质的贮存有关，具有遗传功能。

四、细胞核

植物有一定形态结构的细胞核，一般为圆球形或椭圆形，其大小、形状和所在的位置，常与植物组织和细胞的年龄、功能、生理状况及外界环境条件有关。细胞核由核膜（nuclear membrane）、核液（nuclear sap）、核仁（nucleolus）和染色质（chromatin）所组成。细胞核对细胞发育和性状遗传调控起着主导的作用。

1. 核膜

核膜是细胞核和细胞质临界的膜。其上有核膜孔，可使核内外物质发生交流，它与细胞的活性有关。洋葱根尖细胞的核膜孔有 $35\sim65$ 个$/\mu m^2$。

2. 核液

核液充满于核内，可能与蛋白质合成有关。

3. 核仁

核仁主要由蛋白质和 RNA 组成，为圆形。在细胞分裂过程中，可暂时分散，后又重新聚集。核仁周期性的消失和重建与核仁高度动态的结构密切相关。核仁含有的 rRNA 与蛋白质结合形成核糖体，它是核内蛋白质合成的场所，具有传递信息的功能。

4. 染色质

染色质（chromatin）由费莱明（W. Flemming）于 1882 年发现、瓦德叶（W. Waldeyer）于 1888 年正式命名。它是指间期细胞核内由 DNA、组蛋白、非组蛋白和少量 RNA 组成的线性复合结构，因其易被碱性染料染色而得名，是间期细胞遗传物质存在的主要形式。在细胞周期中，其形态和数目出现有规律的变化。

一个细胞的核与细胞质在量（容积）上的比例，称为核质比（karyoplasmic ratio）。一般当染色体加倍，其细胞体积也随之增加，如紫藤（*Wisteria sinensis*）的二倍体和三倍体。核的大小并不完全决定于染色体，如锦葵（*Malva sinensis* Cavan.）中具有半数染色体的花粉粒很大，而具有倍数染色体的药壁细胞的核却很小。植物的核质比在不同细胞类型或不同条件下也常发生变化。盖茨（1909）对月见草（*Oenothera lamarkiana*，2n）和大月见草（*Oe. Gigas*，4n）的核和细胞大小进行测定，花瓣表皮细胞的核质比是 2∶1，雌蕊表皮细胞是 3∶1，花粉母细胞是 15∶1。豌豆、蚕豆在温度发生变化时，马铃薯感染病害时以及番茄受到伤害时，核质比都会发生变化。

第二节　染　色　体

染色体（chromosome）是细胞核中最重要的部分。染色体对植物繁殖和遗传信息的传递有重要作用，它是从细胞学角度进行遗传研究的重要对象。每一种生物的染色体都各有其特定的形态、特征和数目，在细胞分裂过程中表现有规律性的变化，其中在有丝分裂的中期和早后期表现的最为明显和典型，这个阶段染色体收缩得最为短粗，并分散地排列在赤道板上，这时最适于识别它的形态特征。

一、染色质和染色体

在细胞分裂间期的核内，有能被碱性染料染色的网状物质，即染色质。染色质有特定的生化成分，如豌豆胚细胞的染色质含有 36.5%DNA，9.6%RNA，37.5%组蛋白和 10.4%其他蛋白质。当细胞分裂时，核内的染色质即表现为一定数目和形态的染色体。染色体是指细胞分裂过程中，由染色质聚缩而呈现为一定数目和形态的复合结构。实际上，染色质和染色体在化学组成上没有本质区别，只是反映了它们处于细胞周期的不同阶段，是同一物质的两种不同存在状态。

染色体在细胞中具有特定的形态和数目，是核中稳定的组成部分，具有自我复制能力，表现出连续而有规律性的变化。染色体积极参与细胞代谢活动，能控制植物性状的遗传和变异。染色体是遗传物质的主要载体。

二、染色体的大小和形态

染色体主要由 DNA、蛋白质及 RNA 这三类化学物质组成。每条染色体单体的骨架是一个连续的 DNA 大分子，许多蛋白质分子结合在这个 DNA 骨架上，成为 DNA-蛋白质纤丝。细胞分裂中期所看到的染色单体就是由一条 DNA-蛋白质纤丝重复折叠而成的。

（一）染色体的大小

不同物种或同一物种的各染色体大小差异很大，尤其是长度差异更大，一般染色体长度在 $0.20\sim50\mu m$，宽度在 $0.20\sim2.00\mu m$。单子叶植物染色体一般大于双子叶植物的，但牡丹属（*Paeonia*）和鬼臼属（*Podophyllum*）则具有较大染色体。百合属、葱属、郁金香和鸭跖草等均有较大的染色体，达 $10\sim20\mu m$。果树的染色体一般较小。

同一物种不同组织的染色体也可能有很大差异。通常以单倍体染色体组中的 DNA 含量来表示基因组的大小，称为生物体的 C 值（C-value）。C 值是单倍体染色体的 DNA 总量。同一物种的 C 值是恒定的，不同物种之间的 C 值差异很大。不同处理方式影响染色体的大小。染色体只有通过制片，借助显微镜才能观察到，故制备方式对其大小的影响也很大，如用秋水仙素或高温处理都使染色体缩短。

（二）染色体的形态

完整的染色体由染色体臂（arm）、着丝点（centromere）、主缢痕（primary constriction）、次缢痕（secondary constriction）、随体（satellite）组成（图 1-2）。

着丝点是指两个染色单体保持连接在一起的初缢痕区。在细胞分裂过程中，着丝点对染色体移向两极有决定性作用。染色体断裂而产生的缺失了着丝点的片段常会消失。着丝点所在的缩缢部分是主缢痕，是纺锤丝的附着场所。

次缢痕是指在某些染色体的一个或两个臂上常有的另一个缩缢部位，染色较淡。次缢痕的位置和范围也是相对恒定的，通常在短臂的一端。染色体的次缢痕与核仁的形成有关，因而称为核仁组织区（nucleolus organizer region）。在细胞分裂时可以看到，具有核仁组织区的染色体常与核仁联系在一起。

随体是染色体的次缢痕末端的圆形或略呈长形的染色体节段。随体的有无、大小、形状等也是某些染色体所特有的识别特征。

每条染色体必有一个着丝点，并且其位置是恒定的。着丝点的位置直接关系到染色

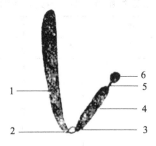

图 1-2 中期染色体的形态

1. 长臂；2. 主缢痕；3. 着丝点；4. 短臂；5. 次缢痕；6. 随体

体的形态表现，如着丝点在染色体的中间，则两臂等长，因而在细胞分裂后期，当染色体被拉向两极时表现为 V 形。如着丝点偏于染色体的一端则形成长、短臂（长臂 q，短臂 p），表现为 L 形。如着丝点近染色体末端则似棒状；如染色体很粗短则呈粒状（图 1-3）。长短臂之比，称为臂比（q/p）。各物种的染色体臂比均不相同，即使在同种生物中，每条染色体的臂比也是不相同的。根据染色体臂的大小、形态可识别不同物种的染色体。

图 1-3 中期染色体的形态类型

1. V 形染色体；2. L 形染色体；3. 棒状染色体；4. 粒状染色体（着丝点用白圈表示）

各种植物染色体的形态结构是稳定的，数目是成对的。形态结构相同的染色体称为同源染色体（homologous chromosome）；不成对的染色体则互称为非同源染色体（non-homologous chromosome）。为了便于识别研究染色体，常予以编号（图 1-4），可根据染色体的长度以及臂比等特征来鉴别（表 1-1）。

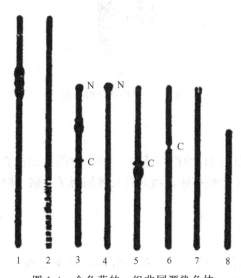

图 1-4 金鱼草的一组非同源染色体

表 1-1　桃、豌豆细胞分裂粗线期染色体的长度及臂比

染色体编号	桃		豌豆	
	总长度/μm	臂比	总长度/μm	臂比
1	65.5	2.0	3.4	1.2
2	45.7	1.0	3.1	1.1
3	41.7	2.2	3.6	2.8
4	38.4	1.3	3.6	1.9
5	36.1	2.7	4.4	1.5
6	34.9	5.4	3.6	1.7
7	33.3	6.0	4.0	2.2
8	31.2	2.7		

三、染色体的结构

生物化学分析和电子显微镜观察均已证实，除了个别多线染色体外，每一条染色体单体（相当于复制前的染色体）只含有一个 DNA 分子，这一特性称为染色体的单线性（mononemy）。1974 年科恩伯格（R. D. Kornberg）提出了染色质的串珠模型（beads on-a-string mode）来解释 DNA-蛋白质纤丝的结构。1977 年贝克（A. L. Bak）提出了目前被认为较为合理的四级结构学说，解释从 DNA-蛋白质纤丝到染色体的结构变化。其后，许多研究工作又对染色体四级结构进行补充和修正。

（一）核小体

核小体（nucleosome）是染色质的基本结构单位，包括约 200bp 的 DNA 超螺旋和一个组蛋白八聚体（H_2A、H_2B、H_3、H_4 各 2 分子）。蛋白质八聚体是核小体的核心，DNA 分子以左旋盘绕在其外侧，将八聚体串联起来（图 1-5）。相邻核小体间由组蛋白 H_1 与 DNA 结合，其作用是稳定核小体与 DNA 的结合，保持其空间状态。这就是染色质的一级结构。染色体在细胞分裂周期中的变化就是这些核小体"链"组装和拆卸的转换。

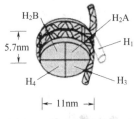

图 1-5　核小体结构模型

（二）螺线体

由核小体的长链在组蛋白 H_1 的作用下进一步螺旋缠绕形成直径约 30nm、呈中空的管状结构。每一周螺旋包括 6 个核小体，因此其长度缩短了 6 倍（图 1-6）。螺线体（solenoid）为染色质的二级结构。

（三）超螺线体

30nm 的染色线（螺线体）进一步压缩形成 300nm 染色线，称为超螺线体（supersolenoid），为染色质的三级结构（图 1-6）。

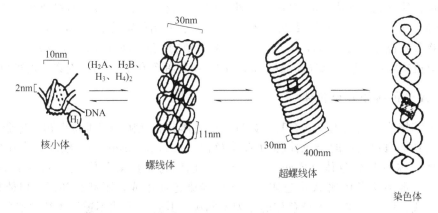

图 1-6 核小体形成染色体

（四）染色体

超螺线体附着于由非组蛋白形成的支架上面，并进一步折叠约 5 次，缠绕形成一定形态的染色体。由 DNA 到核小体，再到螺线体、超螺线体、染色体，这四个等级的演变都是通过螺旋化实现的，因此称之为多级螺旋模型（multiple coiling model）。由一个 DNA 双螺旋分子到染色体，总长度缩短到原来的 1/10000～1/8000（图 1-6）。

四、染色体的数目

（一）染色体的数目特征

各种植物都有一定的染色体组，并有相对恒定的染色体数目。一些常见园艺植物的染色体数目列于表 1-2，以供参考。

表 1-2 常见园艺植物的染色体数

种类	染色体数	种类	染色体数
翠菊	$2n=18$	一串红	$2n=32$
芍药	$2n=10$	鸡冠花	$2n=36$
大丽花	$2n=16$	唐菖蒲	$2n=30$
香石竹	$2n=30$	菊花	$2n=2x,4x,6x,8x,10x=18,36,54,72,90$
百合	$2n=24$	月季	$2n=2x,3x,4x,5x,6x,8x=14,21,28,35,42,56$
牡丹	$2n=10,20$	金鱼草	$2n=2x,4x=16,32$
仙客来	$2n=48,96$	郁金香	$2n=2x,3x,4x=24,36,48$
荷花	$2n=16$	矮牵牛	$2n=2x,4x,5x=14,28,35$
茶花	$2n=30$	朱顶红	$2n=22$
白杨	$2n=38$	松树	$2n=24$
苹果	$2n=34$	桃	$2n=16$
巴梨	$2n=34$	洋葱	$2n=16$
大白菜	$2n=20$	大葱	$2n=16$
萝卜	$2n=18$	韭菜	$2n=16$
西瓜	$2n=22$	大蒜	$2n=16$
黄瓜	$2n=14$	番茄	$2n=24$
南瓜	$2n=40$	辣椒	$2n=24$
冬瓜	$2n=24$	西葫芦	$2n=24$
芥菜	$2n=36$	豌豆	$2n=14$
马铃薯	$2n=48$	菜豆	$2n=22$

染色体在体细胞中是成对的（2n），在性细胞中总是成单的（n）。如翠菊 2n＝18，n＝9；茶花 2n＝30，n＝15；二倍体草莓 2n＝14，n＝x＝7；八倍体草莓 2n＝56，n＝4x＝28。

不同物种染色体数目差异很大（表 1-2）。菊科植物 *Haplopappus graxillis* 只有 2 对染色体，而隐花植物瓶尔小草属（*Ophioglossum*）的一些物种含有 400~600 对以上的染色体。

（二）A 染色体和 B 染色体

每种园艺植物的细胞内，具有基本数目的染色体并相互协调以维持生物的生命活动。通常把具有的正常恒定数目的染色体称为 A 染色体（A chromosome）。细胞核内还常出现额外的染色体，称为 B 染色体（B chromosome），也称为超数染色体（supernumerary chromosome）。一般 B 染色体比 A 染色体小，多由异染色质组成，不载有基因，但能自我复制并传递给后代。B 染色体与 A 染色体的序列不同源，其遗传方式不遵循孟德尔遗传。B 染色体一般对细胞和后代的生存没有影响，但其数量增加到一定程度时就可能会有影响，如玉米含有 B 染色体超过 5 个时，不利于其生存。

第三节　植物细胞分裂

细胞是靠分裂增殖的。细胞分裂是实现植物的生长、繁殖和保证或保持世代之间遗传物质连续性的必要途径。伴随细胞的分裂，染色体作为 DNA 的载体通过一系列有规律的变化，使遗传物质从母细胞精确地传递给子细胞，保证物种的连续性和生物的正常生长与发育。

园艺植物体细胞和配子中的染色体数目明显不同，体细胞通常为二倍体，而配子为单倍体，这就说明植物细胞存在两种不同的分裂方式：一种能保持染色体数目不变，另一种使染色体数目减半。前者称为有丝分裂（mitosis），后者称为减数分裂（meiosis）。

一、细胞周期

细胞从前一次分裂结束到下一次分裂终了所经历的时间称为细胞周期（cell cycle）。一个完整的细胞周期包括两个阶段，即分裂间期（interphase）和分裂期。

（一）分裂间期

分裂间期是指两次分裂的中间时期。通常所讲的细胞核都是指间期细胞核。间期时细胞核中一般看不到染色体结构，这时细胞核正在生长增大，储备细胞分裂时所需的物质，所以代谢很旺盛。DNA 在间期进行复制合成，使以 DNA 为主体的染色体由原来的一条成为两条并列的染色体。间期又可细分为三个时期，即合成前期 G_1（pre-DNA synthesis，Gap1），这时 DNA 尚未合成，主要进行蛋白质、脱氧核糖核苷酸等大分子的合成以及细胞体积的增大，为 DNA 合成作准备；进入合成期 S（period of DNA synthesis）时 DNA 才开始合成，也就是说 DNA 开始复制，DNA 含量加倍，但着丝粒没有复制，组蛋白大量合成；然后是合成后期 G_2（post-DNA synthesis，Gap2），主要进行能量储备和微管蛋白的合成，为细胞分裂作准备（图 1-7）。这三个时期的长短因各物种种类、细胞类型和生理状态的不同而异。

（二）分裂期

细胞分裂期（M）由核分裂和胞质分裂两个阶段构成。核分裂就是细胞核一分为二，产

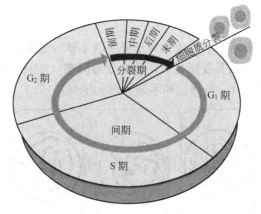

图 1-7　细胞周期

生两个在形态和遗传上相同的子核的过程；胞质分裂则是指两个新的子核之间形成新细胞壁，把一个母细胞分隔成两个子细胞的过程。

(三) 细胞周期的时间分布、转换点及其控制

在整个细胞周期中，G_1、S、G_2、M 四个时期的时间长短依物种种类、细胞类型和生理状态的不同而异。一般 S 期时间较长，且较稳定；M 期的时间最短；G_1 和 G_2 的时间较短，变化较大。例如紫露草（*Tradescantia ohiensis* Raf.）根尖细胞的周期约为 20h，其中 G_1 为 4h，S 为 10.8h，G_2 为 2.7h，M 只有 2.5h。

在细胞周期的各个时期之间都存在着控制点，由这些控制点决定着细胞是否进入细胞周期中的下一个时期。决定细胞是否进入 S 期的控制点存在于 G_1 中期：细胞接收内外的信号后，在 G_1 期细胞周期蛋白及其依赖性周期蛋白激酶（CDK）共同作用下，调控细胞是否通过该控制点。当细胞通过了该控制点，细胞就进入下一轮 DNA 复制。进入细胞周期其他时期也都有其控制点，其控制方式与进入 S 期相类似，如细胞进入有丝分裂期的控制点是由 M 期细胞周期蛋白及其 CDK 所调控（图 1-8）。

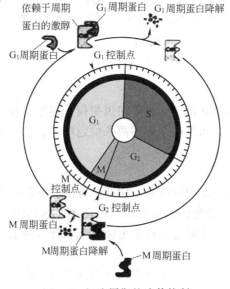

图 1-8　细胞周期的遗传控制

二、有丝分裂

有丝分裂是把遗传物质从一个细胞均等地分向两个新的细胞的过程。细胞的有丝分裂过程是一个连续的过程，但为说明方便起见，通常分为间期（interphase）、前期（prophase）、中期（metaphase）、后期（anaphase）和末期（telophase）（图1-9）。

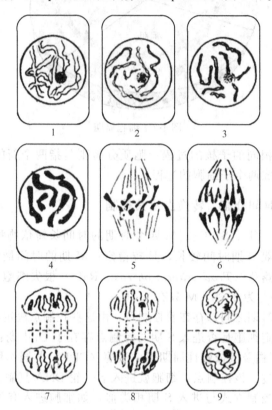

图 1-9 植物细胞有丝分裂模式图

1. 极早前期；2. 早前期；3. 中前期；4. 晚前期；5. 中期；
6. 后期；7. 早末期；8. 中末期；9. 晚末期

(一) 有丝分裂的过程

1. 前期

核内的染色体细丝开始螺旋化，染色体缩短变粗，逐渐清晰。着丝粒区域也变得相当清楚。每一染色体有一个着丝粒和纵向并列的两条染色单体。核仁和核膜逐渐模糊不明显，细胞两极出现纺锤丝。

2. 中期

核仁和核膜的消失标志着前期的结束、中期的开始。细胞内出现清晰可见的由纺锤丝构成的纺锤体（spindle）。每一染色体的着丝粒均排列在纺锤体中央的赤道面上，而其两臂则自由地分散在赤道面的两侧。此时是进行染色体鉴别和计数的最佳时期。

3. 后期

每一染色体的着丝点分裂为二，染色单体成为独立的染色体，被纺锤丝拉向两极。染色体向两极的移动标志着中期的结束、后期的开始。

4. 末期

染色体到达两极，螺旋结构逐渐消失，出现核的重建过程，这正是前期的倒转；最后两个子核的膜重新形成，核旁的中心粒又成为两个，核仁重新出现，纺锤体消失。

从前期到末期合称分裂期。分裂期经过的时间随生物的种类而异。

5. 胞质分裂（cytokinesis）

两个子核形成后，接着便发生细胞质的分裂过程。植物细胞由两个子核中间残留的纺锤丝先形成细胞板，最后成为细胞壁，把母细胞分隔成两个子细胞，到此一次细胞分裂结束。

（二）有丝分裂的遗传学意义

1. 维持植物个体的正常生长和发育

园艺植物个体的生长是通过细胞数目的增加和细胞体积的增大实现的，细胞数目的增加依赖于有丝分裂。细胞核内各染色体准确地复制一次，形成的两条染色单体规则地分开并均匀地分配到两个子细胞中，使两个子细胞与母细胞具有相同数量和质量的染色体，在遗传组成上完全相同。细胞上下代之间遗传物质的稳定性维持了植物个体的正常生长和发育。

2. 保证物种的连续性和稳定性

园艺植物的无性繁殖也是通过体细胞的有丝分裂来实现的。染色体通过有丝分裂准确、有规律地分配到子细胞中去，保障了世代间染色体数目的恒定性，保证了无性繁殖植物物种的连续性和稳定性。

三、减数分裂

减数分裂是一种特殊方式的细胞分裂，在配子形成过程中发生。减数分裂的第一个特点是染色体只复制一次，而核分裂连续进行两次，结果形成四个核，每个核只含有单倍数的染色体，即染色体数目减少一半；另一个特点是，前期特别长且变化复杂，其中包括相同染色体的配对、交换与分离等。

（一）减数分裂的过程

减数分裂包括两次连续的细胞分裂，第一次分裂是减数的，第二次分裂是等数的（图1-10）。

1. 第一次分裂

可分为前期Ⅰ、中期Ⅰ、后期Ⅰ、末期Ⅰ。

（1）前期Ⅰ（prophase Ⅰ）

持续时间最长，约占全部减数分裂时间的一半。此期染色体变化较复杂，包括5个时期。①细线期（leptotene）：核体积增大，核内出现细长如线的染色体，各染色体缠绕在一起。每条染色体都是由一个着丝点联系着的两条染色单体组成。②偶线期（zygotene）：各同源染色体分别配对，出现联会（synapsis）现象。联会先从各对染色体的两端开始，其他对应部位很快聚拢，完成配对。联会的一对同源染色体叫二价体（bivalent）。联会过程中，在同源的染色体之间开始形成联会复合体（synaptonemal），其主要成分是自我集合的蛋白质，具有固定同源染色体的作用。③粗线期（pachytene）：二价体逐渐变短变粗，同源染色体的联会复合体完全形成。每个二价体有四条染色单体，其中一条染色体的两条染色单体互称姊妹染色单体，而不同染色体的染色单体之间互称非姊妹染色单体。此时，非姊妹染色单体之间相应部位发生交换，造成遗传物质的重组。④双线期（diplotene）：染色体继续变短变粗，联会复合体开始解体，联会的同源染色体之间因相互排斥而开始分开，但因非姊妹染色单体在粗线期的交换，二价体被几个交叉（chiasma）连接在一起。⑤终变期

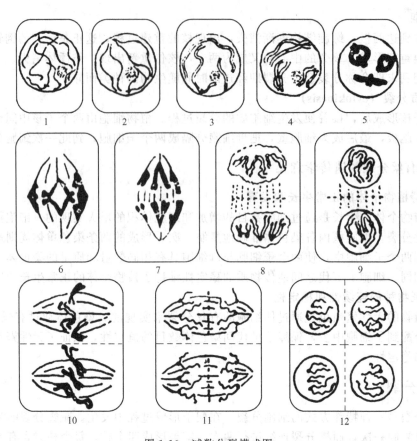

图 1-10　减数分裂模式图

1. 细线期；2. 偶线期；3. 粗线期；4. 双线期；5. 终变期；6. 中期Ⅰ；
7. 后期Ⅰ；8. 末期Ⅰ；9. 前期Ⅱ；10. 中期Ⅱ；11. 后期Ⅱ；12. 末期Ⅱ

（diakinesis）：染色体更为浓缩和短粗。交叉向二价体的两端移动，并逐渐接近末端，这一过程叫做交叉端化（terminalization）。每个二价体分散在整个核内，可以一一区分开。

（2）中期Ⅰ（metaphaseⅠ）

核仁核膜消失，出现纺锤体。各二价体分散在赤道板的两侧，二价体中两个同源染色体的着丝点面向相反的两极，同源染色体之间在赤道面的上下排列是随机的。

（3）后期Ⅰ（anaphaseⅠ）

在纺锤丝的牵引下，各二价体的两个同源染色体分别被拉向细胞的两极，每一极只分到同源染色体中的一个，实现了 $2n$ 数目的减半（n）。每条染色体仍包含两条染色单体。

（4）末期Ⅰ（telophaseⅠ）

染色体到达两极，松散变细，核膜重建，核仁重新形成，接着进行胞质分裂，成为两个子细胞，称为二分体（dyad）。有些植物此时只进行核分裂，而胞质并未分裂，如芍药属植物。

末期Ⅰ与有丝分裂末期的区别在于，末期Ⅰ的染色体只有 n 个，每个染色体具有两条染色单体；而有丝分裂末期的染色体有 $2n$ 个，每个染色体只有一条染色单体（子染色体）。

在第二次分裂开始以前，两个子细胞进入间期，这时细胞核的形态与有丝分裂间期没有区别。但有许多生物进行成熟分裂时，末期Ⅰ结束后并不进入间期，而是立刻进入第二次分裂，有的则间期很短。

2. 第二次分裂

与有丝分裂过程十分相似，分为前期Ⅱ、中期Ⅱ、后期Ⅱ、末期Ⅱ。

① 前期Ⅱ　前期Ⅱ的情况和有丝分裂前期基本一致，也是每条染色体具有两条染色单体。所不同的是只有 n 个染色体，且每个染色体的两条染色单体并不是在减数间期进行复制，而是在减数分裂开始前的间期中已复制完成。

② 中期Ⅱ至末期Ⅱ　中期Ⅱ、后期Ⅱ和末期Ⅱ的过程也和有丝分裂基本一致。所不同的就是染色体在第一次分裂过程中已经减数，所以第二次分裂时只有 n 条染色体。

（二）减数分裂的遗传学意义

减数分裂第二次分裂与一般的有丝分裂相似，而第一次分裂与有丝分裂有明显的区别，这在遗传学上具有重要的意义。

首先，减数分裂时核内染色体按严格的规律分到四个子细胞中，子细胞发育为雄性细胞（花粉）或雌性细胞（胚囊），它们各自具有半数的染色体。以雌雄配子受精结合为合子，又恢复为全数的染色体（2n）。从而保证了亲代与子代间染色体数目的恒定性，为后代的正常发育和性状遗传提供了物质基础；同时保证了物种相对的稳定性。

其次，减数分裂第一次分裂中，同源染色体在中期Ⅰ的排列是随机的，每对同源染色体的两个成员在后期Ⅰ分向两极时也是随机的，非同源染色体之间可以自由组合分配到子细胞中。n 对染色体，就有 2^n 种自由组合方式，这说明各个子细胞之间在染色体组成上将会出现多种多样的组合。不仅如此，同源染色体的非姊妹染色体之间的片段还会出现各种方式的交换，这就更增加了子细胞遗传差异的复杂性。因而减数分裂为生物的变异提供了重要的物质基础，为生物的生存及进化创造了机会，并为人工选择提供了丰富的材料。

第四节　园艺植物的生殖和生活周期

一、园艺植物的生殖

植物的生殖方式主要有无性生殖（asexual reproduction）、有性生殖（sexual reproduction）和无融合生殖（apomixis）三种形式。

（一）无性生殖

无性生殖也称营养生殖，是利用植物营养器官的再生能力，以块茎、鳞茎、球茎、芽眼、枝条或一些变态的营养器官为繁殖材料，产生新的个体的方法。园艺植物无性繁殖的方式有扦插、嫁接、压条、分生及组织培养等。由于它是通过体细胞的有丝分裂而生殖的，后代与亲代具有相同的遗传组成，因而后代能保持亲代的固有特性，可长期保持品种的优良性状。并且无性生殖能缩短幼苗期，使植物提早开花结果。

（二）有性生殖

有性生殖是通过亲本的雌雄配子（gametes）受精（fertilization）融合而形成合子，随后进一步分裂、分化和发育而产生后代。有性生殖是生物界最普遍、最重要的生殖方式。

1. 雌雄配子体的形成

园艺植物的有性生殖过程是在花器里进行的，由雄蕊和雌蕊（图 1-11）内的孢原细胞经过减数分裂，形成雄配子和雌配子，即精子（sperm）和卵细胞（egg）（图 1-12）。

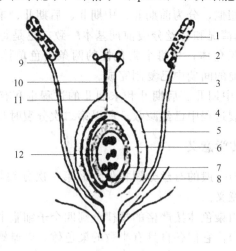

图 1-11　植物的雌蕊和雄蕊
1. 花粉粒；2. 花药；3. 花丝；4. 子房；5. 子房壁；6. 珠被；7. 珠心；
8. 珠孔；9. 柱头；10. 花柱；11. 花粉管；12. 胚囊

① 雄配子体的形成　在雄蕊的花药中分化出孢原组织，再进一步分化为小孢子母细胞（花粉母细胞，pollen mother cell，$2n$），经过减数分裂形成四分孢子（n），再发育成四个小孢子（microspore），接着各自分开，逐渐长大，并形成较厚的细胞壁。每一成熟的小孢子就是一个单核的花粉粒。它经过一次有丝分裂，形成营养细胞（n）和生殖细胞（n），再由生殖细胞经过一次有丝分裂，才形成包含 2 个精细胞和 1 个营养核的成熟花粉粒，即雄配子体（male gametophyte）。

② 雌配子体的形成　雌性配子是在雌蕊的子房中产生的。在雌蕊的子房里着生胚珠，在胚珠的珠孔中分化出大孢子母细胞（胚囊母细胞，megaspore mother cell，$2n$），由一个大孢子母细胞经过减数分裂形成呈直线排列的四个大孢子（macrospore），即四分孢子，其中只有远离珠孔的一个大孢子继续发育，它的核连续进行 3 次有丝分裂，形成具有 8 个核的胚囊，称为雌配子体（female gametophyte），其中有 3 个为反足细胞（antipodal cell），2 个为助细胞（synergid），2 个为极核（polar nucleus），另 1 个为卵细胞，即雌配子。

2. 双受精

受精是雌雄配子体融合为一个合子的过程，即卵细胞和精子互相融合的过程。授粉后，花粉粒在柱头上萌发，随着花粉管的伸长，营养核与精核进入胚囊内，随后 1 个精核与卵细胞受精结合成合子，将来发育为胚（$2n$），另 1 个精核与 2 个极核受精结合为胚乳核（$3n$），将来发育成胚乳（$3n$），这一过程称为双受精（double fertilization）（图 1-13）。

双受精现象是植物界有性繁殖过程中特有的现象。通过双受精最后发育成种子。种子的主要组成是胚（$2n$）、胚乳（$3n$）和种皮（$2n$）。胚和胚乳都是受精形成的，而种皮是母本花朵的营养组织形成的。在育种上，柑橘、苹果和枣通过胚乳细胞的离体培养已获得三倍体植株。

在正常的受精过程中，通常只有一个花粉管进入一个胚珠的胚囊里进行受精，偶尔也有几个花粉管进入同一胚囊，在胚囊里就有 2 个以上的精子，这叫多精子现象，在菜豆中曾有发现。多余的花粉管进入胚囊后，多余的精子与胚囊中的助细胞或反足细胞融合，使之受精并发育成胚，形成多胚现象。有时还有 2 个以上的精核入卵，和卵核受精后形成多倍体

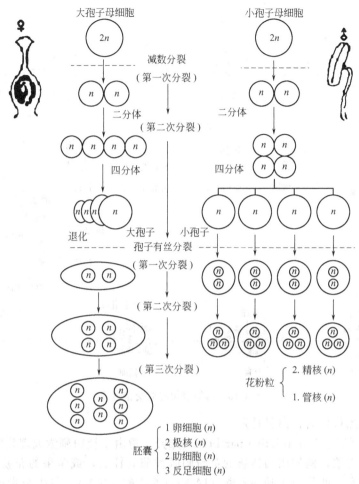

图 1-12　高等植物雌雄配子体的形成过程（引自朱军，2002）

（3n、4n、5n）的胚。

在受精过程中，还表现出受精选择性。即植物在不同种或同种花粉混合授粉时，雌蕊和花粉粒之间相互鉴别选择，表现出亲和力或配合力的大小。卵细胞总是有选择地与遗传上适合的精细胞融合受精，产生生物学上有利的后代。卵细胞对精细胞的选择主要表现在柱头分泌物对来源不同的花粉粒的萌发或传递组织对花粉管伸长的选择作用。实际上受精选择性还表现在雄性细胞对特定对象的选择性。

3. 果实直感

果实直感（metaxenia）是指花粉影响于母系组织，如子房和花托、种皮和果皮上表现父本的某些性状的现象。例如，涩皮易剥离的中国板栗，如授以难剥离的日本栗花粉，就变成难剥离的了；葡萄的白玫瑰品种，如授以红色品种玫瑰露的花粉，使白玫瑰的果实成熟时果汁呈红色。

4. 单性结实

植物中有完全不进行授粉，或授粉后没有受精也能形成果实的现象，叫单性结实（par-thenocarpy）。

① 自动单性结实（autonimic parthenocarpy）　指果树中有不进行授粉子房也能良好发育形成果实的现象。如香蕉、菠萝、无花果、柿、柑橘的无核种（温州蜜柑、华盛顿脐橙）、

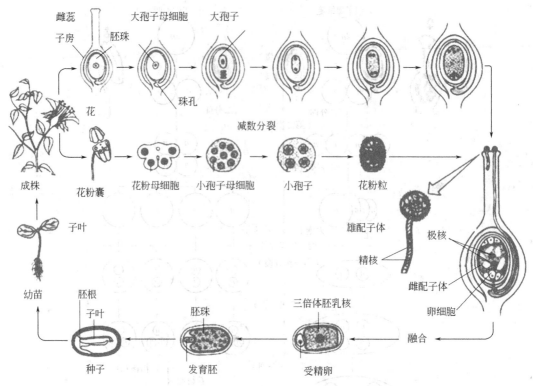

图 1-13　高等植物的双受精过程

葡萄的无核种（黑科林斯、白科林斯）。

② 刺激单性结实（stimulative parthenocarpy）　指由于授粉刺激或理化因素刺激，未受精而形成果实的现象，例如用马铃薯的花粉刺激番茄的柱头，或苹果的花粉刺激梨的柱头，都可形成无籽果实。此外，用吲哚乙酸（IAA）、萘乙酸（NAA）等生长素能诱导番茄、茄子、黄瓜、西瓜、甜瓜，以及芒果、黑刺莓等单性结实。赤霉素（GA）诱导葡萄单性结实最有效。对无花果应用生长素、赤霉素及细胞分裂素也都能引起单性结实。

③ 伪单性结实（pseudo-parthenocarpy）　指经过受精的胚在中途发育停止，产生无生活力的假种子，或退化消失不形成种子而结实的现象。如柿的平核无品种、葡萄的无核白品种、部分梨的品种。

单性结实的果实中没有种子，具有这些特性的植物主要靠无性繁殖来扩大栽培并保留这种特性，具有刺激单性结实特性的品种可以正常受精结籽进行有性生殖，栽培后可以通过刺激措施来达到形成无籽果实的目的。

（三）无融合生殖

无融合生殖（apomixis）是指雌雄配子不发生核融合的一种无性生殖方式。在园艺植物中较为普遍，对于遗传研究和育种实践都具有重要意义。无融合生殖有两大类：营养的无融合生殖（vegetative apomixis）和无融合结子（agamospermy）。

1. 营养的无融合生殖

属于一种营养繁殖的类型，在植株上形成繁殖器官，可以代替种子繁殖。例如，大蒜或洋葱的花茎顶端着生的气生鳞茎、百合植株的叶腋处产生的变态的气生小鳞茎（珠芽）以及山药植株上的"零余子"，都是特殊的繁殖器官。

2. 无融合结子

无融合结子是指能产生种子的无融合生殖。包括单倍体无融合生殖、二倍体无融合生殖和不定胚三种类型。

① 单倍体无融合生殖　雌雄配子不经过正常受精而产生单倍性胚（n）的一种生殖方式，简称单性生殖（parthenogenesis）。包括由胚囊中未经过受精的卵细胞发育成单倍性胚的孤雌生殖（female parthenogenesis），以及当精子进入卵细胞后，尚未与卵细胞融合，而卵核即退化解体，雄核在卵细胞质内发育成胚的孤雄生殖（male parthenogenesis）。

② 二倍体无融合生殖　是由二倍体胚囊中未受精的卵细胞或其他细胞发育形成胚。胚囊中的细胞核都是二倍数的染色体组（$2n$）。

③ 不定胚　是由珠心或珠被的二倍体细胞直接分裂，并很快分裂形成数群细胞，侵入胚囊，形成一个或数个胚，这种胚称为不定胚。一个种子里有多于一个胚的现象，称为多胚现象。柑橘类中具有多胚种子，如温州蜜柑，其珠心胚无休眠期，比合子胚发育早、出苗快、优先获得营养物质。因此珠心苗生长比较健壮，能产生复壮效果，又能保持母本遗传特性，并有利于无病毒苗的繁育。

二、园艺植物的生活周期

高等植物的生活周期（life cycle），即个体发育全过程或生活史。一般有性繁殖植物的生活周期是指从合子到个体成熟再到个体死亡所经历的一系列发育阶段，大多数包括有 1 个无性世代和 1 个有性世代。无性世代也称孢子体（aporophyte）世代，是指由一个受精卵（合子）发育成为一个孢子体（$2n$）的世代。有性世代也称配子体（gametophyte）世代，是指孢子体生长发育到一定阶段，通过细胞分裂，形成配子体（n），产生雌性和雄性配子过程的世代。雌性和雄性配子经过受精形成合子，于是新一代孢子体又开始发育。这种由孢子体世代和配子体世代相互交替的现象称为世代交替（alternation of generation），由此完成生活周期。在这两个世代交替中，染色体数目有相应的变化，因此能够保证物种染色体数目的恒定性，从而保证了物种遗传性状的稳定性。

这里以桃树为例，说明种子植物的生活周期（图 1-14）。桃树是多年生蔷薇科植物，雌雄同花。从受精卵（合子）发育成一个完整的植株，是孢子体的无性世代。这个世代的体细胞染色体是二倍体（$2n$），每个细胞中都含有来自雌性配子和雄性配子的一整套单倍数的染色体。孢子体发育到一定程度后，在孢子囊（花药和胚珠）内发生减数分裂，产生单倍性的小孢子（n）和大孢子（n），这是配子体世代的开始。大孢子和小孢子经过有丝分裂分化为雌雄配子体。雌雄配子受精结合形成合子以后，即完成有性世代，又进入无性世代。由此可见，种子植物的配子体世代是短暂的，而且它主要在孢子体内度过。其生活史中的大部分时间是孢子体体积的增长和组织的分化。

园艺植物的配子体世代是在孢子体内度过的，这个世代为期很短，但对完成生活周期和进行有性生殖具有重要意义。植物越是向高级形式发展，它们的孢子体世代就越长，繁殖方式越复杂，繁殖器官和繁殖过程也就越能受到较好保护。

园艺植物种类繁多，根据不同植物的生长发育特性和繁殖方式，它们的生活史有很多不同特点。

（一）一、二年生植物

如菜豆、番茄、黄瓜、白菜、长春花、雁来红、紫茉莉、牵牛花、金鱼草等，在它们的生活周期中，从种子胚开始必须经过无性世代和有性世代才又形成种子胚，它们的生活史很

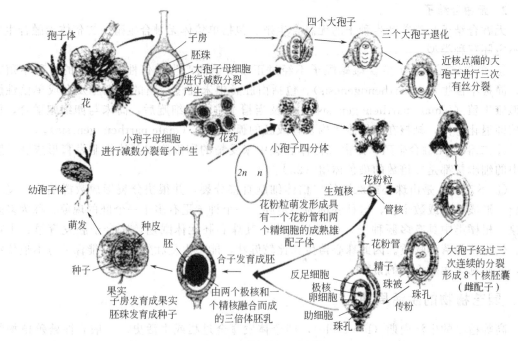

图 1-14 桃树的生活周期

短暂，只有一、二年的寿命，在开花结籽后，植株衰老死亡。

（二）多年生草本（宿根）植物

如菠萝、香蕉、草莓、茭白、石刁柏、菊花、兰花、芍药等，它们每年随着气候的节律性变化而进行生长发育和休眠，一般不结种子，长时期处于孢子体世代，进行分株繁殖，年复一年的生长。当需要和可能进行种子繁殖时，才经过配子体的有性世代。这些植物在生产上不用种子繁殖，除非是为了育种。

（三）球根植物

如马铃薯、菊芋、慈菇、荸荠、唐菖蒲、仙客来、郁金香、水仙花等，都是人工利用它们自然形成的特殊器官（块茎、球茎、根茎和块根等）进行无性繁殖。一年一个世代，代代相传。这些植物中有些长期不开花，有些能开花而不结籽，虽然少数能结籽，但人工栽培时也不利用种子繁殖。

（四）多年生木本植物

包括果树、木本花卉和观赏树木，如苹果、葡萄、桃、柑橘、丁香、牡丹、杜鹃、玫瑰、山茶、海棠、梅花、桂花、雪松、广玉兰、龙柏等，它们的无性世代从种子播种开始，分别经过不同年数的童期阶段，才能进入有性世代。当首次开花结果后，在年发育周期中有无性世代和有性世代，如此年复一年的循环，直到死亡，完成大发育周期。这些植物历来采用无性繁殖，因此个体发育可以无限地延长，进入结果期以后可以年年开花结籽，但在第一次开花结果形成种子胚的时候就已完成生活周期，并能开始新的一代。

由此可见，不同种类的园艺植物完成生活周期有所不同，为了研究它们的遗传变异规律，必须研究它们的生长发育特点、生活周期、生命过程以及繁殖方式。

思 考 题

1. 中期染色体的外部形态包括哪些部分？染色体的形态有哪些类型？

2. 简述园艺植物染色体结构。

3. 简述有丝分裂和减数分裂的主要区别。

4. 植物的 10 个花粉母细胞和 10 个大孢子母细胞，可以形成：

(1) 多少个花粉粒？多少个精核？多少个营养核？

(2) 多少胚囊？多少卵细胞？多少极核？多少助细胞？多少反足细胞？

5. 大白菜体细胞 $2n＝20$ 个染色体，写出下列各组织的细胞中染色体的数目。

(1) 叶，根，胚，花粉壁。

(2) 大孢子母细胞，卵细胞，反足细胞，花粉管核。

6. 番茄体细胞中有 $2n＝24$ 条染色体，苹果中有 $2n＝34$ 条染色体，黄瓜中有 $2n＝14$ 条染色体。理论上它们各能产生多少种含不同染色体组成的雌雄配子？

7. 假定一个杂种细胞里含有 3 对染色体，其中 A1、B2、C3 来自父本，A4、B5、C6 来自母本。（注：用字母表示配子组合）

(1) 通过减数分裂能形成几种配子？其染色体组成如何？

(2) 同时含有 3 条父本染色体或 3 条母本染色体的比例是多少？

第二章 遗传物质的分子基础

1866 年，孟德尔通过豌豆杂交试验发现了遗传规律，并将世代间传递的物质称为"遗传因子"，标志着遗传学的启始。这种抽象的"遗传因子"后来被称为"基因"。基因存在于染色体上，基因与性状之间关系密切。但基因的化学本质究竟是什么？基因又是如何控制性状呢？

第一节 DNA 是遗传物质的证据

高等生物的染色体是由核酸和蛋白质组成的复合物。其中，核酸主要是脱氧核糖核酸（DNA），其次是核糖核酸（RNA），染色体蛋白质是由组蛋白与非组蛋白构成的。20 世纪 40 年代之后，由于微生物遗传学的发展，再加上生物化学、生物物理学以及许多新技术不断引入遗传学，1953 年，沃森和克里克提出了 DNA 双螺旋结构模型，使遗传学研究从此深入到分子水平，促成了一个崭新的领域——分子遗传学的诞生和发展。分子遗传学已拥有大量直接和间接证据，证明 DNA 是主要的遗传物质，而在缺乏 DNA 的某些病毒中，RNA 则是遗传物质。

一、DNA 是遗传物质的间接证据

遗传物质在理论上应当具备连续性、稳定性和自主性，才能满足生物遗传与变异的特性。目前发现绝大多数生物细胞中只有 DNA 具有这些性质。

同种生物的不同个体间，其细胞中 DNA 的含量基本相同，具有稳定性；同一个体不同组织的细胞间 DNA 的含量具有稳定性；同一个体不同发育阶段，其细胞中 DNA 的含量也具有稳定性；DNA 仅在能自体复制的细胞器中找到。

二、DNA 是遗传物质的直接证据

（一）肺炎双球菌的转化

肺炎双球菌（*Diplococcus pneumoniae*）有两种不同的类型：一种是光滑型（Smooth，S 型），被一层多糖类的胶状夹膜所保护，不会被寄主防御酶系统破坏，因而具有毒性，在培养基上可以形成光滑的菌斑；另一种是粗糙型（Rough，R 型），没有夹膜和毒性，在培养基上形成粗糙的菌斑。

1928 年，英国医生格里费斯（F. Griffith）首次将 R 型的肺炎双球菌转化为 S 型，实现了细菌遗传性状的定向转化。实验的方法是先将少量无毒的 R 型肺炎双球菌注入小鼠体内，再将大量有毒但已加热（65℃）、被杀死的 S 型肺炎双球菌注入。结果小鼠发病死亡。从死鼠体内分离出的肺炎双球菌全部是 S 型活细菌。在对照实验中，单独注射 R 型菌体或加热杀死的 S 型肺炎双球菌的小鼠都没有死亡（图 2-1）。这一实验结果表明，被加热杀死的 S

型肺炎双球菌必然含有某种活性物质使 R 型细菌转化成 S 型细菌，这种活性物质必然具有遗传物质的特性。但当时并不知道这种物质是什么。16 年后，阿委瑞（Avery，1944）和他的同事用生物化学方法证明这种活性物质是 DNA。他们不仅成功地重复了上述的试验，而且将 S 型细菌的 DNA 提取物与 R 型细菌混合在一起，在离体培养的条件下，也成功地使少数 R 型细菌定向转化为 S 型细菌。其所以确认导致转化的物质是 DNA，是因为该提取物不受蛋白酶、多糖酶和核糖核酸酶（RNase）的影响，而只能为 DNA 酶所破坏。

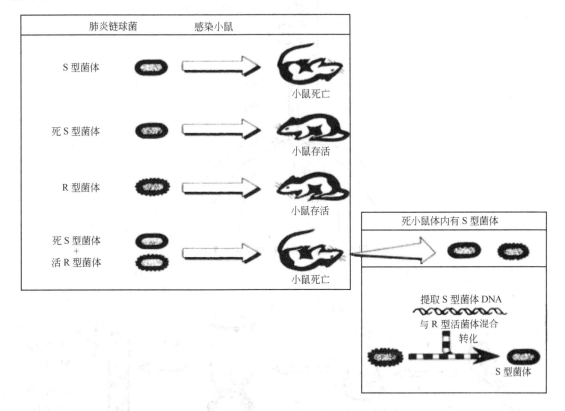

图 2-1　肺炎双球菌的转化实验

迄今，已经在几十种细菌和放线菌中成功地获得了遗传性状的定向转化。这些试验都证明起转化作用的物质是 DNA。

（二）噬菌体的感染

噬菌体是极小的低级生命类型，必须在电子显微镜下才可以看到。其结构极其简单，只有一个蛋白质构成的外壳，分为多角形的头部和管状的尾部。头部外壳包裹着一条线形 DNA。管状尾部具有收缩能力，用以附着在细菌表面（图 2-2）。当 T_2 噬菌体进入大肠杆菌内后，能够利用大肠杆菌内合成 DNA 的材料来复制自己的 DNA，还能够利用大肠杆菌合成蛋白质的材料，来建造它的蛋白质外壳和尾部，进而形成了完整的新生的噬菌体。赫尔歇（Hershey）等用同位素 ^{32}P 和 ^{35}S 分别标记 T_2 噬菌体的 DNA 与蛋白质。因为 P 是 DNA 的组分，但不存在于蛋白质中；而 S 是蛋白质的组分，但不存在于 DNA。然后用 ^{32}P 或 ^{35}S 标记的 T_2 噬菌体分别感染大肠杆菌，经 10min 诱导后，用搅拌器甩掉附着于细胞表面的噬菌体，并通过离心获得含细菌的沉淀物和含游离噬菌体的上清液，检测悬浮液和沉淀物的同位素放射性。结果发现：用含^{35}S的噬菌体感染细菌时，细菌体内无放射性，但留在细菌外的噬菌体外壳有放射性，由细菌裂解释放的子代噬菌体也无放射性。当用含^{32}P噬菌体感染细菌时，噬菌体的外壳无放射性，但细菌体内有放射性，释放的子代噬菌体也有放射性（图2-3）。所以说明DNA是具有连续性的遗传物质。

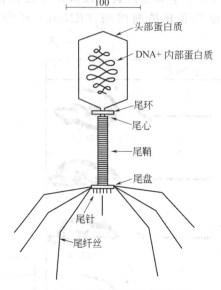

图 2-2　T$_2$噬菌体颗粒结构示意图

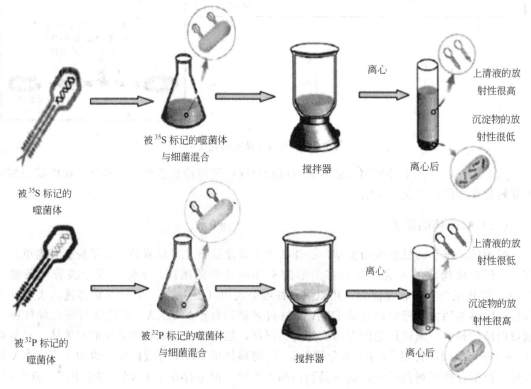

图 2-3　T$_2$噬菌体的感染实验

（三）烟草花叶病病毒的重建

烟草花叶病病毒（Tobacco mosaic virus，TMV）是一种 RNA 病毒，不具有 DNA。病毒体是杆状的，其外壳由很多相同的蛋白质亚基组成，内中含有一单链 RNA 分子，沿着内壁在蛋白质亚基间盘旋。其约含有 6% 的 RNA 和 94% 的蛋白质。将病毒体在水和苯酚中震荡，可把病毒的蛋白质与 RNA 分开。提纯的 RNA 接种在烟草的叶片上，可以产生全新的TMV 病毒体而使烟草植株发病。单纯利用病毒的蛋白质接种，则不能形成新的 TMV，烟草继续保持健壮生长。用 RNA 酶处理提纯的 RNA，再接种到烟草上，也不能产生新的TMV。这说明在只有 RNA 而不具有 DNA 的病毒中，RNA 是遗传物质。

弗兰科尔-康拉特（Fraenkal-Courat）利用分离而后聚合的方法，先取得普通 TMV 株系的蛋白质外壳和霍氏车前病毒（Holmes Ribgrass Virus，HRV）株系的 RNA，然后把它们结合起来，形成杂种病毒。这些杂种病毒，有普通 TMV 的外壳，可被 TMV 的抗体所失活，但不受对 HRV 株系制备的抗体所影响。当杂种病毒用来感染烟草时，病斑总是跟RNA 受体的病斑一样，从病斑分离的病毒可被对 HRV 株系制备的抗体所失活。显而易见，第二代病毒颗粒具有 HRV 株系的 RNA 和 TMV 株系的蛋白质外壳。把重建的病毒来感染烟草，也得到类似结果（图 2-4），所产生的新病毒颗粒与提供的 RNA 的病毒完全一样，即亲本的 RNA 决定了后代的病毒类型，而与蛋白质无关。

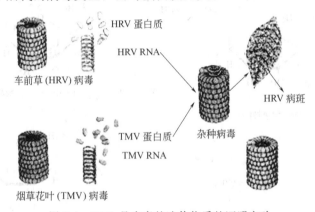

图 2-4　RNA 是病毒的遗传物质的证明实验

上述实验告诉我们，在含 DNA 的生物中，DNA 是遗传物质，在只含有 RNA 而不含DNA 的生物中，RNA 是遗传物质。

第二节　核酸的化学结构和 DNA 复制

一、核苷酸的化学结构

核酸是一种高分子化合物，其结构单元是核苷酸，通过 $3'-5'$ 磷酸二酯键形成的链状多聚体。每个核苷酸由一分子五碳糖、一分子磷酸和一分子环状的含氮碱基构成。核酸中的碱基包括嘌呤碱和嘧啶碱。嘌呤为双环结构，包括腺嘌呤（A）和鸟嘌呤（G）；嘧啶为单环结构，包括胞嘧啶（C）、胸腺嘧啶（T）和尿嘧啶（U）。

核酸有 DNA 和 RNA，两者的主要区别是：组成 DNA 的五碳糖是脱氧核糖，而组成RNA 的是核糖；DNA 所含的碱基是腺嘌呤（A）、胞嘧啶（C）、鸟嘌呤（G）和胸腺嘧啶

（T），RNA 所含的碱基为腺嘌呤（A）、胞嘧啶（C）、鸟嘌呤（G）和尿嘧啶（U）；DNA 通常是双链，RNA 主要为单链；DNA 的分子链一般较长，而 RNA 分子链较短。

高等植物的绝大部分 DNA 存在于细胞核内的染色体上，它是构成染色体的主要组分，还有少量的 DNA 存在于细胞质中的叶绿体、线粒体等细胞器内。RNA 在细胞核和细胞质中都有分布，核内则更多地集中在核仁上，少量在染色体上。细菌也含有 DNA 和 RNA。多数噬菌体只有 DNA，多数植物病毒只有 RNA。

二、DNA 的分子结构

DNA 分子是以脱氧核糖核苷酸为基本结构单位，通过 3′-5′ 磷酸二酯键形成的链状多聚体。核苷酸是由碱基、脱氧核糖与磷酸连接起来构成的（图 2-5）。脱氧核苷酸有四种类型：脱氧腺嘌呤核苷酸（dATP）、脱氧胸腺嘧啶核苷酸（dTTP）、脱氧鸟嘌呤核苷酸（dGTP）、脱氧胞嘧啶核苷酸（dCTP）。

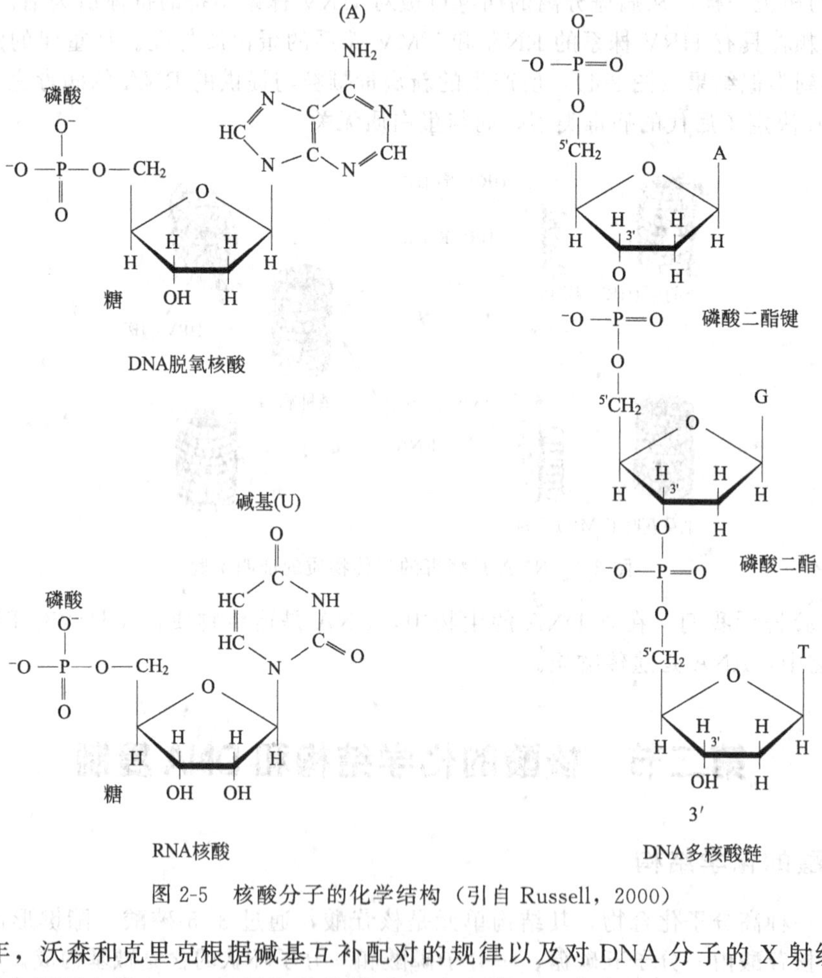

图 2-5　核酸分子的化学结构（引自 Russell，2000）

1953 年，沃森和克里克根据碱基互补配对的规律以及对 DNA 分子的 X 射线衍射研究的结果，提出了著名的 DNA 双螺旋结构模型。这个模型已为之后拍摄的电子显微镜结果直观形象所证实。这个空间构型满足了分子遗传学需要解答的许多问题，如 DNA 的复制，DNA 对于遗传信息的贮存、改变和传递等，从而奠定了分子遗传学的基础。

这个模型最重要的特点是由两条反向平行互补的多核苷酸链，彼此以一定的空间距离在同一轴上互相盘旋起来，很像一个扭曲的梯子。每条多核苷酸单链都由脱氧核糖和磷酸根纵向交替连接而组成，每个磷酸根分别在脱氧核糖的 $5'$ 和 $3'$ 碳位上与前后两个脱氧核糖相连，形成磷酸二酯键。在 DNA 双链中一条的走向从 $5'→3'$；另一条的走向从 $3'→5'$，称为反向平行（图 2-6）。

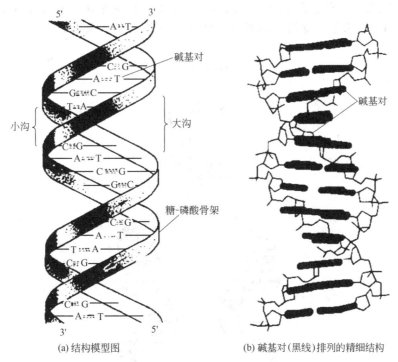

(a) 结构模型图　　　　(b) 碱基对(黑线)排列的精细结构

图 2-6　DNA 分子双螺旋结构

　　每条 DNA 单链的内侧是扁平的盘状碱基，碱基一方面与脱氧核糖相联系，另一方面通过氢键与和它互补的碱基相联系，宛如一级一级的梯子横档。一条链上的碱基总是与另一条链同水平上的碱基配对，配对的碱基通过氢键相连，A 与 T 间有两个氢键相连，C 和 G 间有三个氢键相连。碱基配对并非随机的，它有一定规律，嘌呤碱基必与嘧啶碱基配对，即 A 与 T 配对，C 与 G 配对。在一个 DNA 分子中 A+T≠C+G，有的 DNA 分子中含 A-T 碱基对多，有的含 C-G 碱基对多。各碱基对上下之间的距离为 0.34nm，每个螺旋的距离为 3.4nm，也就是说，每个螺旋包含 10 对碱基。DNA 在细胞核中并不是以裸露的双螺旋形式存在，它首先缠绕在组蛋白八聚体上，形成核小体，每 6 个核小体再螺旋盘绕形成螺线管，螺线管再螺旋一次，形成超级螺线管，进一步螺旋、折叠缠绕最终形成染色体。

三、DNA 的复制

　　DNA 既然是主要的遗传物质，它必然具备自我复制的能力，才能保证在世代间的稳定传递。

（一）DNA 的半保留复制

　　沃森和克里克根据 DNA 分子的双螺旋结构模型，认为 DNA 分子的复制遵循半保留复制（semiconservative replication）的原则。在开始复制时，由 DNA 解旋酶、拓扑异构酶解开 DNA 双螺旋。DNA 双链分子的一小部分双螺旋松开，碱基间的氢键断裂，拆开为两条单链，而其他部分仍保持双链状态，一个 DNA 聚合酶同时与这两条单链 DNA 结合，以它们为模板，根据碱基互补配对的原则，选择相应的脱氧核苷酸与模板链形成氢键。随着 DNA 聚合酶在模板链上不断移动，合成与模板链互补的一条新链。当 DNA 聚合酶遇到特定的复制终点时，从 DNA 链上脱落下来，新合成的互补链与原来的模板单链互相盘旋在一起，恢复 DNA 的双分子链结构。DNA 的这种复制方式称为半保留复制（图 2-7），通过复制所形成的新 DNA 分子，保留了原来亲本 DNA 双链分子的一条单链。

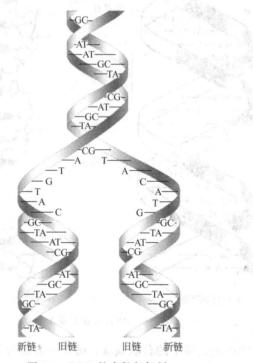

图 2-7　DNA 的半保留复制

1958 年 DNA 的半保留复制性质被梅塞尔森（M. S. Meselson）用实验所证实（图 2-8）。DNA 的这种复制方式对保持生物遗传的稳定是非常重要的保证。

（二）DNA 复制起点和复制方向

DNA 复制是从 DNA 分子的特定部位开始的，此部位称为复制起点（origin）。在同一复制起点控制下合成的一段 DNA 序列称为复制子（replicon）。在园艺植物等真核生物中，每条染色体的 DNA 复制都是多起点的，即多个复制起点共同控制一条染色体的复制，所以每条染色体上可以具有多个复制子。真核生物的 DNA 复制是双向的，从复制起点开始，同时向相反的两个方向进行。

（三）DNA 复制过程

DNA 复制过程要经过双螺旋的解链、合成的引发、DNA 链的延伸等步骤来完成（图 2-9）。

在复制中把相邻核苷酸连接在一起的 DNA 聚合酶，只能从 $5' \rightarrow 3'$ 的方向发挥作用，这样一来，DNA 只能使双链之一严格按照沃森和克里克的假说连续合成。而在另一条从 $3' \rightarrow 5'$ 方向的 DNA 链上，新链的合成就不能采取同样方法了。冈崎（Okazaki）等人在 1968 年

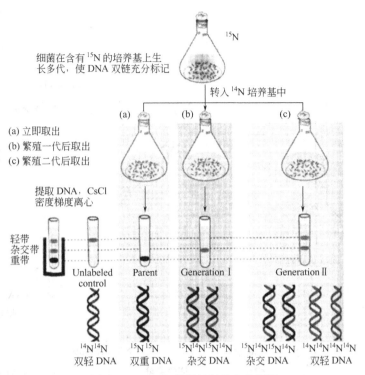

图 2-8　DNA 半保留复制的实验证据

经过研究解决了这一矛盾。他们发现，在 $3' \rightarrow 5'$ 方向上，新链的合成是按照从 $5' \rightarrow 3'$ 的方向，一段一段地合成 DNA 单链小片段——"冈崎片段"（1000～2000 个核苷酸长）；这些不相连的片段再由 DNA 连接酶连接起来，形成一条连续的单链，完成 DNA 的复制。冈崎等（1973）的研究还发现，DNA 的复制与 RNA 有密切的关系，在合成 DNA 片段之前，先由一种特殊类型的 RNA 聚合酶以 DNA 为模板，合成一小段的含几十个核苷酸的 RNA，这段 RNA 起"引物"（primer）的作用，称为"引物 RNA"。然后，DNA 聚合酶才开始起作用，按 $5' \rightarrow 3'$ 的方向合成 DNA 片段，也就是引物 RNA 的 $3'$ 端与 DNA 片段的 $5'$ 端接在一起，然后，DNA 聚合酶 I 将引物 RNA 除去，最后由 DNA 连接酶将 DNA 片段连成一条连续的 DNA 链。现把连续合成的链称为前导链（leading strand），不连续合成的链称为后随链（lagging strand）。

　　DNA 复制的基本条件是：①复制所需要的模板 DNA 双链；②DNA 复制酶；③四种脱氧核糖核苷酸；④引物；⑤一定量镁离子；⑥适宜的温度。生物体内这些条件是可以满足的。因此，生物体内有序的 DNA 复制保障了生物体的繁殖。目前，已经可以人工体外合成 DNA。这一技术为 DNA 序列分析、目的基因的分离和转基因操作奠定了基础。

第三节　遗传密码与蛋白质生物合成

　　DNA 分子是由 4 种核苷酸组成的多聚体。这 4 种核苷酸的不同在于所含碱基不同，即 A、T、C、G 四种碱基的不同。用 A、T、C、G 分别代表四种密码符号，则 DNA 分子中将含有 4 种密码符号。以一个 DNA 含有 1000 对核苷酸来说，这四种密码的排列组合就可

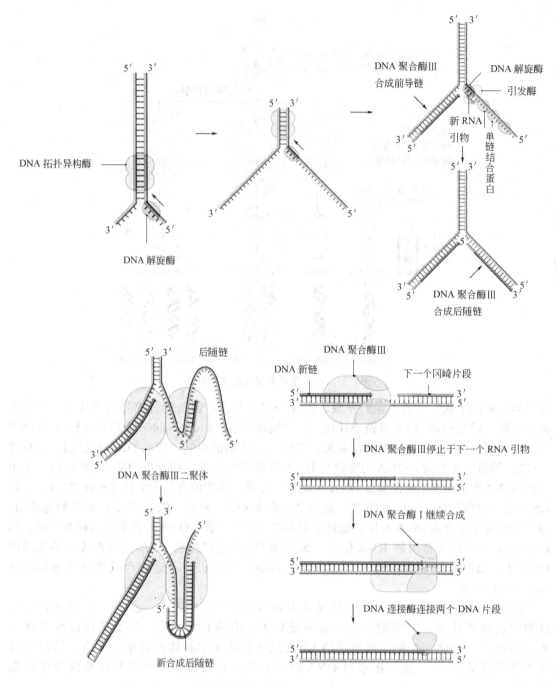

图 2-9　DNA 的复制过程（引自 Brown TA，《Genomes 3》）

以有 4^{1000} 种形式，可以表达出无限信息。

　　遗传密码（genetic code）又是如何翻译的呢？首先是以 DNA 的一条链为模板合成与它互补的 mRNA，根据互补配对的规律，在这条 mRNA 上，A 变为 U，T 变为 A，C 变为 G，G 变为 C。因此，这条 mRNA 上的密码与原来模板 DNA 的互补 DNA 链是一样的，所不同的只是用 U 代替了 T。然后再由 mRNA 上的密码翻译成氨基酸，氨基酸有 20 种，而遗传密码符号只有四种。

一、三联体密码

碱基与氨基酸两者之间的密码关系，显然不可能是一个碱基决定一个氨基酸。因此，一个碱基的密码子（codon）是不能成立的。如果是两个碱基决定一个氨基酸，那么两个碱基的密码子可能的组合将是 $4^2=16$ 种，这比现存的 20 种氨基酸还差 4 种，因此也不敷应用。如果是每 3 个碱基决定一种氨基酸，这 3 个碱基的密码子可能的组合将是 $4^3=64$ 种，这比 20 种氨基酸多出 44 种。之所以产生这种过剩的密码子，可以认为是由于每个特定的氨基酸是由一个或一个以上的三联体（triplet）密码所决定的，这种现象称为简并（degeneracy）。

二、三联体密码翻译

每种三联体密码译成什么氨基酸呢？从 1961 年开始，经过大量的试验，分别利用 64 个已知三联体密码，找出了与它们对应的氨基酸。1966～1967 年，全部完成了这套遗传密码的字典（表 2-1）。

表 2-1　遗传密码字典

第一个碱基5'端	第二个碱基								第三个碱基3'端
	U		C		A		G		
U	UUU	苯丙氨酸 Phe	UCU	丝氨酸 Ser	UAU	酪氨酸 Tyr	UGU	半胱氨酸 Cys	U
	UUC		UCC		UAC		UGC		C
	UUA	亮氨酸 Leu	UCA		UAA	终止信号	UGA	终止信号	A
	UUG		UCG		UAG	终止信号	UGG	色氨酸 Trp	G
C	CUU	亮氨酸 Leu	CCU	脯氨酸 Pro	CAU	组氨酸 His	CGU	精氨酸 Arg	U
	CUC		CCC		CAC		CGC		C
	CUA		CCA		CAA	谷氨酰胺 Gln	CGA		A
	CUG		CCG		CAG		CGG		G
A	AUU	异亮氨酸 Ile	ACU	苏氨酸 Thr	AAU	天冬酰胺 Asn	AGU	丝氨酸 Ser	U
	AUC		ACC		AAC		AGC		C
	AUA		ACA		AAA	赖氨酸 Lys	AGA	精氨酸 Arg	A
	AUG	甲硫氨酸 Met 起始信号	ACG		AAG		AGG		G
G	GUU	缬氨酸 Val	GCU	丙氨酸 Ala	GAU	天冬氨酸 Asp	GGU	甘氨酸 Gly	U
	GUC		GCC		GAC		GGC		C
	GUA		GCA		GAA	谷氨酸 Glu	GGA		A
	GUG		GCG		GAG		GGG		G

从表 2-1 可以看出，大多数氨基酸都有几个三联体密码，多则 6 个，少则 2 个，这就是简并现象。只有色氨酸与甲硫氨酸例外，每种氨基酸只有 1 个三联体密码。此外，还有 3 个三联体密码 UAA、UAG、UGA 是表示蛋白质合成终止的信号。三联体密码 AUG 与 GUG 兼有合成起点的作用。

在分析简并现象时可以看到，当三联体密码的第一个、第二个碱基确定之后，有时不管第三个碱基是什么，就可以决定同一个氨基酸。例如，脯氨酸是由下列的 4 个三联体密码决定的：CCU、CCC、CCA、CCG。也就是说，在一个三联体密码上，第一个、第二个碱基比第三个碱基更为重要，这就是产生简并现象的基础。

简并现象对生物遗传的稳定性具有重要的意义。同义的密码子越多，生物遗传的稳定性越大。因为一旦 DNA 分子上的碱基发生突变时，突变后所形成的三联体密码，可能与原来的三联体密码翻译成同样的氨基酸，因而在多肽链上就不会表现任何变异。

除 1980 年以来发现某些生物的线粒体 tRNA 在解读个别密码子时，有不同的翻译方式外，整个生物界遗传密码都是通用的，即所有的核酸都是由 4 个基本的碱基符号所编成，所有的蛋白质都是由 20 种氨基酸所编成，它们用共同的语言写成不同的文章（生物种类和生物性状）。共同语言说明了生命的共同本质和共同起源；不同的文章说明了生物变异的原因和进化的无限历程。

那么如何根据遗传密码表推断多肽链中的氨基酸组成呢？这里以矮牵牛的查尔酮合酶编码基因 CHS-A 举例说明。编码前 10 个氨基酸的 DNA 双链为：

5'-ATGGTGACAGTCGAGGAGTATCGTAAGGCA-3'　（非模板链）

3'-TACCACTGT CAGCTCCT CATAGCATTCCGT-5'　（模板链）

该区段按照 5'到 3'的方向，从左到右转录的 mRNA 序列应为：

5'-AUGGUGACAGUCGAGGAGUAUCGUAAGGCA-3'

根据表 2-1 的密码子，从左到右依次翻译，AUG 对应甲硫氨酸，GUG 对应缬氨酸，以此类推，多肽链的该区段氨基酸的序列应为：Met Val Thr Val Glu Glu Tyr Arg Lys Ala（甲硫氨酸 缬氨酸 苏氨酸 缬氨酸 谷氨酸 谷氨酸 酪氨酸 精氨酸 赖氨酸 丙氨酸）。

三、蛋白质的生物合成

蛋白质是由 20 种不同的氨基酸组成的，每种蛋白质都有其特定的氨基酸序列。DNA 是由 4 种不同的核苷酸组成的，每种生物的 DNA 也各有其特定的核苷酸序列。核苷酸序列的不同，表现为碱基（遗传密码）的不同，因为他们的骨架——脱氧核糖与磷酸根是完全一样的。大量的实验证明，这两种序列之间有平行的线性关系，也就是说，碱基序列决定了氨基酸的序列。DNA 的碱基序列决定氨基酸序列的过程即蛋白质的合成过程，实际上包括 DNA 转录（transcription）为 RNA 和由 RNA 翻译（translation）成蛋白质或多肽两个步骤。转录就是以 DNA 双链之一的遗传密码为模板，把遗传密码以互补的方式转录到信使核糖核酸（mRNA）上。翻译就是 mRNA 携带着转录的遗传密码附在核糖体（ribosome）上，利用由转运核糖核酸（tRNA）运来的各种氨基酸，按照 mRNA 的密码顺序，相互连接起来成为多肽链，并进一步折叠起来成为有活性的蛋白质分子。所以蛋白质的合成是 mRNA、tRNA、rRNA 和核糖体协同作用的结果。

DNA 转录为 RNA 的过程基本上与 DNA 复制过程非常相似，新链合成的方向也都为 5'→3'，但有以下几方面不同：①只有一条 DNA 链在转录中被用作 RNA 合成的模板，而 DNA 复制中是两条链均作为模板。通常将 RNA 合成中作为模板的 DNA 链称为模板链（template strand），另一条链称为非模板链（nontemplate strand）；②合成 RNA 所用的原料为核苷三磷酸，即三磷酸腺苷（ATP）、三磷酸鸟苷（GTP）、三磷酸胞苷（CTP）、三磷酸尿苷（UTP）。而 DNA 合成时则为脱氧核苷三磷酸；③RNA 链的合成不需要引物，可直接起始合成，而 DNA 合成必须要有引物引导；④RNA 合成时碱基的互补配对中 U 与 A 配对，而 DNA 合成中则为 T 与 A 配对。

（一）转录

1. RNA 的主要类型

（1）mRNA

真核细胞中的 DNA 主要存在于细胞核的染色体上，而蛋白质的合成场所却是位于细胞质中的核糖体。通常 DNA 分子不能通过核膜进入细胞质内，因此，它需要一种中介物质，才能把 DNA 上控制蛋白质合成的遗传信息传递给核糖体。现已证明，这种中介物质是一种特殊的 RNA，它起着传递遗传信息的作用，因而称为信使 RNA（mRNA）。

mRNA 的功能就是把 DNA 上的遗传信息精确地转录下来，然后再由 mRNA 的碱基顺序决定蛋白质的氨基酸顺序，完成基因表达过程中遗传信息的传递。在真核生物中，转录形成的前体 RNA 中含有大量的非编码序列，这种未经加工的前体 mRNA 常称为不均一核 RNA（heterogenous nuclear RNA，hnRNA）。转录完成后，hnRNA 经过加工去除非编码序列，最后只留下大约 25% 的 RNA 用作蛋白质的翻译。

（2）tRNA

如果说 mRNA 是合成蛋白质的蓝图，核糖体就是合成蛋白质的工厂。但是，合成蛋白质的原材料（20 种氨基酸）与 mRNA 的碱基之间缺乏特殊的亲和力。因此，必须用一种特殊的 RNA——转运 RNA（tRNA）把氨基酸搬运到核糖体上。tRNA 是运载氨基酸的工具。tRNA 能根据 mRNA 的遗传密码依次准确地将它携带的氨基酸连接成多肽链。tRNA 的主要生理功能是在蛋白质合成中转运氨基酸和识别密码子。每种氨基酸可与一种或一种以上的 tRNA 相结合，现在已知的 tRNA 的种类在 40 种以上。tRNA 是分子质量最小的 RNA 分子，也是 RNA 中构造了解得最清楚的。这类分子约含 80 个左右的核苷酸，而且具有稀有碱基。稀有碱基除假尿核苷与次黄嘌呤核苷外，主要是甲基化的嘌呤和嘧啶，这类稀有碱基一般是 tRNA 在 DNA 模板转录后，经过特殊酶的修饰而成。

tRNA 的结构为三叶草叶型（图 2-10），其 5' 端末尾具有 G（大部分）或 C，3' 端末尾都以 CCA 的顺序终结，有一个富有鸟嘌呤的环（D 环）、一个反密码子环和一个胸腺嘧啶环，反密码子环的顶端有 3 个暴露的碱基，称为反密码子（anticodon），反密码子与 mRNA 链上同自己互补的密码子配对。

（3）rRNA

核糖体 RNA（rRNA）一般与核糖体蛋白质结合在一起形成核糖体，rRNA 是组成核糖体的主要成分，占细胞总 RNA 的 80% 左右。核糖体则是合成蛋白质的场所。真核生物的核糖体所含的 rRNA 有 4 种，即 5S、5.8S、18S、28S rRNA（S 为沉降系数，sedimentation coefficient），分别具有 120、160、1900、4700 个核苷酸。rRNA 是单链，它包含不等量的 A 与 U，以及 G 与 C，但是有广泛的双链区域，在那里，碱基由氢键相连，表现为发夹式螺旋。

2. 转录过程

通常把转录形成一个 RNA 分子的一段 DNA 序列称为一个转录单位（transcript unit）。在真核生物中，一个转录单位大多只含有一个基因。催化转录真核生物的 RNA 聚合酶有 RNA 聚合酶Ⅰ、RNA 聚合酶Ⅱ、RNA 聚合酶Ⅲ。RNA 聚合酶Ⅰ位于细胞核内，催化除 5S rRNA 外的所有 rRNA 的合成；RNA 聚合酶Ⅱ催化合成 mRNA 前体；RNA 聚合酶Ⅲ催化 tRNA 和小核 RNA 的合成。转录总是从 5'→3' 端进行，5' 端称为上游（upstream），3' 端称为下游（downstream）。

（1）转录的起始

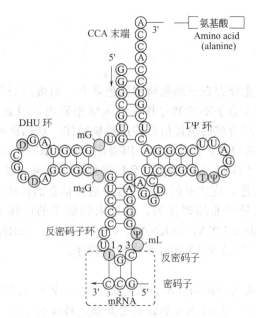

图 2-10　tRNA 的三叶草型结构

植物基因启动子位于转录起始位点上游，是启动基因转录的调控序列。核心启动子主要包括转录起始位点、TATA 盒（TATA box）、CAAT 盒（CAAT box）和 GC 盒（GC box）四个重要区域。

转录起始位点是基因转录起始碱基，常设定为 +1 位。从转录起始位点到起始密码子 ATG 的区域称为 5′端非翻译区（5′-untranslated region，5′-UTR）。在高等植物中，核基因转录起始位点位于 ATG 密码上游，其碱基大多数是 A，少数为 G。转录起始位点发生变化或缺失会影响基因的转录效率。TATA 盒转是转录起始复合体的结合位点，位于转录起始位点上游约 −25～−35bp 之间，其核心序列为 5′-TCACTATATATAG，使 RNA 聚合酶 Ⅱ 结合到启动子的正确位点启动转录，它的细小变化可能会使转录效率大大降低。CAAT 盒一般位于基因约 −80bp 的位置处，其核心序列是 GGT（C）CAATCT。CAAT 盒正反向都起作用，但有些基因无此序列。GC 盒一般位于约 −100bp 位置处，可位于 CAAT 盒上游，也可位于 TATA 盒与 CAAT 盒之间，核心序列是 GGGCGG，可有多个拷贝，并能以任何方向存在而不影响其功能。转录因子通过与 CAAT 盒和 GC 盒结合，可促进转录起始复合体的组装。

植物启动子按作用方式及功能不同，可分为三种类型：①组成型启动子。其在所有组织中都能启动基因表达，表达具有持续性，不表现时空特异性，也不受外界因素的诱导，在不同组织中的表达水平基本相同。②组织特异性启动子。在组织特异性启动子调控下，基因常常只在某些特定的器官或组织中表达，且常表现出发育调节的特性。除在植物叶片、根、胚胎、内皮层、韧皮部、花粉绒毡层等器官或组织中具有特异性外，还具有种间特异性。③诱导性启动子。可在某些物理或化学信号（如光、热、激素）的刺激下启动或大幅度提高基因的表达。

RNA 转录起始过程：RNA 聚合酶 Ⅱ 起始 mRNA 的转录需要多个转录因子（transcription factor，TF）的参与（图 2-11）。

首先蛋白复合体 TFⅡD 结合到 TATA 盒上，然后以 TFⅡD 为中心，TFⅡB、TFⅡF、RNA 聚合酶 Ⅱ、TFⅡE、TFⅡH 依次结合到启动子上，接着 TFⅡH 磷酸化 RNA 聚合酶 Ⅱ，最后 RNA 聚合酶 Ⅱ 从转录起始复合物中释放出来开始转录。

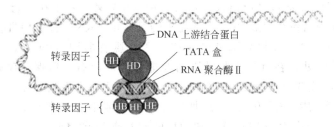

图 2-11 真核生物 mRNA 转录起始复合物

RNA 聚合酶 I 起始 5.8S、18S 和 28S rRNA 的转录。首先是上游结合因子（upstream binding factor，UBF）特异结合到核心启动子和上游控制元件中富含 GC 的区域，接着转录辅助因子 SF1（selectivity factor 1）结合到启动子上，并与 UBF 相互作用。当这两个转录因子结合到启动子上后，RNA 聚合酶 I 与核心启动子结合并开始转录。

RNA 聚合酶 III 起始的 tRNA 和 snRNA 的转录需要 TFIIIA、TFIIIB、TFIIIC 三个转录因子的参与。首先 TFIIIA 和 TFIIIC 帮助 TFIIIB 结合到正确位置，然后 TFIIIB 使 RNA 聚合酶 III 特异结合到核心启动子上，其中 TFIIIB 由 TATA 序列结合蛋白（TATA binding protein，TBP）和另外两种蛋白质组成，TBP 是 RNA 聚合酶 III 转录所必需的亚基。

（2）转录的延伸

RNA 聚合酶在转录起始后，对 DNA 的结合紧密状况会发生变化。辅助蛋白质的共同作用下，使 RNA 聚合酶结合到 DNA 模板上并向前移动，DNA 双链不断解开和重新闭合，RNA 转录泡不断前移，合成新的 RNA 链（图 2-12）。RNA 合成的速度约为 30～50nt/s。当 RNA 合成大约 30 个核苷酸后，在 mRNA 前体的 5′ 端加上一个 7-甲基鸟嘌呤核苷的帽子。该帽子的作用一是防止被 RNA 酶降解，二是在蛋白质翻译时，帮助识别起始位置。

（3）转录的终止

当 RNA 链延伸遇到终止信号时，RNA 转录复合体发生解体，RNA 聚合酶脱离 DNA

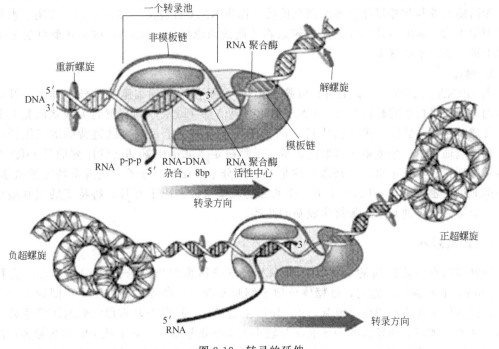

图 2-12 转录的延伸

模板链，新合成的 RNA 链被释放出来。真核生物 RNA 聚合酶 I 在其蛋白质终止因子的协助下，识别由 18 个核苷酸组成的终止序列而使转录终止；RNA 聚合酶 III 在存在蛋白质 ρ 的情况下，转录会终止；RNA 聚合酶 II 转录终止于聚腺苷酸即 poly（A）尾巴 3′末端下游 1000～2000 个核苷酸处。在真核生物基因的 3′非翻译区内有一段保守序列 AATAAA，它与其下游 GT 丰富区或 T 丰富区共同构成 mRNA 加尾的信号序列。AATAAA 序列发生点突变或缺失，均导致切除作用和 mRNA 加尾作用降低或不能正常有效进行。当 mRNA 转录到加尾信号序列，会产生 AAUAAA 和随后的 GT 或 U 的富集区，然后由核酸内切酶在 AAUAAA 下游 10～30bp 部位切除多余的核苷酸序列，最后在 poly（A）聚合酶催化下加上大约 200 个 poly（A）尾巴。这样可增加 mRNA 的稳定性，保证 mRNA 从细胞核向细胞质的顺利运输。

（4）切除内含子

转录形成的原初转录物，称为不均一核 RNA（heterogeneous nuclear RNA，hnRNA）。hnRNA 经过 RNA 拼接，保留与成熟 RNA 中的区域所对应的 DNA 序列，称为外显子（exon）。而经过 RNA 拼接反应被去除的 RNA 序列相对应的 DNA 序列，称为内含子（intron）。植物的内含子较短，多在 80～139bp。内含子虽是非编码序列，但具有重要的生物学功能：①内含子中含有各种剪接信号，通常一个基因的内含子序列几乎都不具有同源性。不同的细胞选择不同的剪接点，将初始转录物通过不同的加工方式而产生不同的蛋白质或转录分子；②有些内含子含增强子序列可增强基因的表达。

在蛋白质翻译前，需对 hnRNA 进行剪接，切除内含子，将编码序列连接起来。主要有三种 RNA 剪接方式：①由核酸剪接体先进行装配，识别基因内含子的共有序列（多数基因内含子 5′端为 GU，3′端为 AG 以及其他一些共有序列），然后在内含子与外显子交界处进行切割，最后将外显子重新连接起来，成为成熟的 mRNA。②某些 tRNA 前体，在剪接内切核酸酶的催化下，非常精确地在内含子和外显子的交界处进行切割，然后在剪接连接酶的催化下重新连接成为成熟的 tRNA。③某些 rRNA 前体的内含子在 RNA 分子本身的催化下，无需酶的参与和外界能量即可完成剪接，称为 RNA 自剪接。经过加帽、加尾、剪接等一系列加工后，基因转录形成的原初转录物才能成为成熟的 mRNA，被运送到细胞质的核糖体上进行蛋白质的翻译。

3. 翻译

当 mRNA 完成转录和加工后，成熟 mRNA 分子便游离到细胞质的核糖体上，开始蛋白质的翻译。蛋白质的翻译是将 mRNA 中的密码信息（碱基序列）解码为线状的氨基酸序列，合成特定的多肽链。多肽链中特定的氨基酸序列决定了每条多肽链特殊的三维折叠构形。蛋白质通常由一个或多个多肽链组成。虽然决定多肽链中氨基酸的序列的是 mRNA 中的碱基序列，其实真正执行"翻译"的是 tRNA 分子。tRNA 分子一端携带特定的氨基酸，另一端通过反密码子与 mRNA 上的 3 个紧邻的碱基组成密码子互补，将特定的氨基酸按照顺序一个接一个排列起来，最终生成新的肽链。

（二）核糖体

核糖体是合成蛋白质的场所，是 rRNA 与核糖体蛋白质结合起来的小颗粒，直径为 14～30nm。在细菌的细胞内，核糖体分散于细胞质内，在高等生物细胞中，则附着于内质网上。核糖体包含不同的两个亚基，由 Mg^{2+} 结合起来。这些亚基常用它们的沉降系数 S 值表示。例如，细菌中的较大的 50S 亚基与较小的 30S 亚基结合起来形成 70S 的核糖体；高等生物中的较大的 60S 与 40S 的亚基集合起来形成 80S 型的核糖体。Mg^{2+} 的浓度变化可以使这些亚基解离或结合，当 Mg^{2+} 浓度高时，发生结合；当 Mg^{2+} 离子浓度低时，发生解离。在蛋白质合成过程中，它们是以 70S（80S）的形式存在，因为只有这种状态才能维持它们生理上的活性。

一般来说，核糖体在细胞内远较 mRNA 稳定，可以反复用来进行蛋白质的合成，而且核糖体本身的特异性小，同一核糖体由于它结合的 mRNA 不同，可以合成不同种类的多肽。通常 mRNA 必须与核糖体结合起来才能合成多肽。而且，在绝大多数的情况下，一个 mRNA 要同二个以上的核糖体结合起来，形成一串核糖体，称为多核糖体（polysome）。这样，许多核糖体可以同时翻译一个 mRNA 分子，这就大大提高了蛋白质合成的效率。

（三）蛋白质的生物合成

以 DNA 分子双链中之一为模板，合成出与它互补的 mRNA 链，在这一过程中实现了 DNA 遗传信息的转录。转录完成后，成熟的 mRNA 从细胞核运送至细胞质的核糖体上，开始多肽链的翻译。核糖体是蛋白质的合成中心，它是由 rRNA 与核糖体蛋白组成的小颗粒。高等植物的核糖体为 80S，由 60S 大亚基和 40S 小亚基组成；大亚基包括 5S、5.8S 和 28S 三种 rRNA 和 49 种多肽，小亚基包括 18S rRNA 和 33 种多肽。在蛋白质合成间隙，大亚基和小亚基分开并分散存在于细胞质中。

1. 氨基酰 tRNA 的形成

在翻译开始以前，首先各种氨基酸在 ATP 的参与下活化，然后在氨酰基 tRNA 合成酶（aminoacyl tRNA synthetase）的催化下，与其相对应的 tRNA 结合形成氨基酰 tRNA。生物体总共有 20 种氨基酰 tRNA 合成酶，即一种氨基酸对应一种合成酶。

2. 肽链的起始

首先核糖体 40S 亚基与起始因子 eIF3 结合，形成 $40S_N$ 蛋白复合体。然后，在 eIF2 的协助下，甲硫氨酰 tRNA 与 $40S_N$ 蛋白复合体结合形成 43S 复合体。在 eIF4 的协助下，mRNA 结合到 43S 复合体上形成 48S 复合体，其中 mRNA 的前导序列可能起识别作用。eIF1 和 eIF1A 启动复合体扫描翻译起始位点，甲硫氨酸 tRNA 通过反密码子识别起始密码子 AUG，而直接进入核糖体 P 位。在 eIF5 因子和 eIF5B 因子的作用下，60S 核糖体亚基与 48S 复合体结合，形成 80S 起始复合体，完成肽链的起始，此过程需要水解一分子 GTP 以提供能量（图 2-13）。

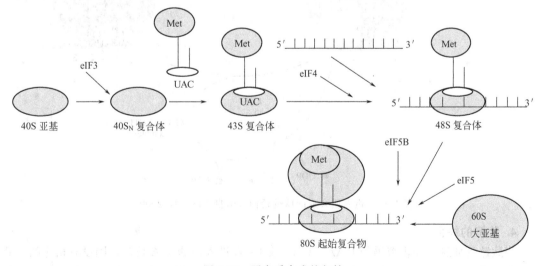

图 2-13　蛋白质合成的起始

3. 肽链的延伸

当甲硫氨酰 tRNA 结合在核糖体的 P 位后，与其相邻的核糖体上的三联体密码位置就称为 A 位（aminoacyl，A）。第二个氨酰基 tRNA，通过反密码子与密码子的配对，就进入 A 位。此过程需要带有 1 分子 GTP 的延伸因子 1（elongation factor，eEF-1）的参与。随后，在转肽酶的催化下，A 位氨基酰 tRNA 上的氨基酸残基与 P 位上的氨基酸的碳末端间形成肽键。核糖体向前移一个三联体密码，原来在 P 位上的 tRNA 离开核糖体，A 位的多肽 tRNA 转入 P 位，A 位空出。此过程需要延伸因子 eEF-2 参与。空出的 A 位可以结合另外一个氨酰基 tRNA，从而开始第二轮的多肽链延伸（图 2-14）。

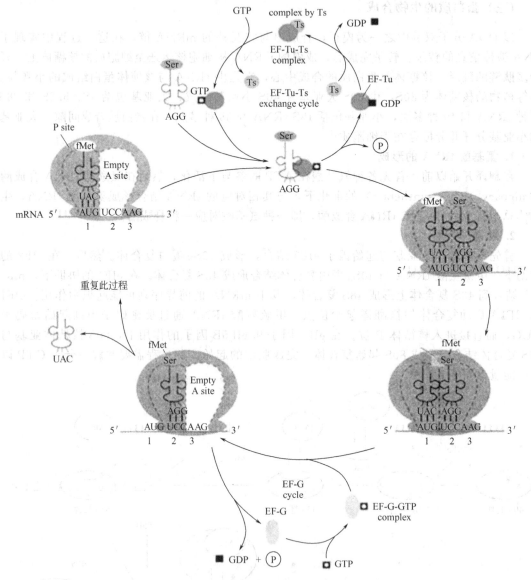

图 2-14 蛋白质合成的肽链延伸（引自 Russell，2000）

4. 肽链的终止

当肽链延伸遇到终止密码子 UAA、UAG 或 UGA 进入核糖体 A 位时，因没有相应的氨基酸 tRNA 能与之结合，此时释放因子（release factor，eRF）能识别这些密码子并与之结合，改变转肽酶的活性，在新合成多肽链的末端加上水分子，从而使多肽链从 P 位 tRNA 上释放出来，离开核糖体，完成多肽链的合成。随后核糖体解体为 40S 和 60S 两个亚基（图 2-15）。

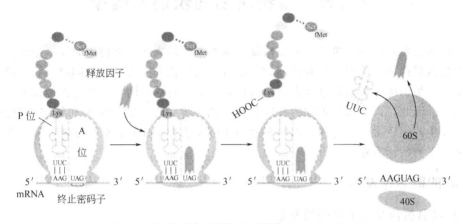

图 2-15　蛋白质合成的终止（引自 Russell，2000）

5. 肽链的加工

在核糖体上合成的多肽链，首先其 N 端的甲硫氨酸被切除形成二硫链，然后经过磷酸化、糖基化等修饰，以及非功能片段的切除，最后经过卷曲或折叠，成为具有立体结构和生物活性的蛋白质，或作为结构蛋白、功能蛋白以及控制反应的酶。

（四）中心法则及其发展

1963 年克里克提出分子生物学的中心法则（central dogma）：遗传信息从 DNA→DNA 的复制过程以及遗传信息从 DNA→RNA→蛋白质的转录和翻译的过程。这一法则被认为是从噬菌体到真核生物的整个生物界共同遵循的规律。中心法则所阐述的是遗传物质或基因的两个基本属性，即自我复制和基因的表达，对于深入理解遗传和变异的实质意义重大。1970 年特明（Temin）等研究发现 RNA 在反转录酶作用下可以逆转录为 DNA。进一步研究发现 RNA 还可自我复制。20 世纪 60 年代中期，麦卡西（McCarthy）等发现在他们的实验体系中加入抗生素等物质后，变性的单链 DNA 在离体情况下可直接与核糖体结合，合成蛋白质。但至今在活细胞内还未证实 DNA 能直接指导蛋白质的合成。上述发现不仅增加了中心法则的遗传信息的原有流向，丰富和发展了中心法则的内容，而且也对中心法则提出挑战，表明中心法则并非终极，需要进一步完善（图 2-16）。

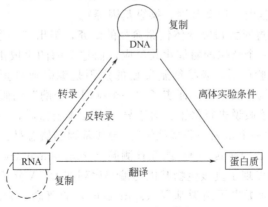

图 2-16　中心法则及其发展

第四节　植物基因的表达与调控

在植物生长发育的不同阶段，需要精细地调控基因的表达，在特定时期、组织产生不同种类和含量的蛋白质，从而实现有计划的、不可逆的分化和发育过程。同时，为了适应环境的不断变化，植物体必须通过基因表达的调控来调节自身的代谢，对环境作出反应，来维持生长和生命。因此，许多园艺植物的基因表达受到外界条件、发育时期和特定细胞的调控。根据调控发生的先后次序，植物基因的表达调控可发生在 DNA 水平、转录水平、转录后修饰、翻译水平和翻译后修饰等。

一、基因的概念及发展

（一）经典遗传学关于基因的概念

1909 年丹麦遗传学者约翰森（Johannsen）最早使用"基因"这一名词，而孟德尔在豌豆杂交实验中提出颗粒状、分散的遗传因子是最早的基因概念。摩尔根于 1910 年在对果蝇突变体研究的基础上，提出了遗传学的连锁交换定律，建立了以基因和染色体为主题的经典遗传学，并把基因定位在染色体上，认为基因是一种化学实体，以念珠状直线排列在染色体上。

根据经典遗传学对基因的定义，基因具有下列共性：基因具有染色体的主要特性即自我复制与相对稳定性，在有丝分裂和减数分裂中有规律地进行分配；基因在染色体上占有一定位置（位点），并且是交换的最小单位，即在重组时不能再分割的单位；基因是以一个整体进行突变的，故它又是一个突变单位；基因是一个功能单位，它控制着正在发育的有机体某一个或者某些特性，如红花、白花等。把重组单位和突变单位统称为结构单位。这样，基因既是一个结构单位，又是一个功能单位。

（二）基因的现代概念

分子遗传学的发展揭示了遗传密码的秘密，使基因的概念落实到具体的物质上，获得了具体的内容。广泛实验证明，DNA 是主要的遗传物质，基因在 DNA 分子上，一个基因相当于 DNA 分子上的一定区段，它携带有特殊的遗传信息，这类遗传信息或者被转录为RNA（包括 mRNA、tRNA、rRNA）或者被翻译成肽链（指 mRNA）；或者对其他基因的活动起调控作用（调节基因、启动基因、操纵基因等）。

1941 年，科学家通过对大量突变体代谢途径的研究，提出"一个基因一个酶"的假说，认为每个代谢步骤都由一个特殊的酶催化其反应，而这个酶的生成由一个特定的基因负责。1957 年，科学家通过实验证明，镰状细胞贫血的病因是编码血红蛋白的基因发生了突变，因而改变了血红蛋白的氨基酸组成，证实了"一个基因一个酶"的假说。当一种蛋白质是由多亚基构成时，需要对该假说进行修正：对于异源多聚体蛋白质，"一个基因一个酶"假说更精确的表述应该是："一个基因一条多肽链"。现代基因的概念是：1）为一个多肽链编码；2）功能上被顺反测验（cis-trans test）或互补测验（complementary test）所规定。

1977 年，人们首先发现了真核生物基因的编码序列在 DNA 分子上是不连续排列的，被非编码序列所隔开，从而提出了断裂基因（split gene）的概念。后来在某些原核生物如古细菌和大肠杆菌的噬菌体中也发现了这种基因不连续的现象。在高等真核生物中，大多数基因是断裂基因。构成断裂基因的 DNA 序列被分为两类：基因中的编码序列称为外显子（exon），是基因中对应于 mRNA 序列的区域；不编码的间隔序列称为内含子（intron），对应于在 mRNA 转录后加工时被剪切掉的部分。随着基因结构和功能的深入研究，进一步发现了重叠基因（overlapping gene）：在原核生物中同一段 DNA 的编码顺序，由于阅读框架的不同或终止早晚的不同，同时编码两个以上产物，在真核生物中则表现为外显子的选择性剪接。在真核生物的基因组中，有许多来源相同、结构相似、功能相关的一组基因，被称为基因家族（gene family）。部分基因家族的成员在特殊的染色体区域上成簇存在，而另一些基因家族的成员在整个染色体上广泛分布，甚至可存在于不同的染色体上。除了基因家族外，真核生物的染色体上还有大量无转录活性的重复 DNA 序列，它们成簇存在于染色体的特定区域，形成串联重复 DNA，或者分散于染色体的各个位点上，称为散布的重复 DNA。20 世纪 40 年代，麦克林托克（McClintock）在玉米的遗传学研究中，发现了能够转移到基因组内其他位置上去的 DNA 序列，被称为跳跃基因（jumping gene），也被称为转座元件（transposable elements）或转座子（transposons）。

基因是具有一定遗传效应的 DNA 分子中特定的一段核苷酸序列，它是遗传信息传递和性状分化、生长发育的依据。基因中碱基序列的不同排列，造就了可明显区分的多个遗传性状。基因作为一个具有遗传功能的单位，具有一套完整的结构。通常园艺植物的基因包括转录区和非转录区，基因的转录区主要包括转录起始点、起始密码子、外显子、内含子、终止密码子、poly（A）信号等 6 个具有典型功能特点的部分；非转录区主要包括启动子、终止子、调控序列等 3 个部分。翻译成蛋白质的部分被称为可读框（open reading frame，ORF），具体指从翻译起始密码子 ATG 开始至翻译终止密码子所对应的 DNA 序列。

根据转录和翻译产物的有无，植物基因可分为结构基因（structural gene）、调节基因（regulator gene）和无翻译产物基因。结构基因是编码蛋白质（包括结构蛋白、酶和调节蛋白等）或 RNA 的任何基因。调节基因是参与其他基因表达调控的 RNA 和蛋白质的编码基因。调节基因编码的调节物通过与 DNA 上的特定位点结合控制转录，是基因调控的关键。这种调控作用能以正调控的方式（启动或增强基因表达活性）进行，也能以负调控的方式（关闭或降低基因表达活性）进行。

二、植物基因的表达与调控

（一）DNA 水平的调控

有些植物基因的表达是通过 DNA 的变化来调控的，DNA 的变化主要表现为 DNA 的甲基化，即在甲基化转移酶的作用下，少数胞嘧啶碱基第 5 位碳原子上的氢被一个甲基（CH_3）取代。甲基化的胞嘧啶在 DNA 复制时可整合到正常 DNA 序列中。DNA 的甲基化具有抑制基因表达的作用。植物的不同组织和不同发育阶段 DNA 甲基化水平不同。

（二）转录水平的调控

基因在转录水平上的调控包括 DNA 是否转录成 RNA 和转录效率的调控。在植物中，RNA 聚合酶自身不能有效地启动转录，只当转录因子与相应的顺式作用元件结合形成蛋白复合体后才能有效启动转录。

1. 植物基因的调控元件

调控元件是特异的与某些具有调控作用的蛋白质分子相互作用来激活或抑制基因表达的一段序列。它不是启动子共有的核心元件。它可存在于 TATA 盒的上游、非翻译区的前导序列、3′端的下游、内含子内部等位置。最典型的调控元件是增强子（enhancer）和沉默子（silencer）。

（1）增强子

增强子的主要功能是提高 RNA 聚合酶Ⅱ的效率进而增强基因的表达。不同的增强子在结构上的同源性较少，但具有短的简并共有序列。增强子的特征是：①增强子通过启动子提高靶基因的转化效率，没有启动子的存在增强子不表现活性；②增强子对启动子没有严格的专一性，同一增强子可影响不同类型启动子的转录；③增强子一般具有组织或细胞特异性；④增强子没有固定位置，可在基因 5′上游、基因内、3′下游序列中，也可远离转录起始位点；⑤增强子发挥作用与其序列的正反方向无关。

（2）沉默子

其主要功能是降低基因的表达水平。其特点：①可远距离作用于所连接的启动子；②对基因的阻遏作用无方向限制。另外，有些沉默子的作用方式具有组织特异性，有些则是非特异性的；大多数沉默子对启动子没有专一性；有的沉默子直接阻遏启动子转录，有的对启动子的阻遏依赖于增强子。

2. 转录因子

转录因子（transcription factor）是一种具有特殊结构、行使调控基因表达功能的蛋白质分子，也称为反式作用因子（trans-acting factor）。植物中的转录因子分为两种，一种是非特异性转录因子，它们非选择性地调控基因的转录表达；另一种称为特异型转录因子，它们能够选择性调控某种或某些基因的转录表达。典型的转录因子含有 DNA 结合区（DNA-binding domain）、转录调控区（activation domain）、蛋白质相互作用区以及核定位信号区（nuclear localization signal domain）。这些功能区域决定转录因子的功能和特性。

DNA 结合区带有共性的结构主要有：α-螺旋-转角-α 螺旋结构、锌指结构、亮氨酸拉链结构或螺旋-环-螺旋结构。

转录调控区包括转录激活区（transcription activation domain）和转录抑制区（transcription repression domain）。转录激活区一般包含 DNA 结合区之外的 30～100 个氨基酸残基，有时一个转录因子包含不止一个转录激活区。如控制植物储藏蛋白基因表达的 VP1 和 PvALF 转录因子，它们的 N-末端酸性氨基酸保守序列都具有转录激活能力，与酵母转录因子 GCN4 和病毒转录因子的 VP16 的酸性氨基酸转录激活区有较高同源性。典型的植物转录因子激活区一般富含酸性氨基酸、脯氨酸或谷氨酰胺等，如 GBF（G-box binding factor）含有的 GCB 盒（GBF conserved box）激活结构域。转录抑制区主要是阻遏基因的表达，如菜豆碱性区-亮氨酸拉链的 ROM2 转录因子能与子叶贮藏蛋白基因 *DLEC2* 的增强子结合，从而抑制增强子对 *DLEC2* 基因转录的激活作用。

蛋白质相互作用区是不同转录因子之间发生相互作用的功能域。蛋白质相互作用结构域的氨基酸序列很保守，大多与 DNA 结合区相连并形成一定的空间结构。很多转录因子都是以异源二聚体的形式行使功能的。

核定位信号区是控制转录因子进入细胞核的区段，该区域富含精氨酸和赖氨酸残基。

（三）转录后水平的调控

1. 选择性剪接

前体 mRNA 在不同情况下在不同位置发生内含子的剪切和外显子之间的链接，生成不同 mRNA 分子的现象称为选择性剪接。植物中选择性剪接较为少见，仅在 RNA 聚合酶Ⅱ

的合成、Rubisco 激活酶的合成等基因表达中发现。选择性剪接能通过产生不同的蛋白质满足细胞不同的生理功能的需要，甚至进一步调控那些负责启动不同发育程序的基因的表达。

2. 小分子 RNA 的调控

植物中成熟的 mRNA 从细胞核运输到细胞质核糖体上进行翻译的过程中，一些 mRNA 分子会被小分子 RNA（microRNA，miRNA）降解，从而抑制其翻译。所有植物的 miRNA 都产生一个 70bp 的前体 miRNA（pre-miRNA），这个前体 miRNA 在它的两个末端存在回文序列（反向重复序列），两个回文序列碱基互补配对，使前体 miRNA 形成发夹结构，这个发夹结构被核糖核酸酶剪为 21～23bp 的小二聚体。其中二聚体中和目标 mRNA 互补的非编码的单链 RNA 分子称为 miRNA。这个小二聚体与 RNA 诱导沉默复合体（RNA-induced silencing complex，RISC）结合，在 ATP 的参与下，RISC 把双链解成单链，释放正义 RNA。RISC 用反义链 RNA 在核糖体上结合到目标 mRNA 分子，RISC 在结合位点中间部位把目标 mRNA 分子剪成两半，剪成两半的 mRNA 分子进一步被其他核糖核酸酶降解（图 2-17）。

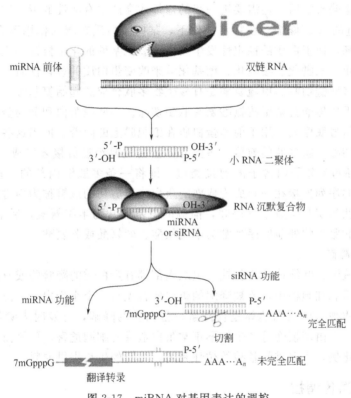

图 2-17　miRNA 对基因表达的调控

（四）翻译水平的调控

翻译水平的调控途径主要有两种：①阻遏蛋白与 mRNA 结合，阻止蛋白质的翻译。如铁蛋白的功能是在细胞内贮存铁，当细胞中没有铁时，阻遏蛋白会与铁蛋白 mRNA 结合，阻止铁蛋白的翻译；当细胞中有铁存在时，阻遏蛋白就不再与铁蛋白 mRNA 结合，使翻译得以进行。②受细胞质中调节机制的控制，成熟的 mRNA 被迫以失活状态贮存起来。如植物种子可贮存多年，一旦条件适合，可以立即发芽。在种子萌发的最初阶段，未出现 mRNA 的合成，但蛋白质的合成却十分活跃。

（五）翻译后水平调控

大多数多肽必须经过翻译后的加工过程，才能形成一定的天然构象，具备特定的功能。多肽的不同加工方式构成了基因表达的翻译后水平调控。

1. 多肽链的折叠

通常新生肽链的 N 端一旦出现，肽链便开始进行空间折叠，逐步产生正确的二级结构、模序和结构域，一直到形成完整的空间构象。虽然蛋白质的一级结构储存着蛋白质折叠方式的信息，但细胞中大多数天然蛋白质折叠都需要在分子伴侣、蛋白二硫键异构酶的辅助下完成。分子伴侣可识别肽链的非天然构象，阻止蛋白质中多肽之间、多肽内以及多肽和其他大分子之间的不正确互作，促进各功能域和整体蛋白质的正确折叠。蛋白二硫键异构酶通过在富含半胱氨酸区域催化错配二硫键断裂并形成正确的二硫键连接来加速蛋白质的正确折叠，最终使蛋白形成热动力学最稳定的天然构象。

2. 肽链的修饰

一些蛋白质正确折叠后，还需要进一步的修饰才会产生有活性的蛋白质。肽链的修饰有 4 种方式：①肽链的 N 端修饰。在特定条件下，某些蛋白质在酶的作用下会在 N 端添加上额外的氨基酸残基，使蛋白质的稳定性发生改变。②氨基酸的化学修饰。主要指氨基酸残基的羟基化、磷酸化、乙酰化、羧基化、糖基化等来改变蛋白质的理化性质，调节酶或蛋白质的自身活性。③多肽链切割。甲硫氨酸是真核生物多肽合成的起始氨基酸，而最终形成的多肽大约有一半的甲硫氨酸会被甲硫氨酸氨基肽酶切除。一些膜蛋白和分泌蛋白的氨基酸具有一段疏水性强的信号肽序列，用于前体蛋白质在细胞膜上的附着。但当这些蛋白到达目的地后，信号肽即被切除。④多肽的剪接。多数前体蛋白质要经过剪接才能成为成熟的蛋白质。蛋白质的剪接与 RNA 分子内含子的剪接类似，即将一条多肽链内部的一段氨基酸序列切除，然后将两端的序列连接在一起成为成熟的蛋白。被剪切的肽链称为内含肽，被保留的称为外显肽。内含肽的切割位点十分保守，前端的氨基酸常为半胱氨酸，后端为组氨酸-天门冬酰氨，与内含肽紧接的外显肽序列常为半胱氨酸、丝氨酸或苏氨酸。

3. 蛋白质的降解

在细胞质、液泡、叶绿体和细胞核等组织内部都有蛋白质的降解酶或有降解功能的蛋白复合体。在细胞质和细胞核中，要被降解的蛋白质首先与一个小蛋白——泛素共价结合，然后泛素化的蛋白质被送到蛋白酶体里被降解。蛋白质的降解，可及时去除细胞内因多肽合成、折叠中出错或自由基损伤等产生的不正常蛋白造成的细胞危害，可维持蛋白质复合体中不同亚基的正确比例，可促进氨基酸的循环利用，为新的生长提供原料。

三、花发育的遗传调控

开花是有花植物最主要的发育特点，这一过程由内源信号和环境信号共同控制，分为开花决定（flowering determination）、花的发端（flower evocation）、花器官的发育（floral organ development）。

（一）开花决定

开花决定是植物生殖生长启动的第一阶段，又称成花诱导。植物在完成营养生长的幼年期后，便具备了感受环境因子开花的能力，即达到了感受态。这时一旦受到低温、GA、长（短）日照等成花诱导，分生组织将由营养生长转向生殖生长。

1. 光周期诱导

一些植物的开花受到昼夜长短变化的控制，这种现象称为光周期（photoperiod）。在24h昼夜周期中，日照长度短于一定时数才能开花的植物称为短日照植物，如一品红、菊花等；相反，日照长度长于一定时数才能开花的植物称为长日照植物，如百合、天仙子等；而开花不受日照长短的影响，在任何日照下都能开花的植物称为日中性植物，如月季。叶片接受光周期的诱导，叶片内出现相关蛋白和核酸的变化。光周期的作用与光受体有关，目前已知的光受体有 3 类：光敏色素（phytochrome，phy），如 *PHYA*、*PHYB*、*PHYC*、*PHYD*、*PHYE*；隐花色素（cryptochrome，cry），如 *CRY1*、*CRY2*；紫外光-B 受体（UV-B receptor）。

2. 春化作用

一些植物必须经历一定的低温处理才能促进花芽形成和花器发育的现象，称为春化作用（vernalization）。春化作用的感受部位在茎端。春化处理诱导某些基因的启动与关闭。*FLC*、*FRI* 是春化作用的两个抑制基因。*FLC* mRNA 的积累会抑制开花，*FRI* 能促进 *FLC* 的转录，低温春化能抑制 *FLC* 的转录而促进开花。另外，*FLC* 的转录还受到另外 2 个基因（*VRN1*、*VRN2*）的抑制。春化作用能引起 DNA 的去甲基化，促进赤霉素生物合成中关键酶基因的表达，从而引起开花。

3. 生长调节物质诱导

IAA 等生长素在短日照下可大幅度抑制菊花开花。GA 可使一些需低温春化的植物在常温下抽薹开花，也能加速短日条件下野生型拟南芥和长日条件下的一些晚花突变体的开花。激素的平衡态变化可诱导与成花有关的基因解除阻遏。

4. 自主途径

光周期不适宜时，拟南芥也能开花，只是花期略晚，这条途径称为自主途径。该途径与光周期途径相独立，其晚花现象能被春化作用所补偿。自主途径与春化作用途径交叉的原因在于自主途径的组件能抑制 *FLC* 转录产物的积累。*LD*、*FCA* 等基因与自主途径有关，已被克隆。

5. 碳水化合物诱导

在光诱导条件下，茎、叶中贮藏的淀粉等碳水化合物转化为蔗糖，在茎端分生组织中积累。在完全黑暗的条件下，对拟南芥的地上部施以蔗糖、葡萄糖后，拟南芥也能够开花，说明碳水化合物可诱导开花。施用蔗糖能绕过 *FRI*、*FLC* 对开花的抑制作用。

6. 开花抑制途径

多数植物在开花之前须达到一定年龄或大小，即感受态，在此之前茎端分生组织不能对开花的内外部信号做出反应。*EMF*1/2 是开花的强抑制子，通过抑制 *AP*1 等分生组织特性基因的表达来抑制开花，其突变体不经过营养生长而形成胚性花。一些促进开花的基因可能通过直接或间接抑制 *EMF* 的表达来促进开花。*TFL*1 早期抑制、后期维持花序发育，其突变体 *tfl*1 叶片数减少，花序提前，无限花序变为有限花序。

（二）花的发端

花的发端即茎端分生组织向花分生组织的转变，由花分生组织特性基因（floral meristem identity genes）控制，这类基因在成花转变中被激活，控制着下游花器官特性基因和级联基因的表达。

花分生组织基因使侧芽分生组织属性改变，变为花芽型分生组织，使其发育终止在花器官的第四轮（雌蕊），具有决定性，而对顶端分生组织具有非决定性。花分生组织基因主要

是两对同源基因 *LFY/FLO* 和 *AP1/SQUA*。*LFY* 强突变体基因花完全转变为叶芽，顶部花表现出部分花的特性。*LFY* 基因转录的 RNA 最早出现于花序分生组织的下侧即将产生花原基的部位，随着花分生组织的形成，其表达量逐渐增加并分布于整个花分生组织中；而当花器官原基开始出现后，中央部位的表达大部分消失。*LFY* 基因所编码的蛋白质在氨基酸末端存在酸性区域及富含脯氨酸区域，表明可能为转录因子。*AP1* 的功能与 *LFY* 部分冗余，其表达时期晚于 *LFY*，二者具有加性效应，能相互促进表达。*LFY* 或 *AP1* 组成型表达能提早花期。在金鱼草中 *FLO* 和 *SQUA* 参与花分生组织的调控作用。金鱼草 *FLO* 突变体不能形成花分生组织，只能在产生苞片的顶端产生不定芽；*SQUA* 突变体只形成花序组织而不能形成花结构。

(三) 花器官的发育

典型的植物花由外到内的四轮花器官依次由花萼、花瓣、雄蕊和心皮组成。花部器官决定基因可以根据它们所影响的器官分成三类：A 类基因的突变影响萼片和花瓣；B 类基因的突变影响花瓣和雄蕊；C 类基因的突变则影响雄蕊和心皮。所有这三类基因都是可转录成蛋白质的同源异型基因。由这些基因编码的蛋白质都含有一个 MADS 盒区，使蛋白质可以和 DNA 相结合，从而在 DNA 转录时起到调控子的作用。这些基因都是调控其他控制器官发育的基因的主控基因。

ABC 模型认为：A 功能基因在第一、二轮花器官中表达，B 功能基因在第二、三轮花器官中表达，而 C 功能基因则在第三、四轮表达。其中 A 和 B、B 和 C 可以相互重叠，但 A 和 C 相互拮抗，即 A 抑制 C 在第一、二轮花器官中表达，C 抑制 A 在第三、四轮花器官中表达。萼片的发育是由 A 类基因单独决定的，花瓣的发育则是 A 类基因和 B 类基因一同决定的。心皮的发育是因 C 类基因单独决定的，而 C 类基因和 B 类基因一起决定了雄蕊的发育。B 类基因这种双重的效能，是通过其突变体的特征获知的。一个有缺陷的 B 类基因可导致花瓣和雄蕊的缺失，在其位置上将发育出多余的萼片和心皮。当其他类型的基因发生突变时，也会发生类似的器官置换。

思 考 题

1. 什么是基因？植物基因的结构主要包括哪几部分？
2. 转录和复制有何区别？
3. 简述植物 RNA 转录过程。
4. 简述植物多肽链翻译的基本过程。
5. 植物基因表达受制于哪几个层次的调控？转录水平的调控是怎样进行的？
6. 简述花器官发育的 ABC 模型。

第三章　遗传学的基本定律

遗传学的伟大创始者孟德尔在前人的实践基础上进行豌豆杂交试验，把植物杂交工作推向一个新高度，确定了生物性状遗传的两条基本定律——分离定律（law of segregation）和独立分配定律（law of dependent assortment）。1990 年孟德尔遗传定律被重新发现以后，引起生物界广泛关注。很多学者开始大量试验，其中属于两对性状遗传的结果，有的符合独立分配规律，有的不符合。就在这个时期，摩尔根以果蝇为试材开展深入研究，确认不符合独立分配规律的一些例证，实属连锁（linkage）遗传，于是创立了遗传学中的第三个遗传定律——连锁遗传定律（law of linkage）。这三大遗传定律奠定了现代遗传学的基础，是生物界遗传现象的普遍原理。

第一节　分离定律

孟德尔是奥地利布隆（Brünn）城的修道士，出生在一个贫苦农民家庭。他的父亲擅长园艺技术，孟德尔受父亲影响自幼爱好园艺。1851 年获得在维也纳大学学习的机会，这为他后来从事的植物杂交工作奠定了坚实基础。他看到当时杂交育种方法已在农业、园艺方面广泛应用且有相当成就，但还未能总结出一种"杂种形成与发展的普遍适用的规律"，于是想设计一些精密可靠的实验，以便找到这些规律。他分析前人的工作并发现了他们的试验都有缺点：①没有对杂种子代中不同类型的植株进行计数；②在杂种后代中没有明确地把各代分别统计，统计每一代不同类型的植株数；③也没有明确肯定每一代中不同类型植株数之间的统计关系。他认为真正要解决杂交中的遗传问题，必须克服前人的这些缺点，于是在1856-1864 年间以豌豆为主要材料进行了大量的试验工作。孟德尔于 1857 年，在教堂后面的园地里栽培了 34 个不同品种的豌豆，从中挑选了 22 个纯系品种。这些品种的"性状"表现都很稳定。所谓性状（character），是指生物体所表现的形态特征和生理特性的总称。为了进行遗传研究，孟德尔把植物所表现的性状总体区分为各个单位，如豌豆的花色、种子的形状等。这种被区别开的每一个具体性状，称为单位性状（unit character）。各个单位性状常有各种不同表现。同一单位性状所表现出来的相对差异，称为相对性状（contrasting character）。如豌豆花色有红花和白花，子叶的颜色有黄色和绿色，着花的位置有腋生和顶生等等。他选豌豆（*Pisum sativum*）为主要材料，有两个理由：①豌豆具有稳定的可以区分的性状，各品种间有着明显的性状差异，这些品种在这些性状上都很稳定，都能真实遗传（true breeding）。也就是说，亲本怎样，它们的子代个体也都是这样。更重要的是，这些性状都一清二楚，在区分时毫无困难，使研究者能进行简明直接的分析。②豌豆是自花授粉植物，且是闭花授粉的，因此没有外来花粉的混杂。孟德尔对花粉混杂问题特别注意，他指出"如果忽略了这个问题，有外来花粉混入，而试验者却不知道，那就会得出错误的结论"。

一、分离现象

（一）显性性状（dominant character）和隐性性状（recessive character）

豌豆的花色有白花和红花。开红花的植株自花授粉，后代都开红花；开白花的植株自花授粉，后代都开白花。也就是说白花植株和红花植株的花色都是真实遗传的。如把开红花的植株与开白花的植株杂交，那么这两个植株就叫做亲代（parental generation），记作 P。实验时在开花植株上选一朵或几朵花，花粉未成熟时把花瓣仔细掰开，用镊子除去全部雄蕊，套袋 1d 后，从开另一颜色花的植株上取下成熟花粉，授到去雄植株花朵柱头上，继续套袋，待豆荚成熟后取下。这个豆荚中结的种子就是子一代（first filial generation，F_1）的种子。把这种种子种下，长成的植株就是子一代植株。孟德尔发现，无论用红花作母本（♀），白花作父本（♂），还是反过来（即反交，reciprocal cross），以红花为父本，白花为母本，子一代植株都是全部开红花，没有开白花的，也没有开其他颜色的花（图 3-1）。这种在子一代中表现出来的性状（如红花）被称为显性性状；在子一代中没有表现出来的性状（如白花）被称为隐性性状。

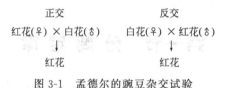

```
        正交                反交
    红花(♀) × 白花(♂)   白花(♀) × 红花(♂)
         ↓                  ↓
        红花                红花
```

图 3-1　孟德尔的豌豆杂交试验

（二）分离现象

子一代的红花植株自花授粉，即自交（⊗ 表示自交），所得的种子和由这些种子长成的植株叫做子二代（F_2）。子二代中，除红花植株外，又出现了白花植株，即隐性的白花性状又表现出来。这种显性性状和隐性性状在 F_2 中同时出现的现象称为分离现象（segregation）（图 3-2）。以此类推，可产生 F_3、F_4……F_n。

```
P        红花 × 白花
              ↓
F_1          红花
              ↓⊗
F_2   红花(705)：白花(224)=3：1
```

图 3-2　分离现象

由此，孟德尔提出了一个重要概念"颗粒式遗传"（particulate inheritance）：代表一对相对性状（如红花对白花）的遗传因子在同一个体内独立存在，互不沾染，不相混合。遗传学的发展愈来愈显示出这个概念的正确性和重要性。孟德尔在其他 6 对相对性状的杂交试验中，也都获得了同样的结论（表 3-1）。7 对相对性状在子二代中的分离比都是趋于 3：1，很有规律。

表 3-1　孟德尔豌豆杂交试验主要结果

相对性状	亲本表型	F_1表型	F_2表型	F_2比例
1.种子形状	圆形×皱缩	圆形	5474 圆形,1850 皱缩	2.96：1
2.子叶颜色	黄色×绿色	黄色	6022 黄色,2001 绿色	3.01：1
3.花冠颜色	红色×白色	红色	705 红色,224 白色	3.15：1

续表

相对性状	亲本表型	F₁表型	F₂表型	F₂比例
4.荚果形状	饱满×皱缩	饱满	882 饱满,299 皱缩	2.95∶1
5.嫩荚颜色	绿色×黄色	绿色	428 绿色,152 黄色	2.82∶1
6.着花位置	腋生×顶生	腋生	651 腋生,207 顶生	3.14∶1
7.植株高度	高×矮	高	787 高,277 矮	2.84∶1

二、孟德尔假说

孟德尔为了解释这些结果，提出了下面的假设：①相对的性状都是由细胞中的遗传因子决定的。遗传因子彼此间是独立的，互不粘连，即遗传因子具有"颗粒性"；②遗传因子在体细胞（somatic cells）中成对存在，一个来自母本，一个来自父本；③成对的遗传因子间具有显隐性关系；④成对的遗传因子在形成配子（gametes）时彼此分离，并各自分配到不同的子细胞中。每一个配子中只含有成对因子中的一个；⑤杂种产生的不同类型配子的数目相等，各种雌雄配子形成合子（zygotes）时随机结合，机会均等。

孟德尔用 R（Red）表示显性表型为红色的基因，r 表示隐性表型为白色的基因。下列图示 3-3 可以完整地说明孟德尔的上述思想。

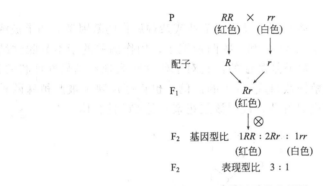

图 3-3　遗传因子分离假说

P表示亲本；×表示杂交；⊗表示自交；F₁为杂种第一代；F₂为杂种二代

三、孟德尔试验的关键概念

基因：现代生命科学用"基因"一词取代了孟德尔的"遗传因子"概念。基因位于染色体上，是具有功能的特定核苷酸顺序的 DNA 片段，是贮存遗传信息的功能单位。基因可以突变，基因之间可以发生交换。随着现代遗传学的发展，人们对基因概念的认识日益深入。

基因座（locus）：基因在染色体上所处的位置。

等位基因（alleles）：在同源染色体上占据相同座位、控制相对性状的两个不同形式的基因。

显性基因（dominant gene）：在杂合状态中能够表现其表型效应的基因，一般以大写字母表示。

隐性基因（recessive gene）：在杂合状态中不能表现其表型效应的基因，一般以小写字母表示。

基因型：生物体的遗传组成。基因型是性状表现必须具备的内在因素。如决定豌豆红花性状的基因型为 CC 和 Cc，决定白花性状的基因型为 cc。基因型是生物体内在的遗传基础，只能根据表现型用实验方法确定。

表现型：指生物体所表现出的性状。它是基因型和外界环境作用下具体的表现，可以直接观测。

纯合体（homozygote）：等位基因座上有两个相同的等位基因的个体，成对的基因都是一样的。

杂合体（heterozygote）：等位基因座上有两个不相同的等位基因的个体，成对的基因是不一样的，或称基因的异质结合。

真实遗传：子代性状永远与亲代性状相同的遗传方式。

回交（back cross，BC）：杂交产生的子一代个体与其亲本进行交配的方式。

测交（test cross）：杂交产生的子一代个体与其纯合隐性亲本进行交配的方式。

四、分离假说的验证

孟德尔的伟大之处不仅在于提出了分离假说，还亲自验证了其假说的合理性。分离规律的实质是杂交种的体细胞在形成性细胞时成对的遗传因子发生分离，产生两种不同类型而数目相等的配子。因此，分离假说的验证关键在于：是否产生了带有不同遗传因子的配子，配子的分离是否随机。遗传学的基本试验是杂交，分离规律最初也是用杂交法验证的。

（一）测交法

杂种或杂种后代与纯合隐性个体交配，以测定杂种或杂种后代的基因型。如果被测得的红花植株的基因型是杂合的 Cc，产生带 C 和 c 的两种配子；用作测验的亲本是隐性纯合的 cc，产生带 c 的一种配子，因为 c 配子是隐性的，它对子代性状表现不起显性性状的作用。因此在测交子代中，红花与白花植株数目成 1∶1 的比例，也正好反映了被测植株两种配子的比例（图 3-4）。如果测交子代全是红花，说明该红花亲本是 CC 纯合体。

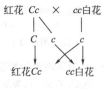

图 3-4　测交试验

由此可引申出如下结论：①成对的遗传因子在杂合状态下互不粘连，保持其独立性，当它形成配子时相互分离，从合子到配子，遗传因子由双变单，这种变化称为分离（segregation）；②遗传因子（基因）的分离是性状传递最为普遍和基本的规律。

（二）自交法

孟德尔用测交的方法证明子一代个体是由两种不同遗传因子组成的异质结合，在形成配子时两种遗传因子彼此分离，分配到不同的配子中，于是形成了两种不同基因型的配子。如果能证明在子二代表现型为显性性状的个体中有 1/3 是纯合子，则说明子一代形成的两种不同配子在形成合子时是随机的。遗传学上称相同基因型之间的交配为自交。绝对的自交是自花授粉（self-pollination）。

F_2 代中表现隐性性状的个体自交后仍然是隐性性状，属真实遗传。F_2 代中表现显性性状的个体自交后有 1/3 真实遗传，有 2/3 出现分离现象，出现分离的个体其分离比仍然是 3∶1。说明在 F_2 代显性性状个体中有 1/3 是纯合子，另有 2/3 是杂合子（图 3-5）。孟德尔连续做了很多代，其结果都是一致的。而其他 6 对相对性状的分离结果也如此（表 3-2）。

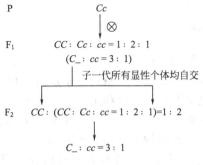

$$P \qquad Cc$$
$$\downarrow \otimes$$
$$F_1 \qquad CC : Cc : cc = 1 : 2 : 1$$
$$(C\_ : cc = 3 : 1)$$

子一代所有显性个体均自交

$$F_2 \qquad CC : (CC : Cc : cc = 1 : 2 : 1) = 1 : 2$$
$$\downarrow$$
$$C\_ : cc = 3 : 1$$

图 3-5 自交试验

表 3-2 豌豆 F_2 显性植株自交后代性状分离和不分离的种类及其比例

相对性状	F_2 代显性个体总数	后代出现 3∶1 分离的 F_2 个体数	后代不出现分离的 F_2 个体数	比例
1.种子形状	100	64	36	1.80∶1
2.子叶颜色	565	372	193	1.93∶1
3.花冠颜色	519	353	166	2.13∶1
4.荚果形状	100	71	29	2.44∶1
5.嫩荚颜色	100	60	40	1.50∶1
6.着花位置	100	67	33	2.03∶1
7.植株高度	100	72	28	2.50∶1

（三）花粉测定法

按照孟德尔的假说，成对遗传因子的分离是在形成配子时发生的，遗传因子分离的验证只能等到个体生长发育的某个时候，当分离的因子控制的性状表达时，通过性状的分离来推知因子在形成配子时的分离。但如何在形成配子时找到因子分离的直接证据呢？后人通过花粉测定法解答了这一问题。

玉米中有糯性与非糯性两种类型淀粉。糯性为支链淀粉，遇碘呈棕红色反应；非糯性为直链淀粉，遇碘呈蓝黑色反应。这些种类不同的淀粉，不仅在种子胚乳中存在，而且配子体花粉粒中也存在。因此用碘液就可区分鉴定它们。现已知控制糯性的支链淀粉形成的基因为隐性基因 (wx)，控制非糯性的为显性基因 (WX)。用这两种类型的纯合体杂交，F_1 应为杂合子 ($WXwx$)，F_1 减数分裂形成配子时，根据孟德尔假说，相对因子两两分离，形成 1∶1 的配子，于是 $WXwx$ 两两分离形成 $WX∶wx = 1∶1$ 的配子，理应在显微镜下用碘液给植株上的花粉粒染色后，其中一半呈蓝黑色，一半呈棕红色。事实果然如此，于是证明了分离是发生在 F_1 形成生殖细胞（配子）时，是成对遗传因子在减数分裂时发生了分离的结果。

五、分离定律的实质及分离比例实现的条件

（一）分离定律的实质

孟德尔分离假说经孟德尔反复验证，也经孟德尔以后广泛实践的验证，被证明为客观规律，普遍存在于一切生物的遗传中。从此，孟德尔的分离假说被称为孟德尔的分离定律。分离定律的实质是：一对基因在杂合状态下互不沾染，保持其独立性；在形成配子时，按原样分离到不同的配子中。一般情况下，配子分离比是 1∶1，F_2 基因型分离比是 1∶2∶1，F_2

表现型分离比是 3：1。

（二）分离比例实现的条件

分离规律可以进行验证，但出现这种规律也有一定的条件。性状分离有其细胞学基础，当性母细胞的同源染色体，在减数分裂和受精过程中进行有规律的分离和组合时，同源染色体上的等位基因也随同源染色体而进行分离和组合。分离规律普遍存在于植物界，但分离比例的出现也必须具备以下几方面的条件：①研究的生物体必须是二倍体，其性状区分明显，显性作用完全；②减数分裂时形成两种类型的配子数相等，配子的生活力相等；③配子结合成合子时，各类配子的结合机会相等；④各种合子及由合子发育形成的个体具有同等生活力；⑤供分析的群体足够大。此外，随着遗传学研究的发展，人们发现分离定律的实现有更多的限制因子。正是由于诸多的例外现象的发现，才使科学遗传学不断发展。孟德尔法则为遗传学奠定了坚实的基石。

六、分离定律的应用

（一）杂交亲本的选择

分离定律表明，杂种通过自交将产生性状分离。所以，必须重视基因型和表现型的联系和区别。利用杂种优势进行 F_1 代制种时，要严格选择杂交材料，亲本一定要纯。如果父母本不纯，F_1 就会分离，出现假杂种。例如番茄紫茎对绿茎为显性，AA 和 Aa 都表现为紫茎，aa 表现绿茎。如果将具有 AA 的紫茎植株在露地常温下种植，而将 Aa 基因型植株在温室高温下培养，然后分别留种，次年分别种植，或依旧栽在上代环境中，则前者全部是紫茎植株，而后者有 1/4 绿茎植株出现。若不作基因型组成的分析，可能认为绿茎性状为由高温引起，从而产生错误结论。因此，遗传研究要选用纯合型材料，而且要在相对相同的条件下进行。

园艺植物育种工作中，一二年生种子繁殖的蔬菜和花卉，要根据表现型的分析鉴别，来选择优良的基因型，而且必须纯合不再分离，才能成为新品种。无性繁殖的果树和观赏植物，以及部分蔬菜和花卉，极大多数为杂合体，其有性后代会产生分离，就不能形成稳定的品种。所以只能采取各种无性繁殖的方法，其目的就是为了防止性状分离，保持无性繁殖系的纯度。

（二）杂交后代的预测

根据分离定律可以预测后代分离的类型和频率，进行有计划种植，提高育种效果，加速育种进程。杂种通过自交也会导致基因的纯合，因此，杂交育种中，往往通过杂种后代的连续自交和选择以促使个体基因型纯合。如三色堇花的黄色和白色是由一对等位基因控制的，在 F_2 群体中虽然很容易选到黄色花植株，但根据分离规律，可以预料其中一些黄色花植株仍要分离，因此，仍需通过自交和进一步选择才能选出花色稳定的纯合体植株。

植物抗病性，一般由显性基因控制，在杂种后代容易出现，如番茄抗萎蔫病基因 Wt。但 $WtWt$ 与 $Wtwt$ 表现型相同，都是抗病的。其中 $WtWt$ 是纯合体，$Wtwt$ 的后代还会分离，因此必须再行自交，在第三代才能选得纯合的抗病植株。由此可以正确估计育种工作进展所需世代，有计划地种植杂种数量，从而可以加速育种进程，提高育种效率。

（三）良种保纯

良种生产中，要防止天然杂交而发生性状分离退化，应去杂去劣及适当隔离繁殖。当

F_1选出优良植株后，要保持 F_1 杂种优势，可用无性繁殖的方法来控制后代发生分离。

蔬菜生产中为了利用杂种优势，必须选择纯合体亲本杂交，才能保证 F_1 的性状整齐一致。但 F_1 是杂合体，根据分离规律，它不能真实遗传，F_2 会出现性状分离。因此，必须年年配制杂交种子用于生产，以达到经济利用的目的。

（四）花粉培育纯合体品种

从分离规律可知，杂种产生的配子中只有成对基因中的一个。通过组织培养技术（如花粉培养）可获得含有单个基因的植株（单倍体），再利用秋水仙素加倍获得纯合二倍体，可大大缩短育种年限。

第二节 自由组合定律

孟德尔仍以豌豆为材料，选取具有两对相对性状差异的纯合亲本杂交，根据后代的表现来进行性状的遗传研究，总结出了独立分配（自由组合）定律。

一、自由组合定律

（一）两对性状的自由组合

孟德尔在试验中用的一个亲本是子叶黄色而种子饱满的豌豆，另一个亲本是子叶绿色而种子皱瘪的豌豆，他将两个纯合亲本杂交，得到子代。子一代豆粒全是黄色子叶而饱满的。子一代自花授粉得到子二代种子，一共 4 种类型（图 3-6）。

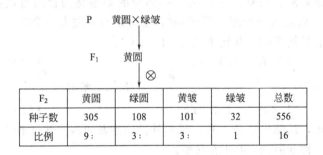

F_2	黄圆	绿圆	黄皱	绿皱	总数
种子数	305	108	101	32	556
比例	9：	3：	3：	1	16

图 3-6　豌豆两对相对性状杂交试验

其中黄圆和绿皱两种是亲本原有的性状组合，叫亲组合（parental combination），而黄皱和绿圆是原来亲本所没有的性状组合，叫重组合（recombination）。进一步分析发现其显、隐性的分离仍遵循分离定律。

圆形和皱皮这一对相对性状中共计 556 粒种子，其中圆形种子为 413 粒（305＋108），占总数 76.1%，约为 3/4；皱皮种子数为 133 粒（101＋32），占总数 23.9%，约为 1/4。黄色种子为 406 粒（305＋101），占 74.8%，约为 3/4；绿色种子 140 粒（108＋32），占 25.2%，约为 1/4。

从上面的分析中得出颗粒式遗传的另一个基本概念：决定着不相对应性状的遗传因子在遗传上具有相对独立性，可以完全拆开，并可以重新组合，这种重新组合是随机的，亦即是自由组合的。

（二）对自由组合现象的分析

和前面的分析一样，这里仍用字母来表示相对性状的基因。在孟德尔定律被重新发现后，Bateson 和 Punnett 将其公式化，这种图解方法被称为 Punnett square（Punnett 棋盘方格）。这种方法使我们能更清晰地理解遗传规律。按图 3-7 顺序填写棋盘格。

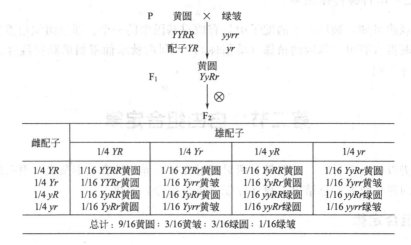

雌配子	雄配子			
	1/4 YR	1/4 Yr	1/4 yR	1/4 yr
1/4 YR	1/16 YYRR黄圆	1/16 YYRr黄圆	1/16 YyRR黄圆	1/16 YyRr黄圆
1/4 Yr	1/16 YYRr黄圆	1/16 Yyrr黄皱	1/16 YyRr黄圆	1/16 Yyrr黄皱
1/4 yR	1/16 YyRR黄圆	1/16 YyRr黄圆	1/16 yyRR绿圆	1/16 yyRr绿圆
1/4 yr	1/16 YyRr黄圆	1/16 Yyrr黄皱	1/16 yyRr绿圆	1/16 yyrr绿皱
总计：9/16黄圆：3/16黄皱：3/16绿圆：1/16绿皱				

图 3-7　两对相对性状基因的分离与重组（示 Punnett square）

理解上述图解的关键概念是：（1）两对相对性状的基因在子一代杂合状态（$YyRr$）中虽然同处一体，但互不混淆，各自保持独立性；（2）形成配子时，同一对基因 Y、y（或 R、r）各自独立地分离，分别进入不同的子细胞中去；不同对的基因是自由组合的。即 Y、y 的分离与 R、r 的分离是各自独立进行的，不同对的基因是随机组合的：Y 可以形成 YR，也可以形成 Yr；y 可以进入一个配子形成 yR，也可以与 r 进入一个配子，形成 yr。这 4 种类型的配子在数量上是相等的，其比率为 1：1：1：1。

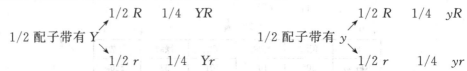

雌雄配子均如此，且随机结合。雌、雄两种性细胞都可以产生 4 种类型配子，这 8 种配子自由组合可产生 9 种基因型，4 种表现型。

（三）自由组合定律的验证

1. 测交法

即 F_1 与双隐性纯合体亲本回交以测定 F_1 的配子类型和比例。由于双隐性纯合体的配子只有 yr 一种，因此，根据测交子代种子的表现型和比例，理论上应能反映 F_1 所产生的配子类型和比例。由实际试验结果，表明不论 F_1 作母本还是父本，产生雌配子和雄配子，都有四种类型，即 YR、Yr、yR、yr，而且出现的比例相等，符合 1：1：1：1 的比例。表 3-3 说明孟德尔应用测交方法所得实际结果与测交的理论推断是一致的。

2. 自交法

按照分离和独立分配定律的理论推断，由纯合的 F_2 豆粒和长成的植株（如 $YYRR$、$yyRR$、$YYrr$、$yyrr$）自交产生的 F_3 种子，都能真实遗传，不会出现性状的分离，在 F_2 群体中这类植株各占 1/16。由一对基因纯合、一对基因杂合的植株（如 $YYRr$、$YyRR$、$Yyrr$、

表 3-3　两对基因杂种测交结果

测交	F₁ 黄圆 Y_yR_r				双隐性纯合亲本 绿皱 y_yr_r
测交亲本植株的配子	YR	Yr	yR	yr	yr
测交后代基因型	Y_yR_r	Y_yrr	y_yR_r	y_yrr	
测交后代表现型	黄圆	黄皱	绿圆	绿皱	总数
测交1(F₁为母本)	31	27	26	26	110
测交2(F₁为父本)	24	22	25	26	97
总数	55	49	51	52	207
比例	1：	1：	1：	1	

$yyRr$）自交产生的 F₃ 种子，一对性状是稳定的，另一对性状将分离为 3：1 的比例，这类植株各占 2/16。由两对基因都是杂合的植株（$YyRr$）自交产生的 F₃ 种子，将分离为 9：3：3：1 的比例，这类植株占 4/16。孟德尔所做的试验结果完全符合预定的结论（表 3-4）。从 F₂ 群体自交得到 F₃，由 F₃ 的分离表现可以鉴定 F₂ 群体基因型的类型和比例，证明了独立分配定律的正确性。

表 3-4　两对基因亲本杂交，F₂ 和 F₃ 的表现性及对 F₂ 基因型的测定

种子表现型	F₂		F₃种子表现型	对F₃基因型的测定
	植株数	理论比		
黄、圆	38	1	黄圆	$YYRR$
黄、圆	60	2	黄圆,黄皱	$YYRr$
黄、圆	60	2	黄圆,绿圆	$YyRR$
黄、圆	138	4	黄圆,黄皱,绿圆,绿皱	$YyRr$
黄、皱	28	1	黄皱	$YYrr$
黄、皱	68	2	黄皱,绿皱	$Yyrr$
绿、圆	35	1	绿圆	$yyRR$
绿、圆	67	2	绿圆,绿皱	$yyRr$
绿、皱	30	1	绿皱	$yyrr$

二、分支法分析遗传比率

　　孟德尔定律可以说是概率定律，从概率论的原理来考虑孟德尔的遗传比例可以发现其主要是概率相加定律和概率相乘定律，由这两条基本定律推演出来的分支法可以更简便、迅速地把杂交子代的基因型和表现型比例推算出来。这种方法是首先分别算出每对基因的基因型和表现型概率，然后把这些概率相乘。由此，可以推算出许多独立分配的不同基因型的亲本杂交后代中某一特定基因型的概率。例如在 $RrYy \times RrYy$ 杂交中，我们要推算出子代全部

基因型（或表现型）的概率，则可分别做如下计算：

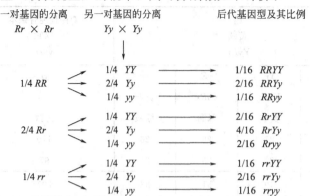

关于它们的表现型及其比例可以有同样的分支图，只需将子代的表现型比分别以 3/4 与 1/3 分别代入即可：

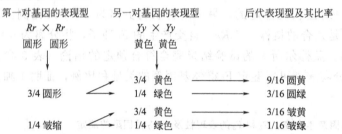

掌握分支法的要点是：记住只有一对相对性状的差异时，在下列情况下的孟德尔比率分别为：F_2 基因型分离比 1∶2∶1，表现型分离比 3∶1，测交分离比为 1∶1。在思考一对基因独立分配的基础上再考虑另一对基因的分离。

三、多对基因的分离

（一）多对基因分离比率

从上述看，1 对基因杂合体自交产生 2 种配子，3 种基因型，2 种表现型；2 对基因杂合体自交产生 4 种配子，9 种基因型，4 种表现型；3 对基因杂合体就会产生 8 种配子，64 种组合，27 种基因型。总结一下可以看出，它们的比数是 $(3∶1)^n$ 的展开（表3-5）。

表3-5　杂交中包括的基因对数与基因型和表现型的关系

杂交中包括的基因对数	显性完全时 F_2 表型数	F_1 杂种形成的配子数	F_1 配子可能的组合数	F_2 的基因型数	分离比
1	2	2	4	3	$(3/4+1/4)$
2	4	4	16	9	$(3/4+1/4)^2$
3	8	8	64	27	$(3/4+1/4)^3$
4	16	16	256	81	$(3/4+1/4)^4$
⋮	⋮	⋮	⋮	⋮	⋮
n	2^n	2^n	4^n	3^n	$(3/4+1/4)^n$

因此，杂交是增加变异组合的主要方法，育种上常用这种方法培育对人类有利的新品种。

（二）自由组合定律的应用

独立分配定律是在分离规律的基础上，进一步揭示了多对基因之间自由组合的关系。它解释了不同基因的独立分配是自然界生物发生变异的重要来源之一。

1. 根据性状优缺点互补原则选配亲本，可以创造综合优良性状的新品种

按照独立分配规律，在基因间显性作用完全的条件下，亲本间有 2 对基因差异时，F_2 有 $2^2 = 4$ 种表现型；3 对基因差异时，F_2 有 $2^3 = 8$ 种表现型。设两个杂交亲本有 20 对基因的差别，而这些基因都是独立遗传的，那么 F_2 有 $2^{20} = 1048576$ 种不同的表现型，可供选择利用。具有不同性状的亲本杂交，产生 F_1，自交得到 F_2 就有各种性状的自由组合，因此亲本的优缺点可以得到互补，有可能产生结合两个亲本优点的个体。育种实践中常常通过有性杂交（品种间）过程有目的地组合两个亲本的优良性状来创造新的优良品种。

2. 在混杂群体连续自交后代中，可以选出纯合体

按照分离规律，杂合体在形成配子时杂合的等位基因必然分离，随着自交代数的增加，纯合的基因和纯合的个体也随着增加。因此在对杂种后代选择的同时，必须结合连续的自交以获得纯合体。因为在育种上，要育成一个品种，不仅必须具有优良的经济性状，而且必须是纯合体，才能保证新品种在遗传上的稳定性。

3. 可以估计杂交育种的规模和所需的世代

在杂种 F_1，由于基因的独立分配自由组合而出现各种性状的群体，根据各种基因型在群体中所占比例，可推测出要获得某种基因型的个体需栽种多大群体，以及在几个世代后该基因型才能出现，从而估计育种工作的规模。如番茄两个品种杂交，甲品种为裂叶、矮株和不抗萎蔫病（$CCddrr$），乙品种为薯叶、高株和抗萎蔫病（$ccDDRR$），3 对基因各位于不同对染色体上，可以独立分配自由组合。由此可以预见杂种 F_2 中，裂叶、矮株和抗病的表现型 $C\_ddR\_$ 占 $3/4 \times 1/4 \times 3/4 = 9/64$，其中裂叶、矮株和抗病的纯合基因型 $CCddRR$ 占 $1/4 \times 1/4 \times 1/4 = 1/64$。由于在 F_2 中，纯合的表现型与杂合的表现型无法鉴别，因此如果希望在 F_3 中得到 5 个纯合体，就要在 $5 \times 64 = 320$ 的杂种群体中才能选出 $5 \times 9 = 45$ 株裂叶、矮株和抗病的单株；同理如要选出薯叶、矮株和抗病的类型，在 F_2 中这类表现型 $ccddR\_$ 占 $1/4 \times 1/4 \times 3/4 = 3/64$，其中纯合的基因型 $ccddRR$ 占 $1/4 \times 1/4 \times 1/4 = 1/64$，如期望在 F_3 中得到 5 个纯合体，那么只要在约 320 的 F_2 群体中就可能选出约 $3 \times 5 = 15$ 株薯叶、矮株和抗病的植株。

4. 研究性状所属植物的部分和环境的影响，可以确定遗传的变异

一个变异的性状，如果能够稳定而真实地遗传，那么这个性状的变异是可遗传的变异，对这个性状进行选择将是有效的。番茄果实颜色是由皮色和肉色两对基因所控制的。果皮颜色有两种：黄色（Y）与无色透明（y），是一对相对性状，由 Y 和 y 基因所控制；果肉颜色有两种：红肉（R）与黄肉（r），是另一对相对性状，由 R 和 r 基因所控制。这些不同的性状交互结合可表现出 4 种果实颜色。即 $Y\_R\_$ 为深红色，$yyR\_$ 为粉红色，Y_rr 为金黄色，而 $yyrr$ 为淡黄色。只要注意区分，就能应用独立分配规律来解释性状的表现及其基因组成类型。此外要注意环境对性状表现的影响，为此应将实验材料种在相对相同的环境条件下，同时要注意在不同环境下性状表现的差异。番茄果实颜色主要由番茄红素和胡萝卜素决定，高温和强光会影响这两种色素的形成和变化。

四、孟德尔学说的核心

孟德尔学说的实质是颗粒式遗传的思想。遗传因子的颗粒性概括起来体现在如下三方面：①每个遗传因子是相对独立的功能单位。即控制性状发育的因子具有其独立的功能和行为；②遗传因子的纯洁性。决定性状的若干遗传因子同处一体时，各自保持其纯洁性，互不污染；③遗传因子的等位性。等位性指的是在有性生殖的二倍体生物中，控制成对性状的基因是成对存在的，形成配子时，只有成对的等位基因才相互分离。这是遗传因子的单位性和纯洁性的基础。上述3个基本属性充分体现了基因的颗粒性，这是孟德尔遗传学的精髓。

现代遗传学的发展深化了人们对基因的颗粒性的认识。"一个基因一条多肽链"的学说是对基因的颗粒性概念的最明确的陈述。分子遗传学和基因工程的兴起，从根本上证实了基因的颗粒性。现代遗传学的深入发展，正在从各个角度诠释基因的颗粒说。

五、基因互作的遗传分析

不同对基因间相互作用共同决定同一单位性状表现的现象称为基因互作。基因相互作用决定生物性状的表现情况复杂，存在多种互作方式。基因互作分为基因内互作（intragenic interaction）和基因间互作（intergenic interaction）。基因内互作是指等位基因间的显隐性作用。基因间互作指不同位点非等位基因之间的相互作用，表现为互补、抑制、上位性等。性状的表现都是在一定环境条件下，通过这两类基因互作共同或单独发生作用的产物。

（一）等位基因间相互作用

1. 完全显性（complete dominance）
指 F_1 表现与亲本之一完全一样，如孟德尔豌豆杂交试验中的 7 对相对性状。

2. 不完全显性（incomplete dominance）
在研究纯系紫茉莉红花品种与白花品种杂交时，F_2 分离比例出现异常现象。将红花与白花杂交，F_1 为粉红色花，不同于任何一个亲本，表面上看好像红花与白花基因发生混合。但当粉红色的 F_1 植株自交产生 F_2 时，出现 1/4 红花、1/2 粉花、1/4 白花（图 3-8），F_2 的粉红花植株在 F_3 中继续按 F_2 的 1∶2∶1 的比例分离，完全符合孟德尔的分离规律。所不同的仅是在 Rr 杂合体中显性表现得不完全。从这个例子看，F_1 代出现粉花，好像是 R 为 r 混合了，而实际上，红花和白花在 F_2 代中重新出现，并没有发生混合。

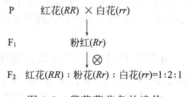

$$P \qquad 红花(RR) \times 白花(rr)$$
$$\downarrow$$
$$F_1 \qquad 粉红(Rr)$$
$$\downarrow \otimes$$
$$F_2 \quad 红花(RR)：粉花(Rr)：白花(rr)=1：2：1$$

图 3-8　紫茉莉花色的遗传

3. 超显性（overdominance）
一对相对性状纯合的两亲本杂交，F_1 杂合体表现超过显性亲本的现象，称为超显性，也称单基因杂合优势。如雨露桃（高株）$DwDw \times$ 寿星桃（矮株）$dwdw$，F_1（$Dwdw$）为杂合体，在基因 Dw 和 dw 的相互作用下，表现出株高和干径等生长量都超过双亲。

4. 共显性（codominance）
一对等位基因的两个成员在杂合体中以相等或近似相等的程度起共同作用都表达的遗传现象叫做共显性遗传。即双亲的性状能同时在 F_1 个体上出现，而不表现单一的中间型的现象。中国马褂木（Liriodendro orientalis）与北美鹅掌楸（L. accidentalis）杂交产生的 F_1，用过氧化物酶同工酶的电泳分析，表现出双亲谱带的总和。观赏植物中花色素在花瓣片中往往以共显性形式存在。

5. 镶嵌显性 （mosaic dominance）

一对等位基因的两个成员分别与不同的物质形成及其存在的位置有关，这两种物质同时在杂合体中出现，有关杂合子往往同时表现父、母本的性状，如花叶、花色的某些镶嵌现象。紫花辣椒与白花辣椒杂交，F_1 表现为植株上每一朵花边缘为紫色、中央为白色，表现为镶嵌性状。

6. 致死基因 （lethal genes）

指那些使生物体不能存活的等位基因。出生较晚才导致死亡的基因称为亚致死或半致死基因。隐性致死基因在杂合时不影响个体的生活力，但在纯合状态下具有致死效应。如植物中的白化基因 c，在纯合状态 cc 时，幼苗缺乏合成叶绿素的能力，子叶中的养料耗尽就会死亡；显性致死基因在杂合状态即表现致死基因的作用。致死基因可在个体发育的不同阶段发挥作用，也与个体所处环境条件有关。

7. 复等位基因 （multiple alleles）

遗传学早期研究只涉及一个基因的两种等位形式。进一步的研究发现，在动物、植物或人类群体中，一个基因可以有很多种等位形式。但就一个二倍体生物而言，最多只能占有其中的任意两个，而且分离的原则同一对等位基因完全一样。在群体中占据某同源染色体同一座位的两个以上的、决定同一性状的基因定义为复等位基因。

（二）非等位基因间的相互作用

1. 互补作用 （complementary effect）

由两对独立遗传基因分别是纯合显性或杂合显性时，共同决定一种性状的发育，当一对基因是显性，另一对基因是隐性或两对基因都是隐性时，则表现为另一种性状。这种现象称为基因的互补作用。F_2 的分离比为 9：7。发生互补作用的基因称为互补基因。例如两个开白花的香豌豆品种杂交后，F_1 开紫花。F_1 自交后，F_2 分离出紫花和白花的比例为 9：7（图3-9），不是 3：1，也不是 9：3：3：1，但可以看作是 9：3：3：1 的另一种表现形式，这是两对基因的互补作用。

P   白花($CCpp$) × 白花($ccPP$)

F_1 紫花($CcPp$)

F_2 9紫花($C\_P\_$)：7白花($3C\_pp+3ccP\_+1ccpp$)

图3-9　香豌豆花色的互补作用

据研究，色素是体内氧化酶作用于色素原的结果，只有色素原而无氧化酶促进氧化，不能表现颜色；只有氧化酶而无色素原也不能产生色素。遗传学认为：C 是决定产生色素原的基因，P 是决定产生氧化酶的基因，当 C 和 P 共存时，两个显性基因共同作用而开紫花，二者缺一，就开白花。香豌豆的祖先是开紫花的，在长期栽培过程中，显性基因 C 或 P 发生突变，便失去了产生色素的能力，于是只能开白花。用开白花的两个品种杂交，使 C 和 P 重新组合到一个个体中，出现了祖先的紫花，这是返祖现象。在遗传中，这种在后代中出现远祖性状的现象，叫做返祖遗传。

在很多园艺植物中都发现有基因互补作用。如草莓中能产生很多不定根的"胡须"性状是显性，"无须"性状是隐性。两个具有"无须"性状的品种杂交，F_1 表现"胡须"，F_2 植株分离为 9/16"胡须"：7/16"无须"。

2. 积加作用 （Addictive effect）

当两个显性基因同时存在时表现最为强烈，产生一种性状；单独存在时能分别表示相似的性状；双种基因均为隐性时又表现为另一种性状。这种现象称为基因的积加作用。F_2 表现 9：6：1 的比例。

例如美国南瓜的果形遗传。美国南瓜（*Cucurbita pepo*）有不同果形，其中扁盘形对圆球形为显性，圆球形对细长形为显性。当用两种不同基因型的圆球形品种杂交，F_1 为扁盘形，F_2 出现 3 种果形：9/16 扁盘形，6/16 圆球形，1/16 细长形（图 3-10）。两对基因都是隐性时，形成细长形；只有显性基因 A 或 B 存在时，形成圆球形；A 和 B 同时存在时，形成扁球形。

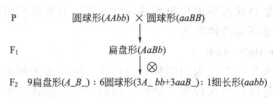

图 3-10　南瓜果形的积加作用

3. 重叠作用 （Duplicate effect）

两对独立基因，不论显性基因多少，对表现型能产生相同影响，只有双隐性才表现不同。这种现象称为基因的重叠作用。F_2 表现 15：1 的分离比。产生重叠作用的基因称为重叠基因。例如荠菜蒴果性状的遗传（图 3-11）。

$$P \qquad 三角形(T_1T_1T_2T_2) \times 卵形(t_1t_1t_2t_2)$$
$$\downarrow$$
$$F_1 \qquad 三角形(T_1t_1T_2t_2)$$
$$\downarrow \otimes$$
$$F_2 \quad 15三角形(9T_1\_T_2\_+3T_1\_t_2t_2+3t_1t_1T_2\_)：1卵形(t_1t_1t_2t_2)$$

图 3-11　荠菜蒴果的重叠作用

荠菜植株中常见三角形蒴果，极少数卵形蒴果。将这两种植株杂交，F_1 全是三角形蒴果。F_2 分离为 15/16 三角形蒴果：1/16 卵形蒴果。再由 F_2 产生的 F_3 有不同的分离情况，F_2 三角形蒴果的后代有一部分不分离，一部分分离为 3/4 三角形蒴果：1/4 卵形蒴果；还有一部分分离为 15/16 三角形蒴果：1/16 卵形蒴果；卵形蒴果的后代不再分离。可见 F_2 产生 15：1 的分离是由于每一对基因中的一个或多个显性基因都具有表现三角形蒴果的相同作用。如果缺少显性基因，只存在两对隐性基因时，则表现为卵形蒴果。

上例的显性基因作用虽然相同，但并不表现累积的效应。不论显性基因数目多少，并不改变性状的表现，只要有一个或多个显性基因存在，都能使显性性状得到显现。

4. 显性上位作用 （epistatic dominance）

两对独立遗传基因共同对一对性状发生作用，而且其中一对基因对另一对基因的表现有遮盖作用。这种现象称为上位作用。起遮盖作用的是显性基因，称为显性上位作用。其 F_2 的表型分离比为 12：3：1。例如西葫芦果皮颜色的遗传（图 3-12）。影响西葫芦果皮的显性白皮基因（W）对显性黄皮基因（Y）有上位性作用。当 W 基因存在时能阻碍 Y 基因的作用，表现为白色；缺少 W 时，Y 基因才表现其黄色作用；如果 W 和 Y 都不存在，则表现 y 基因的绿色。

P　　　　　白皮(*WWYY*) × 绿皮(*wwyy*)

F₁　　　　　　白皮(*WwYy*)

F₂　12白皮(9*W_Y_*+3*W_yy*)：3黄皮(*wwY_*)：1绿皮(*wwyy*)

图 3-12　西葫芦果皮颜色的显性上位作用

在这里显性基因 *W* 对另一对等位基因 *Y* 和 *y* 有抑制作用，只有当 *W* 基因不存在时，*Y* 才表现为显性。因此 *W* 表现上位作用。

5. 隐性上位作用 （epistatic recessive effect）

在两对互作的基因中，其中一对隐性基因对另一对基因起上位性作用，这种现象称为隐性上位作用。其 F₂ 的表型分离比为 9：3：4。例如萝卜皮色的遗传（图 3-13），萝卜红色种与白色种杂交，当基本色泽基因 *C* 存在时，另一对基因 *Prpr* 都能表现各自的作用，即 *Pr* 表现紫色，*pr* 表现红色。缺少 *C* 因子时，隐性基因 *c* 对 *Pr* 和 *pr* 起上位作用，使得 *pr* 和 *Pr* 都不能分别表现红色或紫色性状，而呈白色。

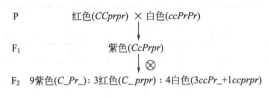

P　　　　红色(*CCprpr*) × 白色(*ccPrPr*)

F₁　　　　　　紫色(*CcPrpr*)

F₂　9紫色(*C_Pr_*)：3红色(*C_prpr*)：4白色(3*ccPr_*+1*ccprpr*)

图 3-13　萝卜皮色的隐性上位作用

再如向日葵花色的遗传，当 *A* 基因存在时，另一对基因 *L* 和 *l* 都能表现各自的作用，即 *L* 表现黄色，*l* 表现橙黄色。当 *A* 基因缺乏时，隐性基因 *a* 对 *L* 和 *l* 起上位作用，使 *L* 和 *l* 的作用都不能表现出来（图 3-14）。

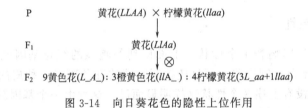

P　　　　黄花(*LLAA*) × 柠檬黄花(*llaa*)

F₁　　　　　　黄花(*LlAa*)

F₂　9黄色花(*L_A_*)：3橙黄色花(*llA_*)：4柠檬黄花(3*L_aa*+1*llaa*)

图 3-14　向日葵花色的隐性上位作用

白色（*ccRR*）鳞茎洋葱和黄色（*CCrr*）鳞茎洋葱杂交时，F₁ 为红色鳞茎，F₂ 出现 9 红色：3 黄色：4 白色的分离类型，也同样表现出隐性上位作用。

上位作用和显性作用不同，上位作用发生于两对不同等位基因之间，而显性作用则发生于同一对等位基因的相对基因之间。

6. 抑制作用 （Inhibitor effect）

在两对独立遗传基因中，其中一对显性基因本身并不控制性状的表现，但对另一对基因的表现有抑制作用，这种现象称为抑制作用。起抑制作用的基因称为抑制基因。抑制基因自身不形成相应表型，但其存在对其他基因表达有抑制作用。例如，玉米中的基因抑制作用与胚乳蛋白质层的颜色的遗传（图 3-15）。用玉米胚乳蛋白质层均为白色的两亲本杂交，F₁ 表现白色，F₂ 表现 13 白色：3 有色。基因 *C*（基本色泽基因）和 *I*（抑制基因）决定蛋白质层的颜色，基因型 *C-I-* 表现白色，这是由于 *I* 基因抑制了 *C* 基因的作用。*CcI-* 和 *ccii* 也都表现白色，因为 *cc* 并不能使蛋白质层表现颜色，只有存在 *C* 基因而不存在 *I* 基因时（*C-ii*）

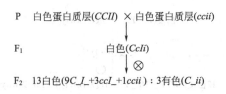

图 3-15　玉米胚乳蛋白质层的隐性上位作用

才表现有色。

又如三色堇花瓣上花斑的形成由 S 和 K 控制，另外有 I 和 H 两个基因控制花斑形成。

抑制作用与上位作用不同，抑制基因本身不能决定性状，F_2 只有 2 种类型，但显性上位基因除掩盖其他基因（显性和隐性）表现外，本身还能决定性状，F_2 只有 3 种类型。

上述两对基因互作的关系，可归纳为表 3-6。事实上，基因的互作绝不限于 2 对基因，很多情况下性状是由 3 对甚至是 3 对以上基因互作造成的，基因与性状的相互关系也是非常复杂的。

表 3-6　两对基因的互作关系

基因互作方式	9 $A\_B\_$	3 A_bb	3 $aaB\_$	1 $aabb$	基因型比例
无互作	9	3	3	1	9：3：3：1
显性互补	9	7			9：7
抑制作用	12		3	1	13：3
隐性上位	9	3	4		9：3：4
显性上位	12		3	1	12：3：1
重叠作用	15			1	15：1
积加作用	9	6		1	9：6：1

（三）基因的多效性

一个基因往往可以影响若干个性状，上面谈到的豌豆的红花基因就不只与一个性状有关。这个基因（C）不但控制红花，而且还控制叶腋的红色斑点、种皮的褐色或灰色；它还控制其他性状，只是没有上述 3 个性状这样明显而已。这种由一个基因影响许多性状发育的现象，即单一基因的多方面表型效应叫做基因的多效现象（pleiotropism），也称"一因多效"。基因的多效现象是极为普遍的，几乎所有的基因都是如此。为什么会这样呢？这是因为生物体发育中各种生理生化过程都是相互联系、相互制约的。基因通过生理生化过程而影响性状，所以基因的作用也必然是相互联系和相互制约的。由此可见，一个基因必然影响若干性状，只不过程度不同罢了。

（四）多基因效应

有时一个性状是受许多不同基因共同作用的结果。由许多基因影响同一性状表现的现象称为"多因一效"（multigenetic effect）。植物的许多性状都是由多基因互相影响所决定的。如番茄的果实颜色是由影响颜色的多个基因决定的，与果实颜色有关的基因中，起主要作用的是影响果肉和果皮颜色的 2 对基因（表 3-7）。控制果皮颜色的一对基因为 Y 和 y，具显性黄色基因 Y 的果皮细胞里含有白色体，成熟时转变为含黄色胡萝卜素的杂色体；其相对隐性基因的果皮细胞里不含白色体，是透明无色的。控制果肉颜色的一对基因为 R 和 r，果肉

红色显性基因 R，使果肉细胞在成熟时形成茄红素结晶，表现为红色；相对的隐性基因不能产生茄红素，使果肉细胞只含有黄色的杂色体，表现为淡黄色。

表 3-7　番茄果实颜色组成成分和基因效应

果皮颜色＋果肉颜色				果实颜色	
基因型	表现型	基因型	表现型	基因型	表现型
$Y\_$	金黄	$R\_$	粉红	$Y\_R\_$	火红
yy	透明	$R\_$	粉红	$yyR\_$	粉红
$Y\_$	金黄	rr	淡黄	Y_rr	金黄
yy	透明	rr	淡黄	$yyrr$	淡黄

六、基因型与表现型的关系

（一）外界环境条件与性状表现

基因型与表现型并不总是呈现"一对一"的关系，不同的环境条件可以对相同基因型的植株，及某些器官、组织产生不同的表型效应（表 3-8），从而引起性状特性的变化和显隐性关系的转化。在园艺植物中这种现象比较普遍。金鱼草的红花品种与乳黄色花品种杂交，F_1 在不同栽培条件下的表型不同。在低温、光照充足时，花为红色，红色为显性；在温暖、遮光时，花为乳黄色，红色为隐性；在温暖、光充足条件下，花为粉红色，表现为不完全显性。由此可见，环境条件发生改变，显隐性关系也发生相应改变。

了解基因型在不同条件下的反应规律，可以选择最适的自然环境，提供最适栽培条件，使植物的性状、特性有最好的表现。同时，可以在不同的生态条件下研究品种的遗传稳定性，为品种的区域化栽培提供依据。对于一、二年生蔬菜、花卉，可以通过调节播种期或人为控制温度、光照及其他栽培条件来达到目的。

表 3-8　环境条件与植物的表型效应

植物种类	研究材料	栽培条件	性状表现
慈姑 *Sagittaria trifolia*	同植株的叶形	水中	叶条形
		空间	叶箭形
绣球 *Hydrangea macrophylla*	无性系单株花色	碱性土	花蓝色
		酸性土	花红色
蒲公英 *Taraxacum mongolicum*	无性系单株株形	平原	株形高大
		高山	株形低矮
菊花 *Dendranthema morifolium*	无性系单株花期	短日照	花期提早
		长日照	花期延迟
金鱼草 *Antirrhinum majus*	红花×乳黄花 F_1的花色	低温强光	花红色
		高温遮光	花乳黄色
		高温强光	花粉红色
曼陀罗 *Datura stramonium*	紫茎×绿茎 F_1的茎色	高温强光	茎紫色
		低温弱光	茎浅紫色
须苞石竹 *Dianthus barbatus*	白花×暗红花 F_1的花色	开花初	花纯白色
		开花末	花暗红色

（二）个体发育与性状表现

植株性状的表现，除了受基因型和环境条件的影响，还受到直接控制该性状发育以外的其他基因的影响。其他基因影响该基因对性状所起的作用主要通过造成植物体细胞内部一定的生理环境变化而实现。实际上环境条件影响基因的表型效应，也必须通过一定的细胞内部条件来实现。如香豌豆中有一对基因间接影响花冠的颜色，在于它能影响到细胞的 pH 值。红花的品系具有 dd 的基因型，它的花色比 DD 或 Dd 植株的花色蓝些，这是因为 dd 基因型使 pH 值增加（趋向碱性），而花青素的反应一般在酸性条件下趋于红色，碱性条件下趋于蓝色。dd 植株的细胞液 pH 值比 DD 或 Dd 植株的平均高 0.6。由此可见，环境条件也可能引起内部环境的变化，而内部生理条件的变化，必然会影响性状的表现。

基因对性状的发育和表现所起的作用是：基因通过酶的产生，控制生化代谢过程，完成细胞、组织和器官的分化，从而导致性状的发育。在这个过程中，植物体常常受到内、外环境条件的影响。基因所起的作用也随时间和空间不同而不同。不同个体间基因的差异以及同一个体内不同基因的作用，能造成有效物质的增减，从而改变各部分的生长量和生长速度，最后引起质量、大小和形状等性状的发育差异。表现型是个体发育过程中基因顺序表达的结果。因此，基因的表达具有时间和空间特异性。

（三）表型模写（phenocopy）

表型是基因型和环境相互作用的结果。这就是说，表型受两类因子控制：基因型和环境。常常遇到这样的情况：基因型改变，表型随着改变；环境改变，有时表型也随着改变。环境改变所引起的表型改变，有时与由某基因引起的表型变化很相似，这种现象叫做表型模写，或称饰变。

上述事实说明基因作用的复杂性。孟德尔规律只是少数典型化的基因规律。多数性状是由许多基因共同控制的。多数基因的作用也是多方面的。基因与基因，基因与环境，基因与生物体个体发育过程等诸多方面构成了基因表达的网络关系。另外，基因互作的那些实例所用的亲本都是纯合体，可以真实遗传。一般园艺植物，尤其是花卉，多是经过数次杂交所得后代，基因型十分复杂；有些又是营养繁殖的，用这样的材料做杂交亲本，是不会得出那些典型的分离比例的。仅用简单的孟德尔定律无法概括生物体复杂的遗传现象。

第三节　连锁与交换定律

遗传的染色体学说提出以后，虽然充分证明了孟德尔规律的合理性，但另一方面又提出了新的问题。生物体一个细胞中的染色体数目是固定和有限的，最多的物种也只有一百多个（如甘蔗，$2n=126$），而生物性状几乎是无限的，有人估计高等植物的性状至少上万个。因此，如果让一个染色体代表一个基因显然是远远不够的。进一步研究证明：染色体是基因的载体，即每个染色体上都集结了许多基因。不同染色体上的基因的遗传符合上述孟德尔遗传规律。位于同一条染色体上的基因常常有连系在一起遗传的倾向，这种倾向称为连锁遗传（linkage heredity）。

一、连锁遗传现象

连锁遗传现象最初是在香豌豆（*Lathyrus doratus*）杂交试验中发现的。1906 年贝特逊

（Bateson）和潘耐特（Punnett）用香豌豆的花色和花粉形状所做的杂交试验，其 F_2 代并未表现出预期的 9∶3∶3∶1 的分离比例，而得到了如下结果（图 3-16、图 3-17）。这一结果表明：F_2 中 4 种类型的个体数同理论数相差很大，原来组合在两个亲本中的性状在 F_2 代中仍然在多数单株中连在一起遗传，这种现象称为连锁遗传。

遗传学上把两个显性性状连系在一起，两个隐性性状连系在一起的杂交组合，称为相引组（coupling phase）。把一个显性性状和一个隐形性状连系在一起的杂交组合，称为相斥组（repulsion phase）。

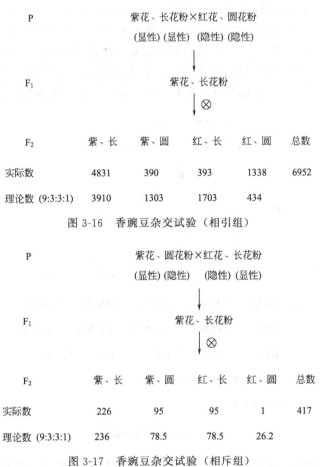

F2	紫、长	紫、圆	红、长	红、圆	总数
实际数	4831	390	393	1338	6952
理论数 (9:3:3:1)	3910	1303	1703	434	

图 3-16　香豌豆杂交试验（相引组）

F2	紫、长	紫、圆	红、长	红、圆	总数
实际数	226	95	95	1	417
理论数 (9:3:3:1)	236	78.5	78.5	26.2	

图 3-17　香豌豆杂交试验（相斥组）

二、连锁遗传的解释和验证

(一) 连锁遗传的解释

在上述两个试验中，两对相对性状的遗传在 F_2 代不遵循自由组合规律，那么单独一对相对性状的遗传是否遵循分离规律呢？分析结果如下：

相引组：

紫花∶红花＝(4831＋390)∶(1338＋393)＝5221∶1731≈3∶1

长花粉∶圆花粉＝(4831＋393)∶(1338＋390)＝5224∶1728≈3∶1

相斥组：

紫花∶红花＝(226＋95)∶(95＋1)＝321∶96≈3∶1

长花粉：圆花粉＝（226＋95）：（95＋1）＝321：96≈3：1

显然，就每一对相对性状的分离而言，仍遵循分离规律。为什么会出现不符合独立分配规律的现象呢？我们知道，独立遗传中9：3：3：1的比例是以F_1产生4种数目相等的配子为前提的。如果F_1形成的4种配子数不等，就不可能出现9：3：3：1的比例。据此，在连锁遗传的情况下，F_2不表现独立遗传的典型比例，可能是F_1形成4种配子数不等的缘故。

（二）连锁遗传的验证

用测交法可以根据测交后代的表现型种类及其比例来确定F_1产生的配子种类及其比例。玉米的测交试验得出了这样的结论：F_1产生的各类配子数目是不相等的。

玉米籽粒有色（C）对无色（c）是显性，正常（或饱满）胚乳（Sh）对凹陷胚乳（sh）是显性，两对性状杂交及其回交结果如图3-18。在连锁遗传试验中，基因组合依据它们进入结合子的形式来写，来自母本的写在线上，来自另一个亲本父本的写在线下面。

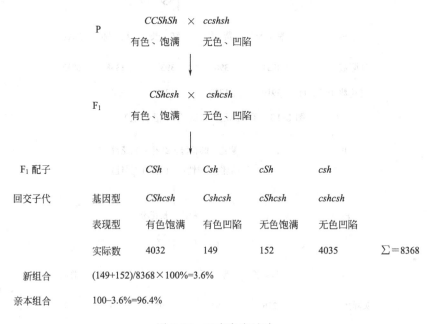

图3-18 玉米杂交试验

由上述结果可看出，回交子代的4种表现型反映出F_1产生的4类配子的基因组合。其中新组合的配子Csh、cSh的百分率仅为3.6%，远远少于在独立分配情况下的50%；而亲本组合的配子CSh和csh占96.4%，大大超过独立分配情况下的50%，说明亲本配子所带有的两个基因C和Sh或c和sh在F_1植株进行减数分裂时没有独立分配，而是常常连系在一起出现，而且带有两个显性基因（C和Sh）的配子和带有两个隐性基因（c和sh）的配子数相等。同样，2类新组合配子的数目也相同，这反映了连锁遗传的基本特征。

三、连锁和交换的遗传机制

每种植物染色体的对数总是有限的，但每种植物的性状成千上万，控制这些性状的基因也会有成千上万，因此，一对染色体上必然载有许多基因。番茄有12对染色体，已知有258对基因。豌豆有7对染色体，已知有206对基因。随着遗传研究的进展，能确定的基因对数将不断增加。

如果有两对非等位基因位于一对同源染色体上，基因随着染色体的行为而行动。1909年，Janssens 根据细胞学观察提出了交叉型假设（chiasmatype hypothesis），其要点为：①在减数分裂前期，尤其是双线期，配对的同源染色体不是简单地平行靠拢，而是在非姊妹染色单体间某些位点上出现交叉缠结的现象，每一点上这样的图像称为一个交叉（chisma），这是同源染色体间对应片段发生交换（crossing over）的地方（图 3-19）。②处于同源染色体不同座位的相互连锁的基因之间如果发生交换，就会导致这两个连锁基因的重组（recombination）。

图 3-19　减数分裂前期染色体的交叉现象

　　这个学说的核心是：交叉是交换的结果，而不是交换的原因，也就是说遗传学上的交换发生在细胞学上的交叉出现之前。如果交换发生在两个特定的所研究的基因之间，则出现染色体内重组（intrachromosomal recombination）形成的交换产物。若交换发生在所研究的基因之外，则得不到特定基因的染色体内重组的产物。

　　一般染色体愈长，显微镜下可以观察到的交叉数愈多，一个交叉代表一次交换。图 3-20 说明了重组类型产生的细胞学机制：F$_1$ 植株的性母细胞在减数分裂时，如交叉出现在 *sh-c* 之间，表示有一半的染色单体在这两对基因间发生过交换，所形成的配子中有一半是亲本型，一半是重组型。

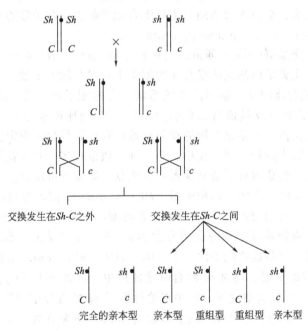

图 3-20　玉米的 *sh*、*c* 基因的连锁与交换

　　如果 F$_1$ 植株的性母细胞在减数分裂时有 8% 的性母细胞在 *sh-c* 之间形成交叉，表示有一半的染色单体发生过交换，所形成的配子中，有 4% 是亲本型。*sh-c* 间有 4% 的重组，所以 sh-c 间的交换值为 4%。图 3-21 可以很好说明这一结果。

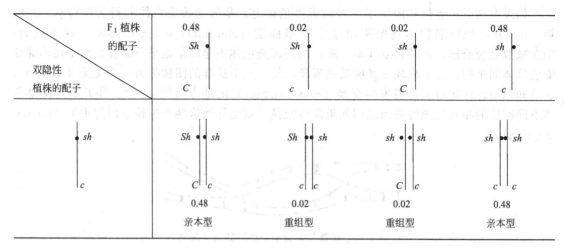

图 3-21　玉米的 sh、c 基因的连锁遗传测交图式

四、交换值及其测定

根据遗传试验和细胞学观察，连锁遗传是由于连锁的基因位于同一条染色体上。如果杂种 F_1 的性母细胞在减数分裂过程中位于同一条染色体上的两个连锁基因的位置保持不变，则 F_1 产生的配子只有两种，回交结果只能得到和亲本相同的两种性状组合，不会有新组合出现，这种现象称为完全连锁。这种情况在实际中很少出现。更多的情况是同源染色体非姊妹染色单体之间交换部分片段，两个连锁基因之间发生交换，产生重新组合的配子，这种现象称为部分连锁或交换。交换的频率用产生新组合配子数占总配子数的百分数来表示，遗传上称为交换值或交换率（crossing over percentage）。

$$交换值(\%)＝(重新组合的配子数/总配子数)\times100$$

估算交换值，首先要采用测交法或自交法测得重新组合的配子数。用测交法测定交换值时，可将 F_1 与隐性纯合体测交，根据产生的重新组合的配子数，就可求得交换值。如上述玉米试验里 C 和 Sh 之间的交换值为 3.6%，而 C 和 Sh 的连锁率为 96.4%。至于用测交法还是自交法来测定交换值，可根据作物的授粉难易和获得后代数量而定。对异花授粉作物如西瓜，可用测交法，因为授粉方便，授粉后获得种子数量较多。对自花授粉作物，尤其是人工授粉比较困难，授粉后获得种子数又少者，如豌豆、葡萄等可用自交法。前述香豌豆连锁遗传的资料是利用自交法获得的。以相引组 $PPLL\times ppll\to PpLl$ 为例，说明估算交换值的理论根据和具体方法。F_1 自交产生 F_2，有 4 种表现型，借此可以推测 F_1 产生 4 种配子类型 PL、Pl、pL、pl。假定各种配子的比例分别为 a、b、c、d 表示，经过自交得到 F_2 代的基因型组成及其比例，应是这些配子的平方，即 $(aPL：bPl：cpL：dpl)^2$ 的展开。其中隐性纯合体 $ppll$，只有雌雄配子均为 pl 结合时才能产生，因此在 F_2 中 $ppll$ 个体出现的几率是 $d\times d＝d^2$。反之，在任何情况下，F_1 中双隐性配子 pl 的百分率都等于 F_2 中 $ppll$ 个体频率 d^2 的开方。因此，当得到 F_2 中双隐性个体数为 1338，即为总数 6952 的 19.2%，经过开方，就得到 F_1 中 pl 配子的频率为 0.44，即 44%。配子 PL 同 pl 的频率相等，也应是 44%，PL 和 pl 都是亲本组合类型。那么重新组合的 Pl 和 pL 配子类型应各为 $(50－44)\%＝6\%$。于是 F_1 产生 4 种配子的比例为 $0.44PL：0.06Pl：0.06pL：0.44pl$ 或 $44PL：6Pl：6pL：44pl$。交换值是两种重组型配子数之和，那么交换值就为 $6\%＋6\%＝12\%$。

交换值一般在 0~50％之间变动。当交换值等于 0 时，表示完全连锁，即任何孢母细胞的两个连锁基因之间都未发生交换，测交后都表现为亲本类型。当交换值等于 50％时，则与独立遗传没有区别，测交后 4 种配子各占 25％，这种情况很少见到。通常连锁基因间的交换值介于 0~50％，称为不完全连锁。在这种情况下出现 4 种配子比例不同，其中亲本型的＞50％，重组型的＜50％。当两个非等位基因之间的距离越大，发生交换的机会就越大，交换值越接近于 50％；而当它们之间的距离越小，发生交换的频率就越小，交换值越趋于 0。当两个基因间距离较远时，其间可能会发生 2 次或 2 次以上的交换，不同交叉点上涉及的染色单体不限于两条。双交换具有以下特点（图 3-22）：①双交换概率显著低于单交换概率。如果两次同时发生的交换互不干扰，各自独立，根据概率相乘定律，双交换发生的概率应是两个单交换概率的乘积。②3 个连锁基因发生双交换的结果，旁侧基因无重组，3 个基因中只有处在中央位置的基因改变了位置，末端两个基因 A、C 的位置不变。只有 A-B 和 B-C 之间同时发生了两次交换。因此 A、C 之间的重组频率低于实际交换值。

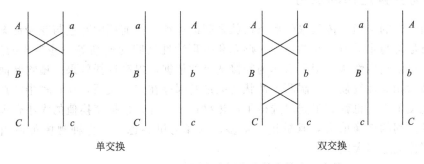

单交换　　　　　　　　　　双交换

图 3-22　A、C 两基因座之间发生单交换和双交换

交换值可因某种外界条件或内在因素的影响而发生变化，植物性别、年龄、温度、化学物质、射线等会影响连锁基因间的交换值。樱草中短花柱与紫花的交换值，雄性比雌性的大；绿柱头与淡绿色叶，则雌性比雄性的大，但豌豆的雌雄配子的交换值是相等的。此外，基因在染色体上的不同部位，尤其是靠近着丝点部位或在染色体的两端，以及染色体发生畸变等也能影响交换值。因此，要测定交换值总是以正常条件下生长的植物为研究材料，并从大量试验资料中求得比较准确的交换值。

交换值虽然受许多因素影响，但在一定条件下，相同基因之间的交换值总是相对稳定的，所以通常以交换值表示两个基因在同一染色体上的相对距离，在遗传上称为遗传距离（genetic distance）。一般将 1％的交换值定为度量交换的基本单位，称为 1 个遗传单位（map unit），转换为图距单位（map distance）后相当于 1 厘摩（centimorgan，cM）。例如 Cc 和 Shsh 这两对连锁基因的交换值为 3.5％，表示它们间相距 3.5 个遗传单位，即 3.5cM。连锁基因间的距离越远，交换值越大；反之，遗传距离越近，交换值越小。

五、连锁与交换定律

连锁和交换这一对名词在遗传学上被沿用下来，与孟德尔定律中基因分离、自由组合并立，由摩尔根证明并完善，形成遗传学中第三条基本规律。连锁与交换定律的基本内容是：处在同一条染色体上的两个或两个以上基因遗传时，连合在一起的频率大于重新组合的几率。重组类型的产生是由于配子形成过程中，同源染色体的非姊妹染色单体间发生了局部交换的结果。

分离定律是自由组合定律和连锁交换定律的基础，而后两者又是生物体性状发生变异的主流。自由组合与连锁交换的差别在于前者的基因是由非同源染色体所遗传，重组类型是由于染色体间重组（interchromosome recombination）所产生的重组类型。另外，自由组合受到生物体染色体对数的限制，而由交换产生的重组类型则受到染色体长度的限制。只要我们在染色体上发现的突变愈多，由交换产生的重组类型的数量愈大。从这个意义上说，自由组合是有限的，连锁交换相对而言限度较小。

连锁与交换定律在理论上提出了基因位于染色体上呈直线排列，证实了染色体是基因的载体，为经典遗传学中基因三位一体（基因既是功能单位，又是交换和重组单位，是不可再分割的基本单位）的概念奠定了坚实基础，是遗传学发展史上重要的里程碑。育种上，可根据基因的连锁强度预计杂交后代中出现所需类型的比率，适当安排后代群体规模，提高育种效率。连锁遗传图谱可为植物生长、抗性、产量、品质等的早期测定提供依据，为选择提高可靠性，加速育种进程。

六、连锁与交换定律的应用

园艺植物中的连锁遗传现象除形态性状之间的连锁，如前例中花色与花粉形态之间的连锁外，还有形态与生活力之间的连锁、形态和生理特性之间的连锁等一些重要的连锁现象。在实践上，可以利用性状连锁关系作为间接选择的依据，提高选择效果。植物叶面上的绒毛与其抗热性状相关性较强，控制两个性状的关键基因存在连锁关系，在育种中注意选择叶面有绒毛的优良单株，也就等于同时选得了抗热材料。此外，根据交换值的大小合理安排育种规模。两基因间的交换值大，其重组型就多，选择的机会也大，育种规模可适当小些；反之，育种群体应适当大些。

（一）形态和成活力之间的连锁遗传

形态-成活力连锁系统是高等植物广泛存在的现象。不仅形态性状的基因间可以连锁，形态性状的基因和成活力基因也可能位于同一条染色体上，属于同一个连锁群，在这种情况下，植物的成活力或生长速度等也就可能与某一形态上的特定性状相伴存在。当然这种情况的出现有可能是成活力基因（viability gene）具有形态上的多效性，但也有可能是某一形态基因具有影响生活力的多效性。因此，在实际工作中需要区分基因的多效性和形态成活力连锁遗传。

两个亲缘关系相近的物种，刘易斯猴面花（*M. lewisii*）和红花沟酸浆（*M. cardinalis*），前者原产山区，适应寒冷气候，后者原产山下海滨地带，喜温和的气候，形态上前者花为粉红色，后者花为橘黄色。这种差异是由一对等位基因造成的，粉红色对橘黄色是显性。此外，两者幼苗成活力在不同气候条件下也有显著差异。在高山试验站，*M. lewisii*成活率60%，死亡率为40%，*M. cardinalis*成活率为0，百分之百死亡；在海滨试验站，*M. lewisii*死亡率90%，成活率10%，*M. cardinalais*百分之百成活，这种差异是由不同成活力基因决定的。当人工杂交两种植物后，杂种F_1为粉红色花。F_2在条件适宜的温室中栽培时，花色按3：1比例分离，但当F_2幼苗暴露地栽在两个试验站时，花色分离比出现强烈偏差，偏差方向随试验条件而变化（表3-9）。

假设成活力基因与花色基因位于同一条染色体上，即连锁遗传，则上述结果是可以理解的；环境条件选择性地消除了一些幼苗，剩下的幼苗中对条件适应的亲本类型的花色增多，其比例加大。

形态与成活力之间的连锁遗传在园林植物育种中具有实践意义，当我们播种时务求让所有种子都能发芽生长，直到开花结果。过早死去的幼苗可能代表着一些重要的形态与生理类

表 3-9　生长在不同环境下 *M. cardinalis* × *M. lewisii* 杂种 F₂ 花色的分离

表 3-9　生长在不同环境下 *M. cardinalis* × *M. lewisii* 杂种 F_2 花色的分离

种子发芽和幼苗生长的气候	幼苗死亡率/%	粉红花对橘红花的比例
海岸地区,夏季播种	89	1.7：1.0
同上,冬季播种	71	4.4：1.0
山区(4600 英尺❶)夏季播种	71	2.5：1.0
山区(10000 英尺)夏季播种	78	8.7：1.0

型,使育种者失去即将到手的理想性状。这种情况在远缘杂交的种子中尤为突出,杂种成活力差异较大。因此应根据连锁遗传知识,考虑原亲本的适应范围,选择适宜地点和气候播种杂种种子。

(二) 形态与生理性状之间的连锁遗传

观赏植物中存在着花柱异长现象和自交不亲和现象是一种复杂的生理性状。如报春花 *Primula minima* 这个种的群体中有针式型(pins)和线式型(thrums)两种类型的花。pins 有长花柱、低位花药和大的柱头突;而 thrums 则有短花柱、高位花药和小柱头突。这些特点的结合减少了类型内授粉机会,促进了相互授粉。另外,thrums×thrums 或 pins×pins 不亲合,只有 pins×thrums 或 thrums×pins 才亲合,能产生良好的种子。花柱异长现象在达尔文时代只能用进化论来解释,现代遗传学揭示了这一现象的本质。原来连锁遗传还有一种类型称为超级基因(supergene)或基因集团(gene block)。thrums 是永久的杂合体(Ss),pins 是隐性纯合的(ss),Ss×ss 产生 Ss 和 ss 后代分离比为 1：1,自交不亲和基因和控制花朵授粉机制的基因成紧密连锁状态。因此,通常用"S"代表所有这些性状的综合体,这个性状的综合体由于连锁而成为一个独立的分离单位,称为超级基因。在超级基因内部偶然发生的交换及其引起的性状重组,揭露了这种基因集团的内部组成,其基因顺序如下:

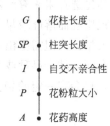

G　花柱长度

SP　柱突长度

I　自交不亲合性

P　花粉粒大小

A　花药高度

由偶然发生的 thrums×thrums 授粉 F₂ 代的分离比为 3：1 (T：P) 得知 thrums 为杂合子 (Ss)。用同样方法 (pins×pins) 可知 pins 为纯合子 (ss),可以真实遗传。

(三) 确定育种规模

三色堇抗病基因 (R) 与晚花基因 (F) 均为显性,二者连锁遗传,交换率为 12%。如果用抗病晚花 ($RRFF$) 的纯合亲本与感病早花 ($rrff$) 的纯合亲本杂交,F₁ 雌雄配子各为 ($44RF$：$44rf$：$6Rf$：$6rF$),在 F₂ 代中要获得正常的抗病早花理想类型,可以根据图 3-23 估算。

图 3-23 中 F₂ 中具有抗病早花的植株类型用 ＊ 表示共有 564/10000＝5.64%,但其中只有 36 株是纯合型的 $RRff$。如将全部正常的抗病早花植株,按株行种成 F₃ 代,其中有 36/

---

❶ 1 英尺＝0.0254 米。

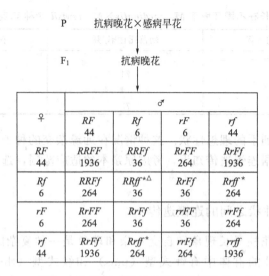

P 抗病晚花×感病早花

F₁ 抗病晚花

♀	♂			
	RF 44	Rf 6	rF 6	rf 44
RF 44	RRFF 1936	RRFf 36	RrFF 264	RrFf 1936
Rf 6	RRFf 264	RRff *△ 36	RrFf 36	Rrff * 264
rF 6	RrFF 264	RrFf 36	rrFF 36	rrFf 264
rf 44	RrFf 1936	Rrff * 264	rrFf 264	rrff 1936

图 3-23　三色堇抗病与花期连锁遗传
＊表示理想植株，＊△表示理想中的纯合体

$564 = 6.4\%$ 的株行是纯合的 $RRff$ 类型，其后代不再产生性状分离。这样就可根据交换率预测所需类型出现的频率，从而决定 F₂ 和 F₃ 种植群体大小。

植物某些性状的相关表现，有些情况是与基因连锁遗传有关，也就是相连锁的基因和由它们控制的性状表现出一定程度的相关遗传。连锁强度愈大，表现出相关愈明显，因此可以根据某一性状的出现，来预测另一性状出现的可能，达到按相关性状进行选择的目的。性状的相关在栽培和育种上都有重要意义，尤其是前期性状（种子和苗期的一些性状）和后期某些经济性状相关，如蔬菜栽培可根据前期性状的表现及早制定田间管理措施，在多年生果树育种上可根据童期阶段的某些性状进行早期鉴定，预先选择未来有经济价值的杂种。如桃的叶色与果实成熟期有相关遗传现象，苗期秋季叶色表现紫红而落叶较早的实生苗，未来果实成熟期就早，这为早熟品种的选育提供了预先选择的相关指标。但需指出，具有相关的两个性状不一定是由于连锁的结果，因为独立遗传的两个性状在同一纯合品种或品系内也有这种表现的可能。当确实证明连锁遗传的性状，不论交换值大小，总会有一定的相关而能恰当地加以利用。

七、基因定位与染色体作图

（一）连锁群和染色体图

位于同一条染色体上的全部基因称为连锁群（linkage group）。一种生物连锁群的数目与染色体对数应是一致的，即细胞中有几对染色体就有几个连锁群。例如，芍药 $n=5$、矮牵牛 $n=7$、百合 $n=12$，连锁群数分别为 5、7、12。但有时因为现有资料的不足或某些标记基因的空缺而使连锁群暂时少于或多于染色体对数。

重组值反映了基因在染色体上的相对位置。根据重组值确定不同基因在染色体上的相对位置和排列顺序的过程称为基因定位（gene mapping）。依据基因之间的交换值（或重组值）确定连锁基因在染色体上的相对位置，绘制出来的简单线性示意图称为染色体图（chromosome map）又称基因连锁图（linkage map）或遗传图（genetic map）。通过仔细安排的杂交试验并测定后代大量群体不同性状的连锁程度，记录不同性状之间结合在一起遗传的频率，可以标出基因在染色体上的相对位置，即做出染色体图。

理解了连锁基因的交换率可以代表基因在同一染色体上的相对位置，就可以根据基因彼此之间的交换率来确定它们在染色体上的相对位置。为此，至少要考虑 3 个基因之间的交换关系。例如，在一条染色体上有 3 个基因 a、b、c，经过测交得知 a-b 的交换值为 5.3%，a-c 的距离为 1.1，b-c 的交换值为 5.5%。这样经过 3 次两点测交就可以将 3 个基因在染色体上的相对距离确定下来。即这 3 个基因的排列顺序应为 bac。这就是摩尔根的学生 A. H. Stertevant 第一次提出的"基因的直线排列"原理。这一原理为后来制定真核生物染色体图奠定了基础。

（二）两点测验

两点测验是基因定位最基本的方法。通过一次杂交和一次用隐性亲本测交来确定两对基因是否连锁以及它们之间的距离。

例如，为了确定 Aa、Bb 和 Cc 三对基因在染色体上的位置，要做 3 次两点测验才能完成。具体定位方法是：通过一次杂交和一次测交求出 Aa 和 Bb 的交换值，根据交换值确定它们是否连锁；再通过同样方法和步骤来确定 Bb 和 Cc、Aa 和 Cc 是否连锁。若通过 3 次试验，确认 Aa 和 Bb 是连锁遗传的，Bb 和 Cc、Aa 和 Cc 也是连锁遗传的，就说明这三对基因是连锁遗传的。最后根据 3 个交换值的大小，进一步确定这 3 对基因在染色体上的位置。

由于两点测验需要进行 3 次杂交和 3 次测交才能确定三个基因在染色体上的相对位置和距离，工作繁琐，而且如果两对连锁基因之间的距离超过 5 个遗传单位，准确性便不如三点测验的高。

（三）三点测验

三点测验是基因定位最常用的方法。通过一次杂交和一次测交，同时测定 3 对基因在染色体上的位置。这种方法不但纠正了两点测验的缺点，使估算的交换值更准确，而且通过一次试验就可同时确定 3 对连锁基因的位置，更加快速。

例如用 3 个基因的杂合体 abc／＋＋＋与 3 个基因的隐性纯合体 abc／abc 进行测交。这样一次试验等于 3 次两点试验。分析测交子代结果（表 3-10），可以计算出重组值，确定图距。

表 3-10　abc／＋＋＋×abc／abc 测交后代的数据

序号	表　型	实得数	测交后代类型
1	abc	2125	亲本型
2	＋＋＋	2207	
3	a＋c	273	单交换Ⅰ型
4	＋b＋	265	
5	a＋＋	217	单交换Ⅱ型
6	＋bc	223	
7	＋＋c	5	双交换型
8	ab＋	3	
合计		5318	

结果分析如下：

第一步：归类。实得数最低的第 7、8 两种类型为双交换的产物；实得数最高的第 1、2 两种是亲本型，其余为单交换类型。

第二步：确定正确的基因顺序。用双交换型与亲本类型相比较，发现改变了位置的那个基因一定是处在中间的基因。将 ab＋、＋＋c、abc 比较时可见只有基因 c 变换了位置，而

a-b，＋-＋在双交换型中没有变化，因为双交换的特点是旁侧基因的相对位置不变，仅仅中间的基因发生变动，可以断定 3 个基因的排列顺序是 acb。

亲本型：a　b　c　　　　双交换型：＋　＋　c
　　　　＋　＋　＋　　　　　　　　　a　b　＋

第三步：计算重组值，确定图距。

① 计算 b-c 的重组值，忽视表中第一列（a/＋）的存在，将它们放在括弧中，比较第二、三列：

（a）	b	c	2125	
（＋）	＋	＋	2207	非重组
（a）	＋	c	273	
（＋）	b	＋	265	重组
（a）	＋	＋	217	
（＋）	b	c	223	重组
（＋）	＋	c	5	
（a）	b	＋	3	重组
			5318	

重组率 Rf（b-c 间）＝（273＋265＋5＋3）/5318＝10.26%，10.26cM。

$$b \xleftarrow{\hspace{1cm} 10.26 \hspace{1cm}} c$$

② 计算 a-c 的重组值，忽视表中第二列（b/＋）的存在，将它们放在括弧中，比较第一、三列：

a	（b）	c	2125	
＋	（＋）	＋	2207	非重组
a	（＋）	c	273	
＋	（b）	＋	265	重组
a	（＋）	＋	217	
＋	（b）	c	223	重组
＋	（＋）	c	5	
a	（b）	＋	3	重组
			5318	

重组率 Rf（a-c 间）＝（217＋223＋5＋3）/5318＝8.4%，8.4cM。

$$a \xleftarrow{\hspace{1cm} 8.4 \hspace{1cm}} c$$

现已知 b-c 间图距是 10.26cM，a-c 间的图距是 8.4cM。这三个基因的排列顺序可能有以下两种：

A:　b　a —— 8.4 —— c　　　　B:　b　　c　　a
　　　10.26　　　　　　　　　　　　　　　10.26　　8.4

由于已经通过双交换型与亲本型分析得知 c 基因处在 a-b 之间，所以只有 B 排列是正确的。验证这一判断的正确性的唯一办法是计算 a-b 之间的重组值。如结果是 18.66，则上述分析无误。

③ 求 a-b 间的重组值，忽视第三列的基因（$+/c$），比较第一、二列可知：

a	b	(c)	2125	非重组
$+$	$+$	$(+)$	2207	
a	$+$	(c)	273	重组
$+$	b	$(+)$	265	
a	$+$	$(+)$	217	重组
$+$	b	(c)	223	
$+$	$+$	(c)	5	重组
a	b	$(+)$	3	
			5318	

重组率 RF（a-b 间）＝$(273＋265＋217＋223)/5318＝18.39\%$，18.4cM

这项计算验证了上述分析的正确性。

第四步：绘染色体图。

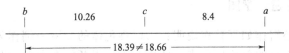

这里 a-b 之间的重组值是 18.39，而不是 a-c 和 b-c 两个重组值之和 18.66。这是因为在相邻的基因座（a-c，c-b）中发生了双交换，末端两基因的重组值低于实际交换值。由于出现双交换才会出现 8 种表型，如果不出现双交换，测交后代只会有 6 种表型。

染色体的这种线性模型为以后所有遗传学的进一步研究提供了框架，也预示着 DNA 分子线性特征的发现。由 Sturtevant 所建立的这种遗传学分析方法奠定了构建所有真核生物遗传图的基础。按照 a-c-b 正确排列顺序，将测交数据重新整理如下：

表型	实得数	比例	重组发生在		
			a-c 间	c-b 间	a-b 间
a b c	2125	81.5%			
$+$ $+$ $+$	2207				
a $+$ c	273	10.1%		$\checkmark$	
$+$ b $+$	265				
a $+$ $+$	217	8.3%	$\checkmark$		
$+$ b c	223				
$+$ $+$ c	5	0.1%	$\checkmark$	$\checkmark$	
a b $+$	3				
总计	5318	1	8.4%	10.2%	18.4%

根据基因排列的正确顺序，可以将亲本的基因型改写为：

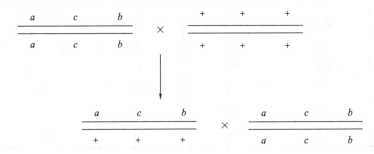

(四) 干扰与符合

理论上，除着丝点外，染色体的任何一点都有可能发生交换。但邻近的两个交换之间是否会发生影响？即一个单交换的发生是否会影响到另一个单交换的发生？如果两个单交换的发生彼此独立，那么两个单交换同时发生的概率（双交换出现的理论值）就应该等于各自发生概率的乘积。以上述三点测验为例，理论的双交换值应为 $0.084×0.1026＝0.86\%$，实际的双交换值为 $(3+5)/5318＝0.15\%$。说明一个单交换发生后，在它邻近再发生第二个单交换的机会就会减少，这种现象称为干扰（interference，I）。受到干扰的程度，通常用符合系数或并发系数（coefficient of coincidence，C）来表示。

$$C＝\frac{实际双交换值}{理论双交换值} \qquad 干扰值\ I＝1－C$$

依此公式，上例中 $C＝0.15/0.86＝0.17$，$I＝1－0.17＝0.83$

C 经常在 $0\sim1$ 之间变动。当 $C＝1$ 时，表示两个单交换独立发生，完全没有受干扰。当 $C＝0$ 时，表示发生完全的干扰，即一点发生交换，其邻近一点就不会发生交换。

(五) 重要生物的遗传学图

绘制连锁遗传图还需作如下补充说明：①以染色体的短臂一端作为原点，标为 0，其他的基因所在的位置距 0 点的单位标出来，依次向下，不断补充变动。发现有新的基因位于最先端基因之外时，把 0 点的位置让给新基因，其余的基因座位相应移动。②用相对性状的符号和代表基因位点的数字分别标在染色体的右边和左边。标出的字母不代表基因的显隐性。③重组率在 0~50% 之间，但在遗传学图上，可以出现 50 个单位以上的图距，这是因为这两个基因间发生多次交换的结果，所以试验得到的重组率与图上的数值不一致。因此，从图上的值得到的基因之间的重组率只限于邻近基因座间。

在园艺植物中，遗传研究积累的较多的有豌豆、番茄、黄瓜、菜豆、金鱼草、福禄考、拟南芥菜等。贝特生等早在 1912 年提出了豌豆的连锁遗传现象。控制孟德尔豌豆试验的 7 对性状的基因已经被分离出来，并进行染色体定位（表 3-11）。图 3-24 为绘制的番茄连锁遗传图，图中最上方的数字 1、2、…表示番茄染色体序号，即第 1、第 2、……第 12 条染色体。每条染色体上的数字和左右两边的符号分别表示相应基因的位点和符号。需要指出的是，交换值应小于 50%，图中标志基因之间距离的数字为累加值。因此在应用连锁遗传图决定基因之间的距离时，要以靠近的较为准确。

表 3-11　决定豌豆 7 对性状的基因及其所在染色体

单位性状	相对性状		等位基因		染色体
	显性	隐性	显性	隐性	
花朵颜色	红	白	A	a	1
种子性状	圆形	皱缩	R	r	7
子叶颜色	黄	绿	I	i	1
豆荚形状	饱满	皱缩	V	v	4
未熟荚色	绿	黄	Gp	gp	5
着花位置	顶生	腋生	Fa	fa	4
植株高度	高	矮	Le	le	4

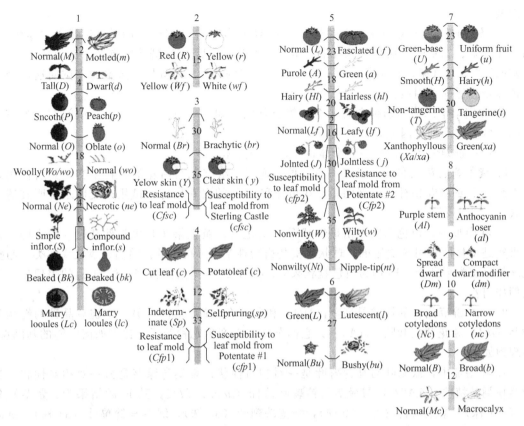

图 3-24　番茄的连锁遗传图

思　考　题

1. 名词解释：

单位性状　等位基因　一因多效　多因一效　连锁遗传　基因定位　不完全显性　测交　共显性　基因型　表现型　杂合体　纯合体　连锁群　连锁遗传图　干扰

2. 问答

（1）分离规律的实质是什么？

（2）独立分配规律在育种实践上有何意义？

（3）测交在遗传学上有什么意义？

（4）为什么会出现不完全连锁？

（5）基因互作有几种类型，各出现什么比例？

（6）如何根据重组值判断是自由组合还是连锁互换？

3. 萝卜块根的形状有长形的、圆形的、有椭圆形的，以下是不同类型杂交的结果：

长形×圆形→595 椭圆形；长形×椭圆形→205 长形，201 椭圆形；

椭圆形×圆形→198 椭圆形，202 圆形；椭圆形×椭圆形→58 长形 112 椭圆形，61 圆形。

说明萝卜块根属于什么遗传类型，并自定义基因符号，标明上述各杂交亲本及其后裔的基因型。

4. 番茄的红果 Y 对黄果 y 为显性，二室 M 对多室 m 为显性。两对基因是独立遗传的。当一株红果、二室的番茄与一株红果、多室的番茄杂交后，F_1 群体内有 3/8 的植株为红果、二室的，3/8 是红果、多室的，1/8 是黄果、二室的，1/8 是黄果、多室的。试问这两个亲本植株是怎样的基因型？

5. 假定某个二倍体物种含有 4 个复等位基因（如 a_1、a_2、a_3、a_4），试问在下列三种情况下可能有几种基因组合？

（1）一条染色体；（2）一个个体；（3）一个群体。

6. 紫茉莉的花色有红、粉红和白三种，现有一组红花与白花的材料杂交，其后代出现了大约 25% 的红花植株、50% 的粉红花植株和 25% 的白花植株，试用杂交图示说明其遗传方式。

7. 在南瓜中，白色果实是由显性基因 Y 决定的，黄色果实是由隐性基因 y 决定的，盘状果实是由显性基因 S 决定的，球状果实是由隐性基因 s 决定的。将白色盘状果实类型与黄色球状果实类型杂交，F_1 均为白色盘状果实。如让 F_1 个体全部自交，试问 F_2 的表现型预期比例如何？

8. 一个豌豆品种的性状是高茎（DD）和花开在顶端（aa），另一个豌豆品种的性状是矮茎（dd）和花开在叶腋（AA）。让它们杂交，F_1 产生几种配子，比例如何？F_2 的基因型、表现型如何？

9. 在番茄中，缺刻叶与马铃薯叶是一对相对性状；紫茎与绿茎是另一对相对性状。当紫茎缺刻叶植株（AACC）与绿茎马铃薯叶植株（aacc）杂交，其 F_2 的结果为：紫茎缺刻叶（247 株），紫茎马铃薯叶（90 株），绿茎缺刻叶（83 株），绿茎马铃薯叶（34 株）。试问这两对基因是否为自由组合？

10. 金鱼草的白花窄叶与红花宽叶植株杂交，得 10 株白花窄叶，20 株白花中等叶，10 株白花宽叶，20 株粉红窄叶，40 株粉红中等叶，20 株粉红宽叶，10 株红花窄叶，20 株红花中等叶与 10 株红花宽叶。

（1）两株亲本性状由几对基因控制，属何种显性类别？（2）所列表现型中哪几种是纯合的？

11. 设有 3 对独立遗传、彼此没有互作、并且表现完全显性的基因 Aa、Bb、Cc，在杂合基因型个体 $AaBbCc$（F_1）自交所得的 F_2 群体中，求具有 5 显性和 1 隐性基因的个体的频率，以及具有 2 显性性状和 1 隐性性状的个体的频率。

12. 基因型为 $AaBbCcDd$ 的 F_1 植株自交，设这 4 对基因都表现为完全显性，试述 F_2 群体中每一类表现型可能出现的频率。在这一群体中，每次任取 5 株为一样本，试述 3 株全部为显性性状、2 株全部为隐性性状，以及 2 株全部为显性性状、3 株全部为隐性性状的样本可能出现的频率各为多少？

13. 试述交换值、连锁强度和基因之间距离三者的关系。

14. 试述连锁遗传与独立遗传的表现特征及细胞学基础。

15. 在杂合体 $\dfrac{ABy}{abY}$ 内，a 和 b 之间的交换值为 6%，b 和 y 之间的交换值为 10%。在没有干扰的条件下，这个杂合体自交，能产生几种类型的配子？在符合系数为 0.26 时，配子的比例如何？

16. a 和 b 是连锁基因，交换值为 16%；位于另一染色体上的 d 和 e 也是连锁基因，交换值为 8%。假定 $ABDE$ 和 $abde$ 都是纯合体，杂交后的 F_1 又与双隐性亲本测交，其后代的基因型及其比例如何？

17. 已知某生物的两个连锁群如下图，试求杂合体 $AaBbCc$ 可能产生的类型和比例。

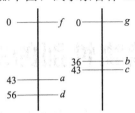

18. 已知基因 a、b、c 的基因间图距如下：$\underline{a \quad 10 \quad b \quad 16 \quad c}$，并发率为 30%，问 aBC/Abc 亲本产生的各型配子频率如何？

19. 纯合的匍匐、多毛、白花的香豌豆与丛生、光滑、有色花的香豌豆杂交，产生的 F_1 全是匍匐、多毛、有色花。如果 F_1 与丛生、光滑、白花又进行杂交，后代可望获得近于下列的分配，试说明这些结果，求出重组率。

匍、多、有 6%；丛、多、有 19%；匍、多、白 19%；丛、多、白 6%

匍、光、有 6%；丛、光、有 19%；匍、光、白 19%；丛、光、白 6%

第四章 园艺植物性别的决定和花性分化

性别是高等生物的重要进化标志。在高等植物中，植株营养体本身很少表现出明显的雌、雄性别特征，但却具有专门的雌性或雄性生殖器官。具两性花植物的同一朵花中同时具有雌蕊和雄蕊，很难决定其性别，因此，高等植物的性别主要是对雌雄单性异株植物和雌雄异花同株植物（又称雌雄单性同株植物）而言。这些植物的雌、雄生殖过程分别在不同植株个体或在植株的不同部位完成，雌、雄生殖器官的结构表现出明显的差异。高等植物的性别决定不仅受性别决定基因的影响，还与性染色体有关。有些植物的性别还受体细胞所拥有的性染色体与常染色体组之间的比例的控制。

第一节 园艺植物性别和花性分化的现象

植物的花主要是两性花（bisexual flower）和单性花（unisexual flower）。两性花，有时也称为完全花，即一朵花中既有功能雌蕊也有功能雄蕊。单性花是指仅有雄蕊或雌蕊的花，仅有雄蕊的称为雄花，仅有雌蕊的称为雌花。不同的花具有不同的形态特征，有不同的授粉、受精特点。花在生物学和遗传上的差异，巧妙地保证了它们在繁殖上的有利性。植物在漫长的进化过程中，形成了性别的差异和花性分化上的变化。

一、园艺植物性别与花性分化现象

1. 雌雄同花植物

具两性花的植物称为雌雄同花植物（hermaphrodite），也称为两性花植物。大多数被子植物为雌雄同花植物，如豌豆、葡萄、苹果等。

2. 雌雄异花同株植物

雌花和雄花着生于同一个单株的植物称为雌雄异花同株植物（monoecious）。据调查，被子植物中大约有7％的开花植株为雌雄异花同株植物，园艺植物中比较常见的有核桃、板栗、黄瓜等。

3. 雌雄单性异株植物

植物性别的差异主要是指单株间有雌性和雄性，即雌株和雄株的差异，这种植物称为雌雄单性异株植物（diecious）。据调查，被子植物中雌雄单性异株植物约占4％，是少数种或种群的特征，而在裸子植物中则比较普遍。雌雄单性异株现象在农林业生产和园林绿化中很常见，如菠菜、猕猴桃、银杏等。雌雄单性异株植物中的雌株和雄株是两种极端不同的类型。雌雄性别的差异，表现在一系列形态特征和生物学特性上。这种差异关系到物种的存在和进化及其经济利用价值。园艺植物中比较常见且值得注意的雌雄单性异株植物见表4-1。

在自然界的雌雄单性异株植物中，雌株和雄株的比例称为性比（sex ratio）。一般来说，雌雄异株植物自然种群中的性比约为1∶1，即各占50％。但实际上，由于生理上代谢类型、

表 4-1　雌雄单性异株的园艺植物

类别	植物种类
果树	银杏、香榧、杨梅、猕猴桃、番木瓜、棕枣
蔬菜	菠菜、芦笋、薯蓣、酸模
花卉	女娄菜、天南星
观赏植物	紫杉、罗汉松、白杨、杨、柳
其他	油果、啤酒花、桑、大麻、沙棘

生长对环境反应，以及雌雄配子在质量上和成活数量上的差异，会影响到合子的雌、雄性比。雌、雄株在成活率上的差异，同样也会影响成株的性比。在不同的植物种中，有些种雌株和雄株接近1∶1；有些种雄株多，雌株少；而另一些种则是雌株多，雄株少。植物的性比受到遗传基础的影响，也受到生理条件和外界环境条件的影响，如花粉的数量、年龄、花粉管伸长速度、雌性成熟度、胚珠的受精选择性以及亲本的营养状况。

4. 花性的多型性

除了雌雄同花植物、雌雄单性异株植物和雌雄异花同株植物之外，植物的性别表型还有多种中间型，如雌花两性花同株、雄花两性花同株、三性花同株等。可见，植物的性别类型比动物复杂得多，存在性多态现象。植物的进化是朝着异花授粉的方向变化的，雌雄单性异株是异体受精的高级形式。在植物进化过程中，花性有不同程度的变异，出现各种过渡类型。表现于单株上有不同的花性，如两性、单性以及某性型加强变异的趋向（趋雌或趋雄），而且在群体内单株间也会有某些差别。植物性别变异主要由遗传控制，环境影响较少，因而表现得比较稳定。但单株花性的变化，一方面受到遗传影响；另一方面，植物在个体发育的整个过程中，其生长点总是处于幼嫩的胚胎状态，容易受环境因素，如温度、湿度、日长、光质、光强、空气成分、营养等的影响，致使花性的分化呈现出不稳定性。

在两性花植物中，凡是自花授粉的，尤其是严格自花授粉的，其花性变化较稳定，如豌豆、菜豆；多变型的如葡萄。异花授粉植物中，花性比较稳定的如苹果、梨；多变型的如柿、枣。在能够自花结实的果树中，如柑橘，有雌性不孕和雄性不育的类型和品种，以及各种退化花的变异。核果类的桃、李也都有雄性不育的品种。葡萄更有雌雄异株、两性株，也有两性花、雌花和雄花同时存在于一个单株上，并且不同花型有不同比例的变化。

在雌雄异花同株植物中，花性表现稳定的有核桃、板栗，它们的雌花和雄花有明显区别；不稳定的如黄瓜，能出现过渡性的花性型。在雌雄单性异株植物中，表现稳定的如银杏、香榧、芦笋；较不稳定的是菠菜，除了雌、雄单性株外，还有两性株、雌花两性花同株、雄花两性花同株等。

因此，性别差别可表现于雌雄单株之间、单株上雌雄花朵之间以及各种花性类型的分化。其中有遗传的变异，也有环境影响引起的变异。环境的影响较多地反映在同株上花性的多型性，既有质的差别，又有量的变化。

二、性别及花性分化研究的意义

1. 性别及花性分化研究的意义

性别是生物长期进化的产物，是高等生物的重要进化标志。生物性别的形成主要经过性别决定和性别分化两个过程，而这两个过程在植物和动物之间具有明显的差异。高等植物的性别决定仍未有可以广泛接受的理论体系。因此，对植物性别和花性分化的研究具有重要的理论意义。

植物在自然选择过程中，通常保持了花器形态特征和功能上的特化，在自然情况下有一般的表现趋向，可以直接地反映于植物科、属、种方面的差异。花的多型性是长期自然选择的结果，是植物适应性的表现。性别差异、花性的分化、花的结构特点是植物学和栽培学的重要分类依据。

植物的雌、雄器官是种子繁殖植物的重要繁殖器官。自然界物种的种子繁殖，必须雌、雄性细胞受精结籽。世代传递过程中的自然变异，为生物的进化创造了机会，并为人工选择提供了丰富的材料，通过人工选择有可能把变异类型保留下来。甚至通过创造某些变异来加以利用，正如现今在蔬菜和花卉植物方面利用雄性不育性为母本来生产杂交优势种子。可见，研究植物性别和花性分化，可以为育种工作提供指导。

果实和种子是许多园艺植物的重要经济产品，花是花卉植物的重要观赏对象。研究花的遗传及其与环境条件的关系，以便有效地控制性别、控制花性分化，可以为园艺植物的栽培提供理论依据。

2. 性别及花性分化的应用实例

雌雄单性异株植物的雌株和雄株有不同的形态特征和经济用途。银杏、香榧和杨梅等只有雌株才能结果，雄株只用以提供花粉给雌株受精结实。啤酒花利用的也是雌花。杜仲能生产硬橡胶，果实中含量远比根皮、树皮和叶片中为高，达 15%～27.5%。在栽培上，这些物种应主要栽种雌株，同时，还应该有意识地配植雄株，作为雌性品种的授粉树，以达到开花、结果的目的。上述植物的杂交育种中，希望在杂种群体中有较高的雌株率，以提高利用率和选优率，同时在苗期应进行雌、雄性的早期鉴定，尽早选留雌株，淘汰雄株，节省人力和土地。

有些雌雄异花同株植物，虽然雄花和雌花着生于同一单株，但通常自交不亲和，且花期不遇（雌花和雄花不同时开花），在生产上也必须配置授粉品种。黄瓜的花性变化随环境条件而有敏感反应，如果了解到种类、品种的性趋向所需要的环境条件，就可采取措施，控制花性分化达到栽培目的。

菠菜的雌株比雄株叶数多，叶丛大，抽薹迟，还用于繁殖种子。杨树雌雄株长势不同，欧洲山杨雄株比雌株生长快，抗性强。葡萄不同性别和不同花性的品种有不同的经济效果；两性株能自花结实，雌雄株需配置授粉品种，雄性株只能提供花粉，不能自身结实。这些研究结论均可在育种和栽培中得到应用。

三、性别及花性分化的理论和假说

植物的性别分化（花性分化）是一种特殊的器官发生现象，即雄蕊和雌蕊的发生，从广义的角度包括雌、雄性别决定和配子体的分化、发育与成熟的过程。植物性别分化的形态特征主要表现在花器构造的差异上，除少数植物在叶量、叶型、冠型、节间长度等方面有差异，大多数植物并无明显的第二特征。

1. 性别决定的染色体假说

雌雄单性异株植物的性别由染色体或基因所控制，雌性植株和雄性植株间通常会表现出稳定的差别，表现为质量性状，对环境的反应不敏感。人们在 50 多种雌雄单性异株植物中发现了性染色体和性别的从属关系，肯定了性别决定的染色体假说。

2. 性别决定基因

分子水平的研究表明，植物的性别分化是在性别决定基因的诱导信号作用下，发生去阻遏作用，使特异基因选择性地表达，从而实现性别分化程序的表达。性别决定基因可能存在于性染色体上，也可能存在于常染色体上。大多数植物没有明显的性染色体，它们的性别是由常染色体上的一对或几对基因所决定的。大多数单性花的性别决定是由性器官原基的选择性败育引起的。花性分化起始阶段，雌、雄性器官原基都出现，但由于性别决定基因的作用，其中一种原基在特定的阶段发育停滞，致使生殖器官败育而丧失功能，而另一种原基则正常发育至性成熟。性别决定基因的作用可以发生在性器官发育的不同时期，如玉米在雌、雄蕊分化的早期，白麦瓶草（*Silene latifolia*）在雌、雄蕊成熟期，芦笋在大孢子和小孢子的发生期，草莓则在雌、雄配子的形成期。

3. "成花素"假说

"成花素"假说认为花的性别分化决定于生长锥中成花素积累的多少。该假说认为，植物由不开花到先开出雄花，到以后开出雌花，是由于成花素积累的结果。因此，雌花的出现标志着开花已到了较高的阶段。任何因素，如果有利于早开花、多开花，也就有利于雌花的出现。

4. 生长素与性别分化关系

此外，也有提出生长素与性别分化关系的假说，认为花分化时分生组织的生长素水平可以决定花性的分化。当生长素水平高时，分化出雌花，低时则分化出雄花。吲哚乙酸（IAA）和萘乙酸（NAA）处理有利于雌花分化。一氧化碳抑制了吲哚乙酸氧化酶，从而防止了生长素的钝化，提高了生长素的水平，就有利于雌花的出现。因此，在基因控制性别的基础上，研究植物内源激素和人为提供外源激素来进一步控制花性分化，将会加速研究进展。

第二节　园艺植物的性染色体与性别

性别是一种性状，是发育的结果，所以性别分化受遗传物质的控制。遗传物质在性别决定中的作用是多种多样的，有的是通过性染色体的组成，有的是通过性染色体与常染色体两者之间的平衡关系，也有的是通过整套染色体的倍数性。其中以性染色体组成决定性别发育方向的较为普遍。

一、园艺植物的性染色体

在许多雌雄单性异株植物中已发现有性染色体。细胞核内许多成对的染色体中，直接与性别决定有关的一个或一对染色体，称为性染色体（sex chromosome），也称异染色体。其余各对染色体统称为常染色体（autosome），以 A 表示。常染色体的每对同源染色体是同型的，即形态、结构和大小等都基本相似。但一对性染色体可以是同型的或异型的，这种差异直接关系到雌雄性别。通常性染色体在形态上有特异性。如女娄菜和小叶杉木，它们各有一对性染色体，形态较大。在性母细胞减数分裂过程中染色体联会时，成对的染色体并成二价体，容易将性染色体与常染色体区别。

最常见的性染色体组成为 XY 型，同型配合（AA＋XX）为雌性，产生单性雌花，异型配合（AA＋XY）为雄性，产生单性雄花。如白麦瓶草，其 Y 染色体比 X 染色体大，二者的同源区域只占染色体长度的很少一部分，其余为假同源区，具有雄性活化基因、雌性抑制基因及对花粉的存活与育性起关键作用的可育性基因。

二、性染色体和性别遗传

在许多雌雄单性异株植物中，雌雄性别差异是由性染色体所决定的。因此，性染色体与性别遗传有密切的关系。性染色体因同质结合或异质结合的组成不同而影响不同性别。植物依其性染色体的组成不同所影响的性别差异大致可分为以下几类：

1. XY型（XX-XY）

这种性别类型中同型配合 XX 为雌性，异型配合 XY 为雄性。多数雌雄异株植物如菠菜、银杏、杨、柳、芦笋、啤酒花等属于此类型。如银杏（*Ginkgo bilboa*）：23A＋XX→♀，23A＋XY→♂；菠菜（*Spinacia oleracea*）：10A＋XX→♀，10A＋XY→♂。它们的杂交结果如下：

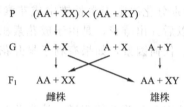

$$P \quad (AA+XX) \times (AA+XY)$$
$$G \quad A+X \qquad A+X \quad A+Y$$
$$F_1 \quad AA+XX \qquad\qquad AA+XY$$
$$\qquad\quad 雌株 \qquad\qquad\qquad 雄株$$

2. XO型（XX-X）

这种类型决定雌性的是一对同质结合的性染色体 XX，决定雄性的只有一个 X。薯蓣（*Dioscorea sinuata*）、山椒（*Xanthoxylum piperitum*）的性别遗传属于这种类型。山椒：68A＋XX→♀，68A＋XO→♂。

$$P \quad (AA+XX) \times (AA+X)$$
$$G \quad A+X \qquad A+X \quad A$$
$$F_1 \quad AA+XX \qquad\qquad AA+X$$
$$\qquad\quad 雌株 \qquad\qquad\qquad 雄株$$

3. Y_1XY_2 型（XX-Y_1XY_2）

这种类型的雌株是 AA＋XX，雄株是 AA＋Y_1XY_2，后者是由三条染色体组成的，称为三连体，实际上是一对染色体上多了一条。雄株可以产生两种配子，即 A＋X 和 A＋Y_1Y_2。如酸模和日本葎草。酸模 $2n=14$，雌株 $6II^a$＋XX，只产生一种配子 A＋X，雄株 $6II^a$＋Y_1XY_2，产生两种配子 A＋X 和 A＋Y_1Y_2。

4. $X_1X_1X_2X_2$ 型（$X_1X_1X_2X_2$＋$X_1Y_1X_2Y_2$）

这种类型的雌株是 AA＋$X_1X_1X_2X_2$，只产生一种配子 A＋X_1X_2。雄株是 AA＋$X_1Y_1X_2Y_2$ 能产生两种配子，即 A＋X_1X_2 和 A＋Y_1Y_2。$X_1Y_1X_2Y_2$ 称为四连体。

5. ZW型（ZW-ZZ）

这种类型较特殊，与上述类型相反。决定雌性的性染色体组成（ZW）是异质结合的，决定雄性（ZZ）的是同质结合的。如草莓（*Fragaria elatior*）$2n=42$，其雌株的胚囊母细胞的染色体组成是 ZW＋$20II^a$，雄株的花粉母细胞是 ZZ＋$20II^a$。雌株能产生带有性染色体 Z 或 W 的两种配子，而雄株只能产生性染色体 Z 的一种配子。

6. 性染色体与常染色体之间的平衡关系

有些植物虽有性染色体，但其性别并不完全由性染色体组成决定。它们在进化过程中采用了依赖于性染色体与常染色体两者之间的平衡关系的性别决定系统。抑制雌性发育和决定雄性发育的基因可能不在 Y 染色体上，而是分散在各个常染色体上。

如多倍体啤酒花（*Humulus lupulus*），当 X 染色体/常染色体组比例（X/A）为 0.5 或更低时，植株个体表型为雄株；当 X/A 为 0.67 时，植株主要产生雄花，也产生少量雌花；当 X/A 为 0.75 时，植株具有大致相等的雌花和雄花；当 X/A 为 1.0 或更高时，植株个体表型为雌株。

再如多倍体酸模（*Bumex acetosa*），当 X/A 为 0.5 或更低时，植株为雄性；当 X/A 为 0.5～1.0 之间时，通常可以观察到两性花；当 X/A 为 1.0 或更高时，植株表现为雌性可育。

三、伴性遗传

性连锁（sex linkage）是连锁遗传的一种表现形式。性连锁是指性染色体上基因所控制的某些性状总是伴随性别而遗传的现象，也称为伴性遗传（sex-linked inheritance），也就是某些性状与性别呈连锁遗传的现象。

女娄菜（*Melandrium apricum*）是雌雄单性异株植物，有 11 对常染色体和 1 对性染色体，雌株是 AA+XX，雄株是 AA+XY，Y 染色体比 X 染色体稍大些。在减数分裂时，X 性染色体与 Y 性染色体先是配对联会，而后分离。但一般比常染色体分离得早，在常染色体尚未分开时，两个性染色体就分向两极，表明 X 和 Y 染色体的同源部分较短。X 和 Y 染色体载有不同的基因，影响不同的性状，这些性状伴随性染色体而遗传，因此与性别表现有直接关系。女娄菜有两种叶形：一种阔叶，由 *B* 基因控制；一种细叶，由 *b* 基因控制。*B* 和 *b* 是等位基因，有显隐性关系，位于 X 染色体上，而 Y 染色体上没有 *B* 或 *b* 基因。细叶型（X^b）为隐性，带 X^b 的花粉粒死亡。当雌性阔叶纯合体植株与细叶雄株杂交子代将产生全是阔叶的雄株。如果雌株为杂合体的阔叶亲本与细叶的雄株交配，子代同样全是雄株，但是半数是阔叶，半数是细叶。若将一株杂合的阔叶雌株与阔叶雄株杂交，子代将产生雄株和雌株，但雌株全是阔叶，雄株中半数是阔叶、半数是细叶。在不同性状的亲本杂交下，杂种性状的表现与性别有规律性的变化，表现出伴性遗传现象（图 4-1）。

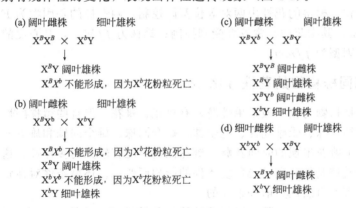

图 4-1　女娄菜的伴性遗传

第三节　性别与基因

由性染色体控制的性别决定比较简单，植物的性别随着性染色体的组成而表现出差异，这种现象主要表现于雌雄单性异株植物。而由基因控制的性别分化则比较复杂，性基因决定性别的形式是多种多样的，可分为单基因、双基因、复等位基因、多基因、基因平衡等多种情况。不管是雌雄同花植物、雌雄异花同株植物或雌雄单性异株植物，其花性分化均有可能由性别决定基因控制。

一、雌雄同花植物的花性分化

很多雌雄同花植物的花性有多型性表现。雌雄同花植物中曾经发现有些基因影响雄花或雄性器官的发育，而有些基因影响雌花或雌性器官的发育。

葡萄有两性花、雌能花和雄花。植株按花性的不同可分为两性株、雌株和雄株。两性株有完全花，雌雄蕊发育正常，可以自由授粉。雌株的雌蕊正常，雄蕊退化，不能产生可育花粉。雄株的雄蕊正常，雌蕊退化，不能结籽。葡萄的野生类型以雌雄异株为主，单株之间的花性有明显不同，同株上以某一种花性占极大多数，但有时也可能出现个别不同的花性类型。这种稳定的表现说明性别是由基因控制的。涅格鲁里等对葡萄花性的遗传研究认为葡萄花性由性染色体上的一对等位基因所控制，雌株的基因型为 ff。ff 控制雌性的第一性征，花粉不育，卵细胞可育；以及第二性征，雄蕊反卷，三角形，花粉无发芽孔。雄株的基因型为 Ff，F 控制雄性的第一性征，花粉可育，雌配子体发育不全；以及第二性征，雄蕊直立，花粉粒圆筒形，子房发育不全。基因 F 突变为 Fn，能形成 Fnf 和 $FnFn$ 两种基因型，控制两性花。在生产上利用的葡萄主栽品种主要是两性株和雌株。因此，根据花性选择亲本和掌握花性遗传规律，就可获得预期花性的杂种。

桃（*Prunus persica*）的正常类型都是两性花，能自由授粉，大多数桃品种属于这一类。但有些品种雄性不育，花粉退化，需要搭配授粉品种才能结实。雄性育性由一对基因 Ps/ps 决定，可育（Ps）对不育（ps）为完全显性。正常型的基因型为 $PsPs$ 和 $Psps$，而基因型为 psps 的花粉不育。在正常类型单株上偶尔也会出现个别的退化花，如缺少雌蕊的雄花，不能受精结实。这是由于生理的或某些环境条件的影响所引起，属于不遗传的变异。

树莓（*Rubus idaeus*）有两性花、雌性花、雄性花和无性花等四种花性类别，无性花的雌蕊和雄蕊都退化。树莓的花性由两对等位基因控制，两性株的基因型为 $F\_M\_$；雌株的基因型为 F_mm，其雄蕊的正常发育受到抑制；雄株为 $ffM\_$，其心皮的正常发育受到抑制；无性株的基因型为 $ffmm$。

二、雌雄异花同株植物的花性分化

雌雄异花同株植物的花一般是单性花，有雌花、雄花。但有些植株的性型有多种，如纯雌株、强雌株、纯雄株、雌雄同株、纯全株、雌全同株、雄全同株和雌雄全同株等。同一个品种，不同单株上雌花出现的时间及雌、雄花比例可能有较大的多样性。这种多性型及多样性，除受遗传物质控制外，还易受环境条件的影响而变化。环境条件对性别分化的影响是以性别有向两性发育的自然性为前提条件的。

黄瓜（*Cucumis sativus*）的普通栽培品种是雌雄异花同株植物，其性别分化至少由 F/f，A/a，M/m 等 3 对基因控制。其中，F 基因可使雌花向低节位发育，促进雌性较早发育；M 基因可决定单花的结构，显性基因 M 使花原基发育成为单性花，而 mm 则形成两性花；A 上位于 F 基因，当有 ff 基因时隐性基因 a 可增强雄性发育趋势。当植株的基因型为 $ffmmaa$ 时，表现为纯雄株；ffM_aa 为强雄株；$ffmmA\_$ 为雄全同株；$ffM\_A\_$ 为雌雄异花同株；F_mm 为纯全株；$FfM\_$ 为强雌株；$FFM\_$ 为纯雌株。除上述 3 对基因之外，$In\text{-}F$ 基因可增加雌雄同株的雌性；Tr 基因影响雄花的发育，释放雄花芽中明显滞育的子房，使其形成两性花；gy 基因是控制雌性系的隐性基因；$m\text{-}2$ 基因控制具有正常子房的两性花。由此可见，黄瓜的花性分化由多基因控制。黄瓜品种间在雌花数方面有很大差异，这是由遗传差异决定的。雌花对产量有重要影响，决定于雌花发生的早晚和环境条件是否有利于雌花的形成，因此选育黄瓜品种应注意它的趋雌性强弱和环境条件对品种的性趋向的影响。

三、雌雄单性异株植物的性别决定与花性分化

雌雄单性异株植物的植株间有明显的雌雄性别差异，如银杏、香榧、杨梅、棕枣、番木瓜、菠菜、薯蓣、芦笋、女娄菜、天南星、啤酒花、杨和柳等。但它们在雌雄性的稳定性方面因植物种类不同而异，银杏、香榧、杨、柳、芦笋等属于稳定类型，由性染色体或基因所控制，在自然选择下保持雌株和雄株的明显差异，很少出现过渡类型。而菠菜的性别分化较不稳定，除了雌、雄单性株外，还有两性株、雌花两性花同株、雄花两性花同株等过渡类型。

芦笋（*Asparagus officinalis*）的嫩茎可供食用，是世界十大名菜之一，雄株产量高于雌株 20％，且营养价值相对较高。芦笋的性别由性染色体上的一对等位基因 M/m 控制，M 对 m 显性，雄株的基因型为 Mm，雌株的基因型为 mm。自然群体中偶尔会发现极少数雄株（Mm）产生的两性花，其雄蕊正常发育，同时具有健全程度不同的雌蕊。两性花授粉后可产生基因型为 MM 的超雄株。由于芦笋的 Y 染色体退化程度低，与 X 染色体同型，超雄株具有活力，其花器官与普通雄株无明显差异。超雄株与雌株杂交，后代全为雄性，可在芦笋育种中应用，此过程称为全雄育种。

葫芦科植物喷瓜（*Ecballium elaterium*）的性别由 3 个复等位基因 a^D、a^+、a^d 决定，a^D 对 a^+ 和 a^d 为显性，a^+ 对 a^d 为显性。a^D 是决定雄性的基因，a^+ 是决定雌雄同株的基因，a^d 基因决定雌性（表 4-2）。由此可见，这种植物既可以是雌雄同株又可以是雌雄异株的。

表 4-2　喷瓜的性别决定

基因和显隐性关系	性别表现	基因型
a^D	雄性（♂）	$a^D a^d, a^D a^+$
a^+	两性	$a^+ a^+, a^+ a^d$
a^d	雌性（♀）	$a^d a^d$

番木瓜（*Carica papaya*）是具有雌、雄性别分化的热带水果，其植株性别有雌株、雄株、两性株，以及其他花型如雌性两性同株、雄性两性同株、长圆形两性花株等。雄株一般不结果，雌株和两性株能结果。雌株的果实果肉薄、果腔大、单果轻，而两性株的果实果肉厚、果腔小、品质好，因此后者的市场价值较高。番木瓜的性别是由 f、F、Fh 等基因平衡决定的。这些基因分别位于性染色体 m（雌性）、M_1（雄性）、M_2（两性）同源染色体上，位点 Fh 是 F 和 f 的重复，$M_1 M_1$、$M_1 M_2$、$M_2 M_2$ 为致死基因组合（表 4-3）。生产中通常采用两性株（$M_2 m$）自交制种，其后代发生两性株（$M_2 m$）与雌性株（mm）2：1 分离，因此，在幼苗移栽时对番木瓜植株进行性别早期鉴定具有重要应用价值。

表 4-3　番木瓜的性别与基因组合

性型	基因型	F/f 指数	性染色体组合
雌株	ff、ff'、$f'f'$	0	mm
两性株 B	Fhf'	0.33	$M_2 m$
两性株 C	Fhf	0.5	$M_2 m$
不稳定雄株	Ff'	0.5	$M_1 m$
稳定雄株	Ff	1	$M_1 m$

菠菜的不同性别植株，不仅花性分化类型不同，而且在抽薹期、结籽性和生产性能等方面也有不同表现（表 4-4）。菠菜器官间和植株个体间花性类型的差别，说明从雄株到雌株

间存在着各种过渡类型。从栽培上来说，雌雄异花同株、雌雄同花株和雌株等三种类型抽薹较迟，叶丛较大，叶数较多，经济价值高。从良种繁育来说，在保证雌株能充分授粉受精的前提下，品种内的雄株所占比例愈低愈好，而雌株和两性株则应占较高的百分率。有许多假说和模式试图解释菠菜性别分化的遗传方式，有的认为性调节基因在常染色体上，有的认为在性染色体上，有的认为两对性调节基因相连锁，也有的认为性调节基因分别与性控制基因连锁等，至今还无定论。但都认为植株的性别是由基因型控制，它控制了雌性株或雄性株，控制了两性株的不同趋向变化，同时易受环境影响而变化。

表 4-4　菠菜性别及花性分化类型

植株花性类型	花型	结籽性	抽薹期	叶丛	叶数	株型
雄株	♂	不能	早	小	少	雄花生于茎上叶腋到茎端
营养性雄株	♂	不能	迟于雄株,近雌株	较大	较多	雄花生于茎上叶腋
雌雄异花同株	♂、♀	能	近雌株	似雌株	似雌株	似雌株
雌雄同花株	两性、♀、♂	能	近雌株	似雌株	似雌株	似雌株
雌株	♀	能	迟于雄株	大	多	雌花生于茎上端叶腋

第四节　环境与性别和花性分化

性别分化受染色体或基因控制，但有时环境条件可以在不改变遗传物质的情况下影响甚至转变性别。雌雄异花同株植物受环境条件的影响比雌雄同花植物和雌雄单性异株植物更为明显。环境条件对性别分化的影响是以性别有向两性发育的自然性为前提条件的。

一、植物雌雄花出现的规律

1. 雌雄花出现顺序

雌雄异花同株植物通常先开雄花，后开雌花。例如，黄瓜植株自下而上不同节位发生不同性型花的顺序是：不发育雄花→正常雄花→正常雄花和雌花→大型雌花和被抑制雄花→单雌结实的雌花，表明随着节位的增高，雌性逐渐加强。番木瓜在开花的第一阶段只有雄花，第二阶段有雄花和少数两性花，第三阶段有少数雄花和多数两性花，第四阶段有少数雄花、多数两性花和少数雌花，第五阶段只有两性花，第六阶段有少数两性花和多数雌花。

2. 雌雄花出现部位

不同性型的花通常有一定的出现部位。例如，杉木有三种花枝，着生于树冠的不同部位，雄性枝多在树冠下面，两性枝在树冠中部，雌花枝分布在树冠上部。柿树在树冠不同层次的枝条上，不同性型花的比例也有类似规律性变化。

3. 雌雄花比例

在一定时期，植株的某一部位出现有两种性型的花时，雄花和雌花的比例就会随着个体年龄和分枝节数的增加而降低。分枝层次愈高，级数愈多，年龄愈大，植物体组织内新陈代谢的特点愈适合于奠定雌性花的原基，而不利于奠定雄性花的原基。例如，黄瓜各级枝蔓上的雌花节位，子蔓低于主蔓，孙蔓又低于子蔓，说明分枝级数愈高，就能形成相对较多的雌花、较少的雄花。

二、植物的性别与生理差异

雌性花的奠定以植株的年龄状况和新陈代谢特点为转移，这说明植物雌雄性器官和个体间性别差异与其代谢差异有关。雌雄性代谢的差异集中表现在氧化还原能力方面。一般雌性器官或个体处于还原状态，雄性处于相对的氧化状态，雌雄性细胞中线粒体的大小和数目、高尔基体发育旺盛的程度，都随着个体发育的进展而加强。雌雄单性异株植物中，雄性组织较雌性组织的过氧化氢酶活性高，有时甚至可达 7～10 倍。番木瓜、桑、天南星等植物中有类似现象。雄性组织具有较高的温度和较高的呼吸强度。

另外，白麦瓶草的雄株与雌株相比具有更高的光合速率和更高的源/库比率。菠菜雌性叶中的胡萝卜素含量从开花起较雄性高，雌性生殖器官的胡萝卜素含量在所有时期均较雄性高。在某些植物中，鞣质含量以雌株含量较高。这方面特性曾用于鉴定猕猴桃、黑杨、沙棘的雌雄性。

植物体的内在生理条件可以影响到雌雄性器官的分化，而生理条件的变化必然受到基因的控制和外在环境条件的影响。因此，通过环境条件的改变，如果能使植株的代谢途径或强度朝着有利于另一种性别形成的方向发生改变，那就有可能影响性别的变化。

三、环境条件与花性分化

植物的性别是一种遗传性状。不论是雌雄异株、雌雄同株或雌雄同花植物，都各自表现出一定的性别遗传现象。由性染色体所决定的性别遗传最为稳定，基因控制的性别也能稳定遗传。但与动物相比，植物性别较不稳定，易受环境条件的影响而发生改变。植物性别的易变性与植物的无限生长特性相联系。植物性器官是在胚后生长发育过程中逐渐形成的，因此环境与性型分化有密切关系。特别是花性多型的类型，比较容易受环境条件的影响而变化。凡是环境条件能引起内在生理状况和代谢的变化，从而导致性别出现不同分化的植物，一般都能通过栽培措施来加以控制。

1. 栽培条件

一般充足的氮肥、较高的土壤和空气湿度、短日照、蓝光、较低的气温（尤其是夜温）等有利于雌性分化；而充足的钾肥、较低的土壤和空气湿度、长日照、红光、高温等因子促进雄性分化。

凡是有利于植株养分积累的条件或措施，都有利于雌性的加强。在肥沃土地生长的菠菜多雌株，而在瘠薄土地栽培则多雄株。杉木性别随林分或林木生长发育状况而异，在整个林分中生长良好的林木多开雌花，发育不正常的多开雄花。

氮素有利于雌花的出现。黄瓜在早期发育中施用较多氮肥，可以有效地提高雌花形成的数量。板栗施氮可促进雌花形成，减少雄花量。但性别与氮素的关系常因植物对日照的不同反应而异。

瓜类在长日照下不利于分化雌花，而有利于分化雄花；当日照短时有利于雌花形成。而菠菜在长日照（15～18h）下比短日照（12h）多雌花。

性分化不稳定的类型，如黄瓜、菠菜等，对温度和日照最为敏感。菠菜在较高温度下趋向于雄性方面，会增加雄花的数量。黄瓜在温度较低、日照较短的条件下，会使雄花出现期缩短，雌花出现期延长，提高雌花节百分率，增加趋雌性；相反，高温和长日照则是雄花出现期延长，从而使整个发育顺序中后期缩短而降低雌花节百分率，即减弱趋雌性。黄瓜品种的趋雌性强弱可以用主蔓上第一雌花的节位来衡量。第一雌花的节位愈低就是花性发育顺序中前期愈缩短，即趋雌性愈强，雌花节率愈高。

空气和土壤干旱会延缓黄瓜雌花的发生。

虽然许多多年生的果树花芽分化与草本植物不同，即一般不受光周期和春化作用的影响，但就其性别分化而言，依然同其他植物一样，受环境条件的制约。如番木瓜的两性植株气温高时（7～8月）花型由雌向雄过渡，气温凉则有利于雌花发育。

栽培条件可以影响花性的趋向，与温度和日照相联系的播种期早晚也必然影响到花性的变化，正如菠菜夏播比秋播会使雌株数增加。

2. 植物激素及生长调节剂调控

植物生长调节剂也可控制花性分化。其中赤霉素主要促进雄性分化，而乙烯和细胞分裂素则主要促进雌性分化。生长素和类生长素物质的作用大多促进雌性表达，这可能与生长素诱导乙烯合成有关（诱导 ACC 合成酶的形成）。脱落酸的生理效应往往与赤霉素和细胞分裂素相反，即当脱落酸与赤霉素或细胞分裂素配合应用时，后者的效应被抑制。

从多方面的试验结果来看，赤霉素似乎参与瓜类的性别分化。斋藤隆等对黄瓜苗生长点部位的内源赤霉素类物质进行定量分析，结果表明，在促进雌花分化的短日照条件下，内源赤霉素的生成量较少；而在促进雄花分化的长日照条件下，内源赤霉素的生成量较多。用外源赤霉素处理抑制雌花分化时，植株生长点部位的赤霉素含量也增加。以赤霉素处理番茄的无雄蕊突变植株，使之形成了正常的雄蕊。童本群等对 3 年生早、晚实核桃树雌花芽和营养芽中内源激素测定结果表明，在雌花芽的生理分化阶段（6 月中旬至 7 月下旬），雌花芽和营养芽中内源细胞分裂素、赤霉素、生长素和脱落酸的水平用相对量表示依次为：雌花芽＋、－、－、－；营养芽－、＋、＋、＋（"＋"表示相对高的量，"－"表示相对低的量）。他们还发现，细胞分裂素与赤霉素的比值与这些组织形成雌花原基的理论和实际能力有正相关的关系（即雌花芽的比值为 3.0，营养芽为 1.2）。

根据植物激素对其性别分化的作用效应，许多研究者还用人工合成的、与植物激素代谢有关的生理活性物质和金属离子进行试验，也取得了类似结果。如瓜类作物用赤霉素（GAs）、乙烯作用拮抗剂硝酸银和硫代硫酸银络合物（STS）及乙烯生物合成抑制剂氨基氧乙酸（AOA）和氨基乙氧基乙烯甘氨酸（AVG）等可促进其多开雄花，而乙烯利、生长素类物质及一些植物生长抑制剂等都可促进瓜类多开雌花。用 PBA、玉米素（ZT）、激动素（KT）处理葡萄雄株、用乙烯利处理番木瓜、用 NAA 和矮壮素（CCC）处理荔枝等都可增加雌花量减少雄花数。

但在不同种植物上也有相反的报道。例如用赤霉素处理丝瓜、板栗会减少雄花数、增加雌花数。

以上资料说明，园艺植物的性别分化是由植物体内内源激素赤霉素与乙烯、生长素和细胞分裂素的平衡来调节的。促进赤霉素合成或抑制乙烯、细胞分裂素合成的因素可促进雄性分化；反之，抑制赤霉素合成或促进乙烯、细胞分裂素合成的因素则促进雌性分化。

3. 其他控制花性分化的措施

熏烟（有效成分一氧化碳）和乙烯对黄瓜幼苗能显著提早雌花出现，并且增加雌花数。一氧化碳对菠菜、草莓也有同样效果。嫁接和摘心能有效地改善瓜类植株的营养条件，有利于雌花分化。黄瓜一般品种的各级枝蔓上的雌花节位是子蔓低于主蔓，孙蔓又低于子蔓，进行摘心处理，可以提早雌花出现，增加雌花数。植物体创伤也可引起性别转变。柳树的雄株在受虫伤后会出现两性花，寄生真菌分泌物也可引起同样转变。番木瓜雄株的茎干上刻伤，也可促进向雌性变化。

思 考 题

1. 常见雌雄单性异株的园艺植物有哪些？常见雌雄异花同株的园艺植物有哪些？

2. 举例说明性染色体如何决定植物的性别。
3. 举例说明基因控制的性别分化。
4. 根据黄瓜的花性分化特点及其与环境条件的关系，在栽培中可以采取哪些措施提早雌花出现时间、增加雌花比例？

第五章　细胞质遗传

前几章所讨论的遗传现象与规律均是由位于细胞核内染色体上的基因决定的，可称之为细胞核遗传或核遗传（nuclear inheritance），由于核基因的遗传服从孟德尔定律，因而又称之为孟德尔式遗传（mendelian inheritance）。尽管核遗传在植物的遗传体系中占据主导地位，但植物某些性状的遗传却不是或不完全是由核基因所决定的，而是由核外的细胞质内的基因所控制。研究和理解细胞质遗传的现象和规律，对于正确认识核质关系，全面理解生物的遗传现象，以及促进人工创造新的生物类型具有重要的意义。

第一节　细胞质遗传现象及其特点

高等植物细胞质遗传现象的发现最早可追溯到 1909 年，德国学者 C. Correns 发现紫茉莉（*Mirabilis jalapa*）的叶色遗传不符合孟德尔遗传规律。同年，E. Baur 在天竺葵（*Pelargonium zonale*）中也发现了相似的现象，认为是叶绿体自主性遗传所致，并首次提出了细胞质基因的概念。在其后的 100 多年里，大量细胞质遗传方式被陆续报道。

一、柳叶菜属的细胞质遗传

观赏用柳叶菜属（*Epilobium*）植物通常为二倍体，花粉中的细胞质很少。P. Michaelis 在 20 世纪 30 年代对柳叶菜属植物进行回交实验。他以黄花柳叶菜（*Epilobium luteum*）为母本和刚毛柳叶菜（*Epilobium hirsutum*）为父本进行杂交，所得杂种一代再作母本同父本回交，经过 24 代回交转育，获得细胞质几乎完全是母本黄花柳叶菜的，而细胞核几乎完全被父本刚毛柳叶菜所替换。如果用 L 和 H 分别表示黄花柳叶菜和刚毛柳叶菜的细胞质，*hh* 表示刚毛柳叶菜的核基因型，则新材料可表示为 L（*hh*），原来的刚毛柳叶菜可表示为 H（*hh*）。将两种材料进行正反交：①L（*hh*）×H（*hh*）；②H（*hh*）×L（*hh*）。结果发现正交和反交的子代在植物的育性、杂种优势、对真菌的抵抗力和病毒的敏感性等方面存在显著差异。差异最大的是育性，L（*hh*）×H（*hh*）子代的花粉是不育的，而 H（*hh*）×L（*hh*）的子代是可育的。此外，L（*hh*）×L（*ll*）（正常的黄花柳叶菜）的子代 L（*hl*）花粉是可育的。由于正反交的细胞核遗传物质（*hh*）都是一样的，所不同的是细胞质（L 或 H），因此，说明细胞质基因参与了花粉育性的调控，L（*hh*）花粉不育的原因是刚毛柳叶菜的核基因（*hh*）与黄花柳叶菜的细胞质基因 L 之间不协调，即柳叶菜属的不育性由细胞质和细胞核基因共同决定。

目前，在农业和园艺作物生产中广泛应用的雄性不育系统就是在柳叶菜属细胞质遗传的启示下获得的。

二、细胞质遗传的概念

细胞质遗传（cytoplasmic inheritance）是指由细胞质内的遗传物质（或染色体以外的遗

传物质）所引起的遗传现象，也称为母系遗传（maternal inheritance）、核外遗传（extra-nuclear inheritance）、染色体外遗传（extra-chromosomal inheritance）、非孟德尔式遗传（non-Mendelian inheritance）。控制细胞质遗传的基因称为细胞质基因（cytoplasmic gene）。

细胞质基因可根据其生物学功能分为两类：一类是存在于细胞质内的固定遗传组分，如叶绿体基因组和线粒体基因组等，它们是维持植物细胞正常生命活动不可缺少的组分；另一类是细胞的非固定组分，如大肠杆菌（*E.coli*）的 F 因子和果蝇的 δ 因子等，它们并非是细胞生存的必需组分，但可以影响细胞的代谢活动，并赋予细胞某种特有性状或特征。这些遗传组分一般游离在染色体之外，但有些如 *E.coli* 的 F 因子还能与染色体整合在一起，并进行同步复制。上述两类遗传物质可统称为细胞质基因组（plasmon）。整个生物体的遗传物质可概括于图 5-1。

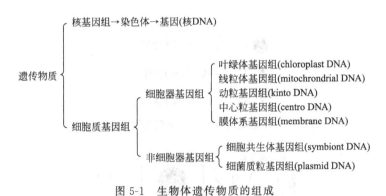

图 5-1　生物体遗传物质的组成

三、细胞质遗传的特点

在植物有性繁殖过程中，精细胞和卵细胞含有近似等量的核遗传物质，但细胞质的含量差异很大。植物的卵是一个完整的细胞，具有细胞核和大量的细胞质及其所含的各种细胞器，在受精过程中，卵细胞不仅为子代提供了核基因，还提供了全部或大部分细胞质基因；而在精细胞中，随花粉管进入胚囊的主要是精细胞的细胞核，不带或带有少量的细胞质，也没有或极少有各种细胞器。受精卵胚胎是在雌配子的细胞质中发育形成的，由合子胚发育而成的组织和器官，它们的细胞质所影响的某些性状受控于母本，属于细胞质遗传的性状。

细胞质遗传的特点归纳如下：

① 正交与反交的遗传效应不同。如图 5-2 所示，杂种 F_1 的细胞核遗传物质由雌核和雄核共同等量组成，正交和反交的效应相同，而其细胞质遗传物质仅由母本提供，这使得正交与反交的结果不同，F_1 通常只表现母本性状，因此称为母性遗传。

② 两亲本杂交后代自交或与亲本的回交子代一般不呈现一定比例的分离，遗传方式属于非孟德尔式。

③ 通过连续定向回交几乎能把母本的核基因全部置换掉，但母本的细胞质基因及其控制的性状不会消失（图 5-3）。

④ 细胞质基因定位困难。细胞质遗传属于非孟德尔式遗传，含有遗传物质的细胞器在细胞分裂时的分配是不均匀的，子细胞获得不同基因型的细胞器，或不同基因型细胞器的比例发生改变，导致其自交后代不表现出呈一定比例或连续的性状分离，因而不能按照核基因定位方法对其基因定位。

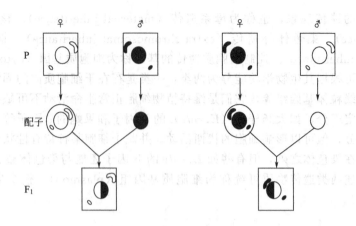

● 和 ○ 代表两种细胞核

～ 和 ⌐ 代表两种线粒体

· 和 ○ 代表两种质体

图 5-2　细胞质遗传中正、反交遗传效应的差异

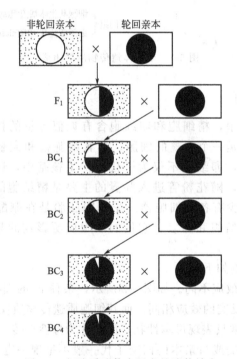

图 5-3　细胞质遗传中回交的遗传效应

第二节　细胞质遗传的物质基础

叶绿体（chloroplast）是绿色植物光合作用和能量转化的场所，是细胞质基因的主要载体之一，含有遗传物质 DNA。叶绿体基因主要存在于叶肉细胞中，一个叶肉细胞通常含有

几十个至一百个左右的叶绿体。个体发育过程中，叶绿体由前质体（proplasid）分化形成。线粒体是一种存在于大多数真核细胞中由两层膜包被的细胞器，是细胞内氧化磷酸化和合成ATP的主要场所，是细胞代谢活动的能量来源，所以有"细胞动力工厂"之称。此外，线粒体还参与细胞分化、细胞信息传递、细胞凋亡等过程，并拥有调控细胞生长和细胞周期的能力。线粒体亦含有遗传物质DNA，也能调控植物的某些性状。细胞质遗传的物质基础主要是叶绿体和线粒体。

一、叶绿体遗传

（一）叶绿体遗传的表现

1. 紫茉莉花斑的遗传

在紫茉莉（*Mirabilis jalapa*）中有一种花斑植株，在同一植株上着生有绿色枝、白色枝、绿白相间的花斑型枝三种枝条。细胞学的研究表明，绿色枝条细胞中含有正常的叶绿体，而白色枝条的细胞中只含无叶绿素的白色体（leukoplast），白色体是由叶绿体基因发生突变而形成的，花斑枝条的细胞同时含有叶绿体和白色体，且呈不均匀的分布。1909年，C. Correns用不同类型的枝条的花为母本，与用不同类型的枝条的花粉为父本进行杂交，杂种植株所表现的性状完全取决于母本枝条，而与提供花粉的父本无关（表5-1）。当母本为绿色时，后代植株全为绿色；当母本为白色时，后代全为白色。由此可见，紫茉莉叶色的花斑遗传是细胞质遗传。叶绿体存在于细胞质中，子代的质体类型取决于母本枝条的质体，而与花粉来自于哪一种枝条无关，且正交、反交结果不一样，因此叶绿体遗传符合细胞质遗传的特征。

表 5-1 紫茉莉花斑性状的细胞质遗传

接受花粉的枝条（♀）	提供花粉的枝条（♂）	F₁杂种植株的性状
白色	白色 绿色 花斑	白色
绿色	白色 绿色 花斑	绿色
花斑	白色 绿色 花斑	白色、绿色、花斑

这种遗传现象在园艺植物中比较普遍，如菜豆、月见草、报春花、金鱼草、天竺葵、龙舌兰、彩叶草、飞白竹、大叶黄杨、假荆芥、卫矛等许多植物中都常有表现。

2. 天竺葵花斑叶的遗传

天竺葵的花斑叶是一种嵌合体。叶的表皮和皮层中有含白色质体的细胞群，在中心层细胞中含有正常的叶绿体。以绿叶枝条作母本、花斑叶枝条做父本的杂交后代中，大部分植株为绿叶。反交时，大部分杂种植株是花斑叶型，但也有少数植株具绿色叶。对上述结果的解释是，花斑叶性状主要通过细胞质遗传，但精细胞中带有少量的细胞质，少数叶绿体可以通过精子向后代传递。由此可见，天竺葵花斑的遗传与紫茉莉花斑的遗传有区别（表5-2）。

紫茉莉花斑完全通过母本遗传而天竺葵花斑是由双亲传递，但后者的母本是叶绿体的主要供体。进一步研究发现，天竺葵花斑叶植株中具有绿色和白色两类质体，叶片中绿色与白色部分的形成与两类质体的繁殖速度、方式和在细胞分裂时的分配情况有关。在细胞分裂时，只得到叶绿体的子细胞继续分裂形成绿色部分，而只得到白色质体的子细胞继续分裂形成白色部分。天竺葵花斑叶的绿色与白色区域间的界限不明显，这是因为边界上的细胞多含有两类质体。

表 5-2　紫茉莉、天竺葵镶嵌花斑遗传的比较

紫茉莉			天竺葵		
亲代	♀绿色×♂花斑	♀花斑×♂绿色	亲代	♀绿色×♂花斑	♀花斑×♂绿色
	↓	↓		↓	↓
子一代	绿色	绿色、花斑、白色	子一代	大部分绿色 少部分花斑	大部分花斑 少部分绿色

（二）叶绿体遗传的分子基础

1. 叶绿体 DNA 的结构特点

叶绿体 DNA（chloroplast DNA，cpDNA）是裸露的闭合环状双链分子，大小一般在 120～217 kb 之间，通常以多拷贝形式存在，高等植物每个叶绿体含有 30～60 个拷贝，大多数植物的单个细胞内含有几千个拷贝。cpDNA 的一个显著特点是不含有 5-甲基胞嘧啶，该特点可作叶绿体 DNA 的鉴别标志，而核 DNA 中约有 25% 的胞嘧啶残基是甲基化的。

2. 叶绿体基因组的构成

多数高等植物的 cpDNA 大约为 150 kb（图 5-4），每个 cpDNA 大约能编码 126 个蛋白质，cpDNA 中的 12% 序列是专为叶绿体的组成进行编码。cpDNA 含有 60～200 个基因，这些基因仅能编码叶绿体本身结构和组成的一部分物质，如 rRNA、tRNA、核糖体蛋白质、光合作用膜蛋白、RuBp 羧化酶的大亚基以及与生物体抗药性、对温度的敏感性和某些营养缺陷型等紧密相关的物质。

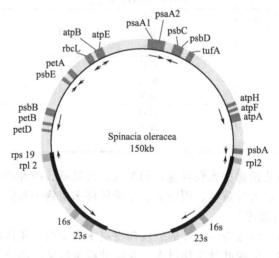

图 5-4　菠菜叶绿体 DNA

3. 叶绿体遗传信息流动的特点

叶绿体的基因表达类似于原核生物，如基因上游有 −10 区的 TATAAT 和 −35 区的 TTGACA 序列，以多顺反子的形式进行转录，在终止位点处存在"发卡"结构，以及基因上游存在核糖体结合序列。但叶绿体基因的表达调控也具有自己的特点：①利福平可抑制 *E.coli* RNA 聚合酶的转录活性，但对叶绿体的转录活性却没有影响。②叶绿体 RNA 聚合

酶在体外起始转录时，模板必需是超螺旋结构，并且能被新生霉素识别和抑制，而 *E. coli* RNA 聚合酶起始转录无此要求。③叶绿体的 RNA 聚合酶对 cpDNA 模板表现为更强的启动子特异性。④cpDNA 中编码与光反应中心有关的蛋白质基因除受内在的因子调控外，还受光调控和诱导。

cpDNA 能够自我复制。cpDNA 的复制在核 DNA 合成前数小时进行，两者的合成时期完全独立，其复制方式也是半保留复制。但 cpDNA 的复制酶及许多参与蛋白质合成的组分由核基因编码，在细胞质中合成后转运进入叶绿体。

cpDNA 有自己的转录翻译系统。叶绿体的核糖体属于 70S，其中 50S 亚基包括 23S、4.5S 和 5S rRNA，30S 亚基仅包括 16S rRNA。叶绿体核糖体蛋白质中约有 1/3 也是叶绿体 DNA 编码，叶绿体 rRNA 碱基成分与细胞质的 rRNA 不相同，与原核生物的 rRNA 也不相同。叶绿体基因转录水平受发育阶段诱导和光诱导，如 *rbcl*、*psbA* 基因在光照 4h 后转录水平增强。基因的表达调控主要在转录水平、转录后水平及翻译调控和翻译后的修饰。

(三) 叶绿体遗传系统与核遗传系统的关系

叶绿体虽然具有一套不同于核基因组的遗传信息复制、转录和翻译系统，但在作用于某些性状时却与核基因组之间存在着十分协调的有效合作关系。如叶绿体中 RuBp 羧化酶由 8 个大亚基和 8 个小亚基组成，其中大亚基由叶绿体基因组编码，在叶绿体核糖体上合成，小亚基则由核基因组编码，在细胞质核糖体上合成。

总之，叶绿体基因组是存在于核基因组之外的另一遗传系统，它含有为数不多但作用较大的遗传基因，控制叶绿体的部分蛋白质的合成。而整个叶绿体的发育、增殖及机能的正常发挥却是由核基因组和叶绿体基因组共同控制的，所以叶绿体的自主程度十分有限，它对核遗传系统有很大的依赖性。因此，叶绿体被称为半自主性细胞器。

二、线粒体的遗传

(一) 植物线粒体的遗传表现

园艺植物线粒体的遗传比较复杂，有三种基本遗传方式：母系遗传、双亲遗传和父系遗传。据研究发现，在猕猴桃属（*Actinidia*）、丁香属（*Syringa*）、杨属（*Populus*）等植物中为母系遗传，在甘蓝型油菜（*Brassica napus*）、香蕉（*Musa acuminata*）、小果野蕉（*Musa acuminate*）中为父系遗传现象，在芸薹属（*Brassica campestris*）、紫苜蓿（*Medicago sativa*）、吊兰（*Chlorophytum comosum*）、天竺葵（*Pelargonium zonale*）、月见草（*Oenothera speciosa*）、迎春花（*Jasminum nudiflorum*）等植物中的线粒体则表现为父系或双亲遗传。

总之，线粒体遗传以母系遗传占绝对的统治地位，只有少数物种为线粒体双亲或父系遗传。

(二) 线粒体遗传的分子基础

1. 线粒体 DNA 的结构特点

线粒体 DNA（mitochondrial DNA，mtDNA）为裸露的双链分子。植物线粒体 DNA 的大小为 200～2500kb，其结构有闭合环状的，也有线性的。与动物相比，植物细胞的线粒体 DNA 分子较大，但数目并不多，且含有大量的重复序列。如甜菜线粒体基因组是 501kb，但只有 52 个基因。线粒体 DNA 的碱基成分中 G＋C 含量比 A＋T 少。

2. 线粒体基因组的构成

高等植物的 mtDNA 较大，因植物种类不同存在着很大的差异，一般为数百至数千个 kb，其限制性内切酶酶谱十分复杂，制作基因组图谱较困难，比动物的基因组图谱研究滞后。但一些高等植物的 mtDNA 的基因定位工作却相当突出，如玉米 mtDNA 的全基因组测序基本完成，一些基因如编码 rRNA、tRNA、细胞色素 c 氧化酶等基因已定位于玉米、小麦等植物的 mtDNA 上。

3. 线粒体遗传信息的流动特点

mtDNA 不仅能通过半保留复制将遗传物质传递给后代，而且还能转录所编码的遗传信息，合成自身特有的多肽。mtDNA 除编码自身的核糖体 rRNA（5S，18S，26S）和一些 tRNA 外，还编码一些呼吸链复合体的亚基和核糖体多肽。但线粒体上的大多数蛋白质是由核基因组编码的，包括线粒体基质、内膜、外膜、转录和翻译所需的大部分蛋白质，这些蛋白质通过跨膜运输至线粒体内。

大多数植物线粒体基因是单独转录的，也存在以多顺反子方式进行转录。植物线粒体 mRNA 的 5′端不加帽子，3′端也没有多聚腺苷酸化，但通常有长的不翻译的 5′前导序列和 3′尾端序列。一些线粒体基因之间存在共享的重叠序列，如矮牵牛 *atp9* 基因和 *pcf* 基因共享一部分序列。植物线粒体基因的表达调控主要体现在转录水平和转录后水平，同时存在着翻译后的修饰。

虽然 mtDNA 在分子大小和组成上与核 DNA 有某些区别，但作为遗传物质，在结构和功能上仍与核 DNA 有许多相同点，可总结为：①均按半保留方式复制；②表达方式一样，遵循中心法则；③均能发生突变，稳定遗传，二者诱变因素相同。不同之处主要在于正反交效应差异、基因传递途径、基因定位难易程度、突变频率大小、突变有无方向性等方面。

由于线粒体 DNA 具有分子量小、结构简单、进化速度快等特点，线粒体基因组已被广泛地用于雄性不育、分子进化、生物分类、近缘种、种内群体间亲缘关系及群体遗传等研究领域。线粒体含有 DNA 且具有自身转录和翻译系统，能合成与自身结构有关的一部分蛋白质，但又依赖核基因编码蛋白质的输入。因此，线粒体亦为半自主性的细胞器。

第三节　植物雄性不育的遗传

在细胞质基因决定的许多性状中，与植物生产关系最紧密的是植物的雄性不育性（male sterility），其主要特征是雄蕊发育不正常，不能产生有正常功能的花粉，但雌蕊发育正常，能接受外来花粉而受精结实。雄性不育性广泛存在于开花植物中，据 Kaul（1988）报道，已在 43 科、162 属、320 个种的 617 个品种或种间杂种中发现了雄性不育。在杂交制种过程中，雄性不育可以免除人工去雄，节约人力，降低种子成本，并且可保证种子纯度。目前，萝卜、白菜、叶用芥菜、辣椒、茄子、甜菜、洋葱、菜薹、西瓜、枣等园艺植物已利用雄性不育性进行杂交种子的生产。

一、雄性不育的类型及遗传特点

可遗传的雄性不育性可能由细胞核基因决定，也可能由细胞质基因决定，还可能由细胞核基因和细胞质基因共同决定。植物的雄性不育可分为细胞核不育型、细胞质不育型、核质互作不育型。

（一）细胞核不育型

这是一种由核内染色体上基因所决定的雄性不育类型。现有的核不育型多属自然发生的变异，这类变异在番茄、洋葱等植物中发现过。现已知番茄中有 30 多对核基因能分别决定这种不育类型。多数核不育型受一对隐性基因（ms）所控制，纯合体（$msms$）表现不育，正常可育为相对的显性基因（Ms）所控制。这种不育株与正常株杂交，F_1 植株为雄性可育（$Msms$），其后代呈简单的孟德尔式分离。我国沈阳地区发现的白菜（*Brassica pekinensis*）雄性不育系属于这一类型。

在莴苣、马铃薯等植物中也发现了显性核不育。显性雄性不育植株（$Msms$）具有杂合的显性不育基因（Ms），不能产生正常花粉，但它的两种卵细胞（Ms 和 ms）都有正常受精能力，被隐性可育株（$msms$）传粉后，其子代按 1：1 分离出显性不育株（$Msms$）与隐性可育株（$msms$），正常植株的自交后代都是正常可育株。

核不育型的败育过程发生于花粉母细胞减数分裂期间，不能形成正常花粉。由于败育过程发生较早，败育得十分彻底，因此在含有这种不育株的群体中，可育株与不育株的界限十分明显。但对于这种核不育型而言，用普通遗传学的方法不能使整个群体均保持这种不育性，其不育性容易恢复但不容易保持，这是核不育型的重要特征。正因如此，也限制了核不育型在生产实践中的利用。

（二）细胞质不育型

由细胞质基因控制的雄性不育性称为细胞质雄性不育。这种雄性不育型在玉米中曾有过报道，用其他可育品种的花粉给不育株雌蕊授粉，产生的 F_1 植株仍为雄性不育，表现严格的母性遗传特点，说明不育系的细胞质内存在不育性基因。通常以单一的胞质基因 S 和 N 分别表示雄性不育和可育。细胞质不育型的不育性状容易保持但不易恢复，亦难用于生产。

（三）质核互作不育型

这是由细胞质基因和细胞核基因相互作用共同控制的雄性不育类型，简称质核型。在玉米、小麦、高粱等农作物生产中得到了广泛应用，这种不育类型花粉的败育多发生在减数分裂以后的雄配子形成期。但在矮牵牛、胡萝卜等植物中，败育则发生在减数分裂过程中或之前。质核型不育性是由不育的细胞质基因和相对应的核基因共同所决定，当胞质不育基因 S 存在时，核内必须有相对应的 1 对（或 1 对以上）隐性不育基因 rr，即 S（rr）个体才能表现不育性。以 S（rr）个体进行杂交或回交时，只要父本核内没有可育基因 R，则杂交子代一直保持雄性不育，表现出细胞质遗传的特征。如果细胞质基因是正常可育基因 N（即正常状态），即使核基因是 rr，个体仍是正常可育的。如果核内存在显性基因 R，不论细胞质基因是 S 还是 N，个体均表现正常可育。胞质不育基因 S，对应的可育基因 N；核内不育基因 r，对应的可育基因 R，故 R 又称为育性恢复基因。

如果以不育个体 S（rr）为母本，分别与 5 种可育型 N（rr）、N（RR）、S（RR）、N（Rr）、S（Rr）个体杂交（图 5-5），其结果可归纳为以下 3 种情况：

① S（rr）× N（rr）→ S（rr），F_1 不育，说明 N（rr）具有保持不育性在世代中稳定传递的能力，因此 N（rr）称为保持系。S（rr）由于能够被 N（rr）所保持，且在后代中出现全部稳定不育的个体，因此 S（rr）称为不育系。

② S（rr）× N（RR）→ S（Rr）或 S（rr）× S（RR）→ S（Rr），F_1 全部育性正常，说明 N（RR）或 S（RR）具有恢复育性的能力，因此 N（RR）或 S（RR）称为恢

复系。

③ S（rr）×N（Rr）→ S（Rr）+S（rr），S（rr）×S（Rr）→ S（Rr）+S（rr），
F₁表现出育性分离，说明 N（Rr）或 S（Rr）具有杂合的恢复能力，因此 N（Rr）或 S（Rr）称为恢复性杂合体。很明显，在 N（Rr）的自交后代中，能选育出纯合的保持系 N（rr）和纯合的恢复系 N（RR）；而 S（Rr）的自交后代，能选育出不育系 S（rr）和纯合恢复系 S（RR）。

母本（♀）		父本（♂）		杂种一代（F₁）
S(rr)	×	S(RR)	→	S(Rr)
S(rr)	×	S(Rr)	→	S(Rr) +S(rr)
S(rr)	×	N(Rr)	→	S(rr) +S(Rr)
S(rr)	×	N(RR)	→	S(Rr)
S(rr)	×	N(rr)	→	S(rr)

图 5-5　核质互作不育性的遗传示意图

由以上分析可知，质核型雄性不育由于细胞质基因与核基因间的互作，既可以找到保持系使不育性得到保持，又可以找到相应的恢复系使育性得到恢复。因而，在植物杂制种及杂种优势的利用上具有重要的实践价值，我国科技工作者在这类雄性不育研究和应用方面（特别是在水稻和油菜上）为世界做出了杰出贡献。

质核互作型不育性的遗传机理比较复杂，其特点主要体现在以下几方面：

① 不育性表现为孢子体不育和配子体不育两种类型　孢子体不育是指花粉的育性受孢子体（植株）基因型控制，而与花粉本身所含基因无关。如果孢子体的基因型为 rr，则全部花粉败育；基因型为 RR，全部花粉可育；基因型为 Rr，产生两种基因型花粉（R，r），这两种花粉均可育，自交后代表现株间育性分离。前面图 5-5 揭示的就是孢子体不育的遗传基础。配子体不育是指花粉育性直接受雄配子（花粉）本身的基因决定。如果配子体内的核基因为 R，则该配子可育；如果配子体内的核基因为 r，则该配子不育。这类植株的自交后代中，将有一半植株的花粉是半不育的。例如在玉米上，表现出穗上的分离（图 5-6）。

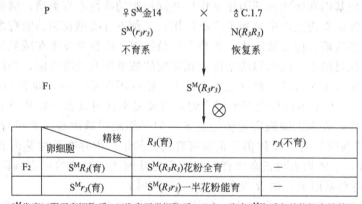

SM代表M型不育细胞质，N代表正常细胞质，R₃与r₃代表SM胞质有关的核育性基因

图 5-6　玉米配子体不育的遗传示意图

② 胞质不育基因与核育性基因的对应性　同一植物内可以有多种质核不育类型。这些不育类型虽然同属质核互作型，但是由于胞质不育基因和核基因的来源和性质不同，在表现型特征和恢复性反应上往往表现明显的差异。在玉米和小麦中，每一种不育类型都需要某一特定的恢复基因来恢复育性，说明核内恢复基因具有专效性和对应性。因此，某一个体具体

育性的表现，取决于质核间对应基因的互作关系。

③ 不育性受单基因控制或多基因控制　单基因不育性是指一个胞质基因与一对相对应的核不育基因共同决定的不育性，一个恢复基因就可以恢复育性。但有些不育性则是由两对以上的核基因与对应的胞质基因共同决定，恢复基因的关系比较复杂，其效应表现为累加或其他互作形式。因此，当不育系与恢复系杂交时，F_1 的表现常因恢复系携带的恢复因子多少而表现不同，F_2 的分离也较为复杂，常常出现由育性较好到接近不育等许多过渡类型。

④ 不育性和育性的恢复受到环境条件的影响　质核型不育性比核型不育性更容易受到环境影响，特别是多基因不育性对环境的变换，尤其是对气温更为敏感。如高粱不育系3197A 在高温条件下表现可育，小麦 T 型不育系在低温下开花表现出较高程度的育性。

二、雄性不育性的发生机理

探明细胞质内不育基因的载体以及胞质基因与核基因之间的相互作用关系，是深入研究不育性发生机理的关键，但这方面的研究目前仍停留在假说的阶段。

（一）胞质不育基因的载体

1. 细胞器假说

多数科学家认为线粒体基因组是雄性不育基因的载体。在矮牵牛、甜菜上发现细胞质雄性不育系与正常可育系在 mtDNA 上存在明显差别，而在 cpDNA 上的结构未见差异。目前已克隆出一些被认为是与细胞质雄性不育有直接关系的 mtDNA 基因，如甜菜 mtDNA 的 coxⅡ基因、矮牵牛的 S-pcf 基因等。

也有人认为 cpDNA 与不育性有关。如在萝卜上，不育品系与相应的可育品系的 cpDNA 之间存在某些差异，且发现与花粉育性特异相关的 cpDNA 片段位于 rRNA 基因所在的反向重复序列。cpDNA 的某些变异可能破坏了与细胞核以及线粒体间的固有平衡关系，从而导致雄性不育的形成。

2. 附加体假说

该假说认为，在植物细胞中存在一种决定育性的游离基因，是一种附加体。当它游离于细胞质中时，植株育性正常，当它整合到染色体上时就变成了恢复系。个体中如果没有这种游离基因，就导致雄性不育。

3. 病毒假说

某种病毒存在于对其敏感的植株（rr）中，可与二倍体宿主共生，不危害宿主细胞，但对单倍体的花粉有较大危害，因而造成雄性不育。

（二）核质互作不育型的假说

1. 核质互补控制假说

该假说认为，花粉的形成有赖于雄蕊发育过程中一系列正常的代谢活动，这一系列代谢活动需要各种酶的催化以及一些蛋白质的参与，这些酶和蛋白质可由 mtDNA 编码，也可由核 DNA 编码。一般情况下，只要核质双方有一方携带可育性遗传信息时，无论是 N 还是 R，都能形成正常花粉。R 可以补偿 S 的缺陷，N 可以补偿 r 的缺陷。只有当 S 与 r 共存时，由于不能互相补偿，所以个体表现不育。如果 N 与 R 同时存在，mtDNA 能产生某种抑制物阻遏 R 基因的表达，避免细胞质中形成多余的物质而造成浪费。

2. 能量供求假说

该假说认为，植物的育性与线粒体的能量转换率有关。进化程度低的野生种或栽培品种的线粒体能量转换率低，供能低，耗能也低，供求平衡，所以雄性可育。进化程度高的栽培品种的线粒体能量转换率高，供能高，供求平衡，所以能育。在核置换杂交时，如果低供能的作母本，高耗能的作父本，得到的杂种由于能量供求不平衡，而表现为雄性不育。高供能的作母本，低耗能的作父本，由于杂种的供能高而耗能低，因而育性正常。

3. 亲缘假说

该假说认为，遗传结构的变异会导致个体生理生化代谢上的差异，与个体间亲缘关系的远近呈正相关。两个亲本亲缘关系差异越大，杂交后的生理不协调的程度也越大，当这种不协调达到一定程度时，就会导致植株代谢水平降低，合成能力减弱，分解大于合成，花粉中活性物质（如蛋白质、核酸）减少，导致花粉败育。所以，远缘杂交或远距离不同生态型间的杂交，可能导致雄性不育。为获得保持系，要从与不育系亲缘关系远的品种中去寻找。如果要使不育性恢复，就要选用与不育系亲缘近的品种作为恢复系，才能获得成功。

三、雄性不育性的利用

雄性不育性主要应用在园艺植物杂交制种及杂种优势的利用上，杂交母本获得了雄性不育性，就可以免去大面积杂交制种时繁重的去雄劳动，并保证杂交种子纯度。此外，还可以用来提高观赏植物的观赏价值，如麝香百合（*Lilum longiflorum*）等大雄蕊的切花花卉，花粉很容易弄脏花瓣、人的皮肤或衣物，在出售前必须剪除。如果能培育出无雄蕊的百合品种，无疑具有更高的商业价值。

目前生产上应用推广的主要是质核互作型雄性不育性，但应用这种雄性不育时必须"三系"配套，即同时具备不育系、保持系和恢复系。各系的特点及用途如表5-3。

实际应用时，首先确定有明显的杂种优势或杂交一代具有明显性状改良的组合，然后将杂交母本转育成不育系。常用的转育方法是连续回交，以已有的雄性不育材料为非轮回亲本、母本为轮回亲本进行杂交，然后连续回交若干代，每代选择不育的回交子代，原来育性正常的母本成为新转育的不育系的同型保持系。如果父本本身带有恢复基因，则可直接利用新转育的不育系（不育的母本）与父本配制杂交种，否则，父本要利用带有恢复基因的材料进行转育，转育的方法也是采用连续回交。三系杂交制种方法如图5-7所示。

表 5-3 "三系"的特点及用途

系别	特点	用途
不育系	花粉没有授粉能力，雌蕊正常	用作杂交母本，节省去雄的大量劳动
恢复系	雄蕊和雌蕊都正常能育	用作杂交父本，不仅使F_1表现优势，并能恢复其育性；同时也能通过简单方法（如自交）得以繁殖
保持系	除雄蕊具有正常授粉能力外，其余性状均与不育系相同	用作繁殖不育系的父本，能保持不育特性世代相传；同时也能通过简单方法（如自交）得以繁殖

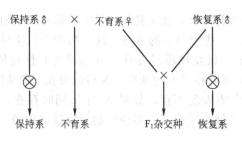

图 5-7 三系杂交制种法示意图

思 考 题

1. 名词解释：

细胞质遗传　质核雄性不育　不育系　保持系　恢复系

2. 试述细胞质遗传的特点以及产生这些特点的原因。

3. 如果正反杂交试验获得的 F_1 表现不同，这可能是由于（1）性连锁；（2）细胞质遗传；（3）母性影响。如何用试验方法验证它属于哪一种情况？

4. 不同组合的不育植株与可育植株杂交得到以下后代：

（1）1/2 可育，1/2 不育；

（2）后代全部可育；

（3）后代仍保持不育。

写出各杂交组合中的父本、母本可能的遗传组成。

5. 核不育型雄性不育为什么在生产实践中难以应用？试解释其遗传基础。

6. 现有一个优良的杂交组合，并在这种植物中发现了质核型雄性不育，如何利用雄性不育进行制种？

7. 用某不育系与恢复系杂交，得到 F_1 全部正常可育，将 F_1 花粉再给不育系亲本授粉，后代中出现 90 株可育株和 270 株不育株。试分析该不育系类型及遗传基础。

第六章　数量性状的遗传

植物遗传性状的变异有两种：一种是具有明确的界限，相对性状间差异明显，表现不连续变异的性状，称为质量性状（qualitative character），如桃的黄肉与白肉，豌豆种子的圆粒与皱粒、黄色与绿色，花序着生的位置为顶生与腋生等。质量性状在杂种后代的分离群体中，可以明确分组，求出不同组之间的比例，研究它们的遗传动态比较容易。另一种是需要有重量、长度等计量单位来度量，表现连续变异的性状，称为数量性状（quantitative character），如果实的大小、产量的多少、成熟期的早晚、花朵的直径、重瓣性、抗寒性等。数量性状在一个自然群体或杂种后代群体中，很难对不同个体进行明确归类分组，求出不同级之间的比例，因此不能用质量性状的分析方法依据表现型变异推断群体的遗传变异，而借助数理统计的方法可以有效地分析数量性状的遗传规律。数量遗传为分析表型信息和基因信息构建了合理框架。

第一节　数量性状的特征

与质量性状相比，数量性状无论在表型上，还是在基因组成上都有独特的特征。数量性状的两大主要特征为分离后代表现连续性变异和易受环境影响发生变异。

一、数量性状的表型特点

（一）数量性状表现出广泛的变异

有性繁殖的植物，如一、二年生的蔬菜和花卉植物的 F_2，无性繁殖的果树、宿根类的蔬菜和花卉植物的 F_1，均表现广泛的变异。这些变异可划分为三种情况：

1. 若干性状表现为趋中变异

史密斯（F. G. Smith，1946）用维生素 C 含量低的和含量高的两个甘蓝品种进行杂交，F_1 维生素 C 含量介于两亲本之间，F_2 呈正态分布。

2. 有可能出现超亲类型

北京植物园利用玫瑰香和山葡萄杂交，双亲含糖量分别为 18％和 15％，后代平均含糖量为 20％，并从后代群体中选出了含糖量超过双亲（高达 24.9％）的北醇品种。

3. 若干经济性状表现退化

大连市农业科学研究所在 10 个樱桃杂交组合中，246 株杂种的果实平均重，各组合无一例外地显著小于双亲平均值，约为中亲值的 65％～85％。

（二）数量性状表现为连续性变异

数量性状呈现连续性变异，杂交后代的分离不能明确分组，只能用一定的度量单位进行测量，并采用统计学方法加以分析研究。如采用菊花纯系大花亲本与小花亲本杂交时，F_2

代个体的花冠长度一般介于杂交亲本之间，呈现连续分布，不能明确地划分为不同的组别。这就难以像质量性状那样，直接分为几类，求出各类所占的比例，只能通过统计学方法进行分析归类。除花朵直径、株高、冠幅、产量等表现为严格的连续变异性状外，数量性状还包括一类准连续变异的性状，如重瓣性、单株分枝数、每株花数等，但测量值大时，每个数值均可能出现，不出现有小数点数字。在分离后代中，性状表现会介于亲本之间，从少到多，难以明确分组。只能用一定的度量单位进行测量，采用统计学方法加以分析。

（三）数量性状对环境条件表现敏感反应

数量性状在环境条件影响下常表现彷徨变异，即在某些环境条件下，数量性状能够充分表现，但在另一些环境条件下，可能性状表现得较差。这种变异是由于土壤肥力、种植密度、管理措施以及自然因素的温、光、水、热等环境条件不一致而产生的，是不遗传的。因此，充分估计外界环境的影响，分析数量性状遗传的变异实质对提高数量性状育种的效率是很重要的。

（四）数量性状普遍存在基因型与环境的互作

控制数量性状的基因较多，且容易出现在特定的时空条件下才可以表达的情况，在不同环境下基因表达的程度也可能不同。

为了更好地理解数量性状的特征，将其与质量性状的区别列于表 6-1 中。一般而言，质量性状与数量性状是有明显差别的，但这种差别也不是绝对的，例如植株高度是一个数量性状，但在有些杂交组合中却表现出简单的质量性状的遗传。

表 6-1   质量性状和数量性状的区别

项目	质量性状	数量性状
变异类型	种类上的变化（如红花、白花）	数量上的变化（如花径）
表现性分布	不连续	连续
基因数目	1 个或少数几个	微效多基因
对环境敏感性	不敏感	敏感
研究方法	系谱和概率分析	统计分析

二、数量性状遗传的微效多基因假说

1909 年瑞典遗传学家尼尔逊·埃尔（Nilsson-Ehle）通过对小麦籽粒种皮颜色的遗传研究提出了数量性状遗传的微效多基因假说（multiple gene hypothesis）。其要点是：①数量性状是由多对彼此独立的基因控制，每个基因对性状表现的影响是微小的。这些控制数量性状作用微小的基因叫微效基因（minor gene）。相对应地把控制质量性状的基因叫主基因（major gene）。②控制同一数量性状的非等位基因之间的效应相等且作用可累加，呈剂量效应。③各等位基因之间通常无显隐性关系，仅个别性状的等位基因间存在完全显性、不完全显性等类型。④微效基因的作用受环境影响较大。⑤微效多基因的遗传方式仍服从遗传学三大基本定律。

多基因假说阐明了数量性状遗传的基本原因，为数量性状的遗传分析奠定了理论基础。数量性状的深入研究进一步丰富和发展了多基因假说。近年来，借助于分子标记和数量性状基因位点（quantitative trait loci，QTL）作图技术，已经可以在分子标记连锁图上检测出与数量性状有关的基因座（locus），由此推断在该基因座上存在控制数量性状的基因，并确定其基因效应。对动植物众多的数量性状基因定位和效应分析表明，数量性状可以由少数效应较大的主基因（major gene）控制，也可由数目较多、效应较小的微效多基因或微效基因（minor gene）所控制。各个微效基因的遗传效应不尽相等，效应的类型包括等位基因的加性效应、显性效应，以及非等位基因间的上位性效应，还包括这些基因主效应与环境的互作效应。也有一些性状虽然主要由少数主基因控制，但另外还存在一些效应微小的修饰基因（modifying gene），这些基因的作用是增强或削弱其他主基因对表现型的作用。

三、数量性状与质量性状的关系

数量性状是受微效多基因控制的，质量性状是受主基因控制的。尽管两者的表性特征有区别，但二者都遵循遗传学的基本定律，所以表现出一系列的关系。数量性状和质量性状既有区别又有联系。

数量性状和质量性状的相同点是：①数量性状和质量性状都是生物体表现出来的生理特性和形态特征，都属性状范畴，都受基因控制；②控制数量性状和质量性状的基因都位于染色体上，它们的传递方式都遵循孟德尔式遗传，即符合分离规律、自由组合规律和连锁互换规律。

数量性状和质量性状的不同点是：①质量性状差异明显，呈不连续变异，表型呈现一定的比例关系，一般受环境影响较小；而数量性状差异不明显，呈连续变异，表型一般不呈现一定的比例关系，受环境影响较大；②质量性状受主基因控制，数量性状受多基因控制，但每个基因对表型的影响较小。

数量性状和质量性状的区分并不是绝对的。

有些性状因区分的标准不同可以是质量性状又可以是数量性状。如植物花的红色与白色，表现为质量性状，但若测其分离群体中单株色素含量则可能表现为数量性状。

有些性状因杂交亲本相差的基因对数的不同，既可认为是数量性状又可认为是质量性状。相差越多则连续性越强，就表现为数量性状。反之，表现为质量性状。例如有些基因既可控制质量性状的发育，又可影响数量性状的表现。如白花三叶草中，两种独立遗传的显性基因（A 和 B），在相互作用时，引起叶片上斑点的形成，它与正常绿色是质的差别，即基因型 A_B_ 产生叶斑，而基因型 A_bb、aaB_、aabb 不产生叶斑，呈现绿色，但这两种显性基因的不同剂量又影响叶片的数目，AABB 叶数最多，显然叶片数是数量性状。

控制数量性状的多基因和控制质量性状的主基因可以连锁、互换、自由组合。多基因既然分布在染色体上，必然有些基因与主基因呈连锁关系。如菜豆种皮有紫色和白色，紫色对白色是显性。紫色与白色杂交，F₁种粒紫色，F₂紫白色的比例为 3∶1，属质量性状；但称量不同颜色种子质量时，种皮紫色的种子较大，而白色的较小，属数量性状。紫白基因与种子质量基因紧密连锁（图 6-1）。

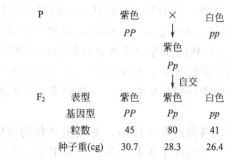

图 6-1　菜豆粒色和粒重的遗传

在特定条件下多对微效基因中的某一对的分离也可使杂交子代中出现明显可区分的表型。如菊花的株高，当两个品系的其他有关植株高矮的微效基因都相同而只有某一对基因不同的情况下，杂交子代中的植株高度便可以明显地划分为不重叠的高矮两组。

第二节　数量性状的遗传分析

数量性状受多对基因控制，且易受环境条件的影响而发生变异，能遗传的变异和不能遗传的变异混合在一起，再加上基因与环境的互作效应，使数量性状的遗传分析比质量性状复杂得多。因此，研究数量性状的遗传时，常常要分析多对基因的遗传表现，并要特别注意环境条件的影响。

一、数量性状遗传研究的基本统计方法

在研究数量性状的遗传、变异规律时，需采用数理统计方法对遗传群体的均值（mean，以 μ 表示）、方差（variance，V）、标准差（standard deviation）、协方差（covariance，C）和相关系数（correlation coefficient，以 r 表示）等遗传参数进行估算。由于对于任何一个群体，人们往往无法观测和分析所有可能个体的性状表现，在实际分析时，常通过对随机抽取的一些样本个体进行观测，计算其均值（$\bar{x}$）和方差（$\bar{V}$），实现对群体均值（μ）和方差（V）的无偏估计。

（一）平均数

平均数表示一组资料的集中性，是某一性状全部观察数（表现型值）的算术平均。用 $\bar{x}$ 或 $\hat{\mu}$ 表示。其计算公式如下：

$$\bar{x} \text{ 或 } \hat{\mu} = \frac{x_1 + x_2 + x_3 + \cdots + x_n}{n} = \frac{\sum x_i}{n}$$

式中，x_i 表示 x 性状的第 i 个观测值，$\sum$ 表示累加，n 表示观察的总个数。

（二）方差和标准差

方差是各变量值与其均值离差平方的平均数，它是测算数值型数据离散程度的最重要的方法。样本方差的算术平方根叫做样本标准差（standard deviation，SD）或称标准误（standard error）。方差用 $\bar{V}$ 或 S^2 表示，标准差用 S 表示。方差和标准差是测算离散趋势最重要、最常用的指标。$\bar{V}$ 或 S^2 越大，表示这个资料的变异程度越大，则平均数的代表性越小。样本方差的计算公式为：

$$\bar{V} = \frac{\sum (x_i - \bar{x})^2}{n-1}$$

标准差与原观察值的单位相同，因此更为常用。其计算公式为：

$$s = \sqrt{V} = \sqrt{\frac{\sum x_i^2 - \frac{1}{n}(\sum x)^2}{n}}$$

一般来讲，育种上要求标准差大，则差异大，有利于单株的选择；而良种繁育场则要求标准差小，即差异小，可保持品种稳定。在统计分析中，群体平均数可度量群体中所有个体

的平均表现；群体方差可度量群体中个体的变异程度。因此，对数量性状方差的估算和分析是进行数量性状遗传研究的基础。

（三）协方差（C）和相关系数（r）

由于存在基因连锁或基因一因多效，同一遗传群体的不同数量性状之间常会存在不同程度的相互关联，可用协方差度量这种共同变异的程度。如两个相互关联的数量性状（性状 X 和性状 Y）的协方差 C_{xy} 可用样本协方差来估算：

$$C_{xy} = \frac{1}{n-1} \sum_{i=1}^{n} (x_i - \hat{\mu}_x)(y_i - \hat{\mu}_y)$$

式中，x_i 和 y_i 分别是性状 X 和性状 Y 的第 i 项观测值，$\hat{\mu}_x$ 和 $\hat{\mu}_y$ 则分别是两个性状的样本均值。

协方差值受成对性状度量单位的影响，相关性遗传分析常采用不受度量单位影响的相关系数（$r = C_{xy} / \sqrt{V_x V_y}$）来表示，相关系数是变量之间相关程度的指标，取值范围为 $[-1, 1]$。$|r|$ 值越大，变量之间的线性相关程度越高；$|r|$ 值越接近 0，变量之间的线性相关程度越低。

二、数量性状的遗传模型

生物群体的变异可分为表现型变异（phenotypic variation）和遗传变异（genetic variation）。当基因表达不因环境的变化而异时，个体表现型值（phenotypic value，P）是基因型值（genotypic value，G）和随机机误（random error，e）的总和，即

$$P = G + e$$

在数理统计分析中，通常采用方差（variance，V）度量某个性状的变异程度。所以，遗传群体的表现型方差（phenotypic variance，V_P）是基因型方差（genotypic variance，V_G）与机误方差（error variance，V_e）之和，即

$$V_P = V_G + V_e$$

控制数量性状的基因具有各种效应，主要包括：加性效应（additive effect，A）、显性效应（dominance effect，D）和上位性效应（epitasis effect，I）。

加性效应是指基因位点（locus）内的等位基因之间（如纯合基因型 A_1A_1 中 A_1 与 A_1 之间）以及非等位基因之间（如 A_1 与 A_2）的累加效应，基因型的加性效应在上代与下代间可以固定遗传。直接关系到育种改良的成效，所以又称为育种值（breeding value）。

显性效应又称显性偏差，是同一基因位点内的等位基因间的交互作用对基因型总效应的贡献，属于非加性效应，不能在世代间固定，与基因型有关，随着基因在不同世代中的分离与重组，基因间的关系（基因型）会发生变化，显性效应会逐代减小。对于群体内的单一座位来讲，$G = A + D$，显性偏差产生于座位内互作，与等位基因间显性程度有关系。如果显性效应不存在，则基因型值等于育种值。

上位性效应又称互作离差，是指不同位点的非等位基因之间的相互作用（如显性上位作用或隐性上位作用）对基因型值产生的效应，也属于非加性效应，不能稳定遗传。基因型值是各种基因效应的总和。如果不考虑上位性效应，则称为加性-显性模型，生物的基因型值 $G = A + D$，其表现型值为：$P = G + e = A + D + e$。群体表现型方差可以分解为加性方差、显性方差和机误方差。那么表现型方差也可以写为：$V_P = V_A + V_D + V_e$。

对于某些性状，不同基因位点的非等位基因之间可能存在相互作用，即上位性效应。生

物的基因型值 $G=A+D+I$，称为加性-显性-上位性模型，表现型值为：

$$P=G+e=A+D+I+e$$

该群体表现型方差可分解为加性方差、显性方差、上位性方差和机误方差。那么，表现型方差也可以写为：

$$V_P=V_A+V_D+V_I+V_e$$

假设只存在基因加性效应（$G=A$），4 种基因数目的 F_2 群体表现型值频率分布列于图6-2。

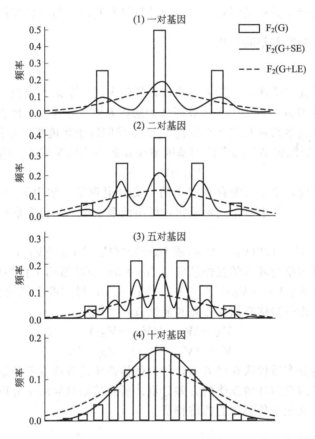

图 6-2　不同基因数目及机误效应的 F_2 群体表现型值频率分布

当机误效应不存在时，如性状受少数基因（如 1～5 对）控制，表现典型的质量性状；但基因数目较多时（如 10 对）则有类似数量性状的表现。当存在机误效应时，表现型呈连续变异，当受少数基因（如 1～5 对）控制时，可对分离个体进行分组；但基因数目较多（如 10 对）则呈典型数量性状表现。所以多基因（polygenes）控制的性状一般均表现数量遗传的特征。但是一些由少数主基因控制的性状仍可能因为存在较强的环境机误而归属于数量性状。生物所处的宏观环境对群体表现也具有环境效应（E），基因在不同环境中表达也可能有所不同，会存在基因型与环境互作效应（GE）。所以生物体在不同环境下的表现型值可以细分为：$P=E+G+GE+e$，群体表现型变异也可作相应分解：

$$V_P=V_E+V_G+V_{GE}+V_e$$

加性-显性遗传体系的互作效应中的 GE 互作效应包括加性与环境互作效应（AE）和显性与环境互作效应（DE）。个体表现型值：$P=E+A+D+AE+DE+e$，表现型方差：

$$V_P=V_E+V_A+V_D+V_{AE}+V_{DE}+V_e$$

同理，加性-显性-上位性遗传体系的互作效应中个体表现型值可以写作：

$$P = E + A + D + I + AE + DE + IE + e$$

表现型方差：$V_P = V_E + V_A + V_D + V_I + V_{AE} + V_{DE} + V_{IE} + V_e$

三、遗传参数的估算及其应用

数量性状的方差和协方差（或相关系数）估算和分析是数量遗传分析的基础。数量遗传学运用统计分析的方法来研究生物体表现的表现型变异中归因于遗传效应和环境效应的分量，并进一步分解遗传变异中基因效应的变异分量以及基因型与环境互作变异的分量。

（一）遗传效应及其方差的分析

1. 二亲本杂交

早期数量遗传研究的群体，一般采用遗传差异较大的二个亲本杂交，分析亲本及其 F_1、F_2 或回交世代的表现型方差，进一步估算群体的遗传方差或加性、显性方差。

基因型不分离的纯系亲本及其杂交所得 F_1 的变异归因于环境机误变异（V_e），基因型方差等于 0。F_2 世代变异既包括分离个体的基因型变异和环境机误变异。$V_{F_2} = V_G + V_e$，因此

$$V_G = V_{F_2} - V_e$$

对于异花授粉植物，由于可能存在严重的自交衰退现象，常用 F_1 表现型方差估算环境机误方差。即 $V_e = V_{F_1}$。对于自花授粉植物，可用纯系亲本（或自交系）表现型方差估计环境机误方差。即

$$V_e = 1/2(V_{P1} + V_{P2}) \text{ 或 } V_e = 1/3(V_{P1} + V_{P2} + V_{F_1})$$

如假设不存在基因型与环境的互作效应（$V_{GE} = 0$）和基因的上位性效应（$V_I = 0$），F_2 表现型方差可以分解为：$V_{F_2} = V_G + V_E = V_A + V_D + V_E$；增加两个回交世代（$B_1 = F_1 \times P_1$ 和 $B_2 = F_1 \times P_2$），可进一步估算加性方差和显性方差，即

$$V_A = 2V_{F_2} - (V_{B1} + V_{B2})$$
$$V_D = (V_{B1} + V_{B2}) - V_{F_2} - V_e$$

采用单一组合的分离后代表现型方差，估算遗传群体的各项方差分量，实验简单、计算容易，但不能估算基因型与环境互作的方差分量。所获结果只能用于分析该特定组合的遗传规律，不能用于推断其他遗传群体的遗传特征。

2. 多亲本杂交

20 世纪 50 年代以来发展的多亲本杂交组合的世代均值的分析方法，采用方差分析（ANOVA）的统计方法分析一组亲本和 F_1 遗传变异，如果这组样本是从某遗传群体抽取的随机样本，可把群体表现型的方差分解为各项方差分量，估算群体的遗传方差分量，克服单一组合分离后代分析方法的局限性。

植物的遗传交配设计方法有：北卡罗莱纳设计 II（NC II 设计）和双列杂交设计。NC II 设计适用于植物个体上的多个花器同时与若干个雄性亲本完成授粉受精，在一个植株上产生不同组合后代的分析。双列杂交设计适用于多个亲本的相互杂交，每个单株只参加一种杂交。

双列杂交有 4 种方法：

方法 1：全部亲本和正、反交组合（p^2 个遗传材料）；

方法 2：亲本和正交组合 [$p(p+1)/2$ 个遗传材料]；

方法 3：正、反交组合 [$p(p-1)$ 个遗传材料]；

方法 4：正交组合 [$p(p-1)/2$ 个遗传材料]。

采用 ANOVA 方法分析方法 1 和方法 3，可以估算环境方差分量（σ_E^2）、一般配合力方差分量（σ_{2GCA}）、特殊配合力方差分量（σ_{SCA}^2）、正反交方差分量（σ_R^2）、一般配合力×环境互作方差分量（$\sigma_{GCA\times E}^2$）、特殊配合力×环境互作方差分量（$\sigma_{SCA\times E}^2$）、正反交环境互作方差分量（$\sigma_{R\times E}^2$）和机误方差分量（σ_e^2）。对双列杂交方法 2 和方法 4 的分析，则不能估算有关正反交效应的方差分量（σ_R^2 和 $\sigma_{R\times E}^2$）。在此基础上，各项遗传方差分量可按照以下公式估算：

加性方差分量： $V_A = \dfrac{4}{1+F}\sigma_{GCA}^2$

显性方差分量： $V_D = \dfrac{4}{(1+F)^2}\sigma_{SCA}^2$

加性×环境互作方差分量：$V_{AE} = \dfrac{4}{1+F}\sigma_{GCA\times E}^2$

显性×环境互作方差分量：$V_{DE} = \dfrac{4}{(1+F)^2}\sigma_{SCA\times E}^2$

其中 F 是近交系数。环境方差和机误方差方差的估算公式为：$V_E = \sigma_E^2$，$V_e = \sigma_e^2$。

目前一些学者已针对以上杂交设计方法开发出了相应计算机软件，使各种分量的估算更加便捷。

（二）遗传力的估算及其应用

在以上各项方差估算的基础上，进一步估算各种遗传效应分量的相对大小，对育种选择具有重要的指导意义。遗传力（heritability）是度量性状的遗传变异占表现型变异相对比率的重要遗传参数，定义为遗传方差（V_G）在总方差（V_P）中所占比值。把遗传方差占表现型方差的比率称为广义遗传力（broad-sense heritability），将加性方差占表现型方差的比率称为狭义遗传力（narrow-sense heritability）。

1. 广义遗传力

简单的数量遗传分析，一般假定遗传效应只包括加性效应和显性效应，而不存在基因效应与环境效应的互作。广义遗传力是指遗传方差占表现型方差的比率，记作 h_B^2，即

$$h_B^2 = V_G/V_P = V_G/(V_G + V_E)$$

广义遗传力越大，性状传递给子代的传递能力越强，受环境条件的影响就越小。一个性状从亲代传递给子代的能力大时，亲代的性状在子代中将有较多的机会表现出来，且易根据表现型辨别其基因型，选择的效果就较好。反之，广义遗传力低，说明环境条件对性状的影响较大，该性状从亲代传给子代的能力较小，对这种性状进行选择的效果就差。因此，广义遗传力可作为衡量亲代和子代之间遗传关系的一个标准和指导育种工作的一个重要指标。

由于不分离时代 P_1、P_2、F_1 的基因型是一致的基因型方差为零，即 P_1、P_2、F_1 各自的表现性差异完全是由环境引起的，因此 P_1、P_2、F_1 的表型方差就是环境方差。P_1、P_2、F_1 又生活在同一环境中，因此

$$V_E = 1/2(V_{p1} + V_{p2}) \text{ 或 } V_e = 1/3(V_{p1} + V_{p2} + V_{F_1})$$

F_2 代的表型方差既有遗传方差，又有环境方差，即 $V_{F_2} = V_G + V_E$。因此

$$V_G = V_{F_2} - V_E = V_{F_2} - 1/3(V_{p1} + V_{p2} + V_{F_1})$$

则 $h_B^2 = V_G/V_{F_2} = [V_{F_2} - 1/3(V_{p1} + V_{p2} + V_{F_1})]/V_{F_2} \times 100\%$

2. 狭义遗传力

狭义遗传力是加性方差占表现型方差的比率，记作 h_N^2，即 $h_N^2 = V_A/V_P = V_A/(V_A + V_D$

$+V_I+V_E$）。

由于加性效应在世代传递中是可以稳定遗传的，因此狭义遗传力在育种中具有重要意义。

某性状 $h_B^2=70\%$，表示在后代的总变异（总方差）中，70%是由基因型差异造成的，30%是由环境条件影响所造成的。$h_B^2=20\%$，说明环境条件对该性状的影响占80%，而遗传因素所起的作用很小。在这样的群体中选择，效果一定很差。一般来说，遗传力高的性状，容易选择；遗传力低的性状，选择的效果较小。

3. 遗传力的应用

根据性状遗传力的大小，容易从表现型鉴别不同的基因型，从而较快地选育出优良的新类型。一般来说，凡是遗传力较高的性状，在杂种早期世代（$F_2 \sim F_4$）进行选择收效会比较显著；而遗传力较低的性状，则需在杂种晚期世代（F_6以后）进行选择。

利用遗传力高的性状选择遗传力低的性状。如菜豆产量性状的遗传力较低，不易选择，但它同生育期、株高、结荚数的关系密切，而这些性状的遗传力都高，故可通过这些遗传力高的性状来提高产量。

第三节 微效基因的作用机理

数量性状的遗传会呈现数量变化的特征；数量性状是由不同座位的较多基因协同决定，而非单一基因的作用，故数量性状遗传又称为多基因遗传（polygenic inheritance）。多基因遗传时，每对基因的性状效应是微小的，称为微效基因（minor gene），不同微效基因以累积的方式发挥作用，故又称为加性基因。这些基因表现为颗粒性，以线性方式排列在染色体上。每个基因的作用是微小的，它们共同以累积的方式发挥作用。数量性状的遗传机制就是以微效多基因假说为基础的基因理论。

一、数量性状的遗传学分析

依据多基因假说，每一个数量性状是由许多基因共同作用的结果，其中每一个基因的单独作用较小，与环境影响所造成的表型差异差不多，因此，各种基因型所表现的表型差异就成为连续的数量变异了。

例如玉米穗长度这一数量性状，我们假定它是由两对基因共同控制的，一对是 A 和 a，一对是 B 和 b。又假定 A 对 a 来讲，使玉米穗长度增加，而且是不完全显性。AA 植株的玉米穗最长，aa 最短，Aa 恰好是两者的平均。B 对 b 的作用也一样，而且 A 和 B 的作用在程度上也一样，且 A 和 B 不连锁，独立分离。假定两个亲本，一个是 $AABB$，平均玉米穗最长；一个是 $aabb$，平均玉米穗最短。杂交得到子一代是 $AaBb$，平均玉米穗长度在两个亲本之间。子一代自交得子二代，它的基因型和表型如图 6-3。

从图 6-3 可见，因为 A 和 B 的作用相等而且可相加，所以子二代的表型决定于基因型中大写字母的数目，可分 5 类：①一个大写字母也没有（$aabb$），占 1/16，其表型应该与玉米穗短的亲代植株一样；②一个大写字母（$Aabb$ 和 $aaBb$），占 4/16；③两个大写字母（$AAbb$，$aaBB$ 和 $AaBb$），占 6/16，其表型应与子一代植株一样，即两个亲本的平均；④三个大写字母（$AABb$ 和 $AaBB$），占 4/16；⑤四个大写字母（$AABB$）占 1/16，其表型应与玉米穗长的亲本一样。所以，如果子二代植株的确可以清清楚楚分成这 5 类，其比例应为 1:4:6:4:1。如果基因的数目不止 2 对，而且邻近两类基因型之间的差异与环境所造成

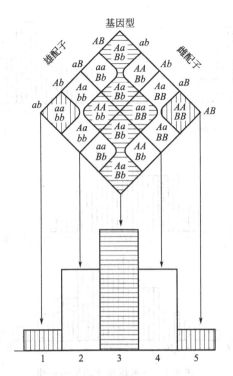

图 6-3 两对基因的独立分离、不完全显性现象的理论模型

A 和 B 的作用相等而且相加，表型按大写字母的数目可分为 5 类（1、2、3、4、5）

的差异差不多大小，那么子二代植株就不能清清楚楚分成 5 类。玉米穗的长度，从最短到最长呈连续分布，形似钟形，其中最短的很少，最长的也很少，两头少，中间多。总的平均数在中间，与子一代的平均数相等。

　　子一代植株虽然基因型彼此全都相同（都是 $AaBb$），但由于环境的影响，也呈表型差异，玉米穗的长度也是连续的，也是两头少、中间多。但子二代与子一代不同，除了环境差异之外，还有基因型差异，所以虽然子二代的平均数与子一代一样，并且也是两头少，中间多，但总的变异范围要比子一代大。

　　现在看看这个简单化的模型与实际实验结果符合的程度如何。有这样两个玉米品系，一个玉米品系的穗是短的，长 $5\sim8\text{cm}$；另一玉米品系的穗是长的，长 $13\sim21\text{cm}$。把它们作为亲本，两亲本品系中各种长度的玉米穗分布情况，以及子一代、子二代的各种长度的玉米穗分布情况如表 6-2。

表 6-2　玉米穗长度的遗传实验数据

玉米穗长度/cm	5	6	7	8	9	10	11	12	13	14	15	16	17	18	19	20	21
短穗品系数目/个	4	21	24	8													
长穗品系数目/个									3	11	12	15	26	15	10	7	2
子一代数目/个					1	12	12	14	17	9	4						
子二代数目/个					1	10	19	26	47	73	68	68	39	25	15	9	1

　　表中数字是玉米穗数目，例如，测量了 57 个亲本短穗玉米的玉米穗，其中 4 个是 5cm，21 个是 6cm。（其实 5cm 是指 $4.50\sim5.49\text{cm}$，6cm 是指 $5.50\sim6.49\text{cm}$，其余类推）。

　　用图 6-4 表示这个实验的结果。其结果符合我们的预期：两个亲本品系和子一代的变异

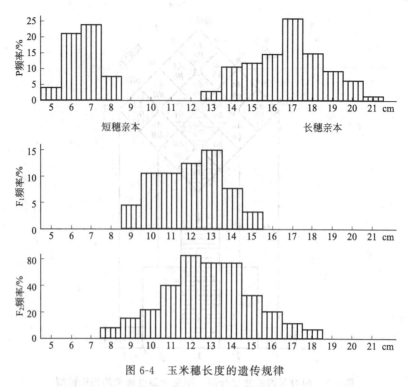

图 6-4　玉米穗长度的遗传规律

范围都比较小，子一代的平均数在两个亲本平均数的中间；子二代的平均数差不多与子一代的平均数一样，但变异范围大得多，最短的与短穗玉米亲本近似，最长的与长穗玉米亲本相近。

尼尔逊·埃尔在研究小麦种子颜色的遗传试验中发现，F_2 表现红色和白色的比例有种种不同情况：有的 F_2 分离比接近 3 红：1 白，这表明是受 1 对基因影响；有的 F_2 分离比接近 15 红：1 白，这可以看作是 2 对基因的作用，是 9：3：3：1 的变型；有的 F_2 近似 63 红：1 白，这是 3 对基因分离的结果。

现在详细分析一下 15 红：1 白的情况。当种子为红色的品种同种子为白色的品种杂交，F_1 种子颜色是中等红色，F_2 出现了各种程度不同的红色种子和少数白色种子（表 6-3）。用 2 对因子的假说来解释，结果观察到的表型比例与理论据算的基因型比例是一致的。

从表 6-3 可以看出，种子红色这一性状是由几种红色基因 R 的积累作用所决定的。R 越多，红色程度越深，4 个 R 表现深红色，3 个 R 表现中深红色，2 个 R 表现中红色，1 个 R 表现浅红色，没有 R 时为白色。应用遗传分析方法，根据 F_2 的分离情况，证实了上述结果。

表 6-3　两对基因影响小麦籽粒颜色的遗传实验数据

亲本		深红色($R_1R_1R_2R_2$)×白色($r_1r_1r_2r_2$)				
F_1		中等红色($R_1r_1R_2r_2$)				
F_2	基因型	1　$R_1R_1R_2R_2$	2　$R_1R_1R_2r_2$ 2　$R_1r_1R_2R_2$	1　$R_1R_1r_2r_2$ 4　$R_1r_1R_2r_2$ 1　$r_1r_1R_2R_2$	2　$R_1r_1r_2r_2$ 2　$r_1r_1R_2r_2$	1　$r_1r_1r_2r_2$
	表现型	深红	中深红	中红	浅红	白
	表型比	1	4	6	4	1
		15				1

当某性状由 1 对基因决定时，由于 F_1 能够产生具有等数 R 和 r 的雌配子和雄配子，所以当某性状由一对基因决定时，则 F_1 可以产生同等数目的雄配子（$1/2R + 1/2r$）和雌配子（$1/2R + 1/2r$），雌雄配子受精后，得 F_2 的基因型频率为：

$$\left(\frac{1}{2}R + \frac{1}{2}r\right)\left(\frac{1}{2}R + \frac{1}{2}r\right) = \left(\frac{1}{2}R + \frac{1}{2}r\right)^2 = \frac{1}{4}RR + \frac{2}{4}Rr + \frac{1}{4}rr$$

因此，当某性状由 n 对独立基因决定时，则 F_2 的基因型频率为：

$$\left(\frac{1}{2}R + \frac{1}{2}r\right)^2 \left(\frac{1}{2}R + \frac{1}{2}r\right)^2 \left(\frac{1}{2}R + \frac{1}{2}r\right)^2 \cdots\cdots$$

或

$$\left(\frac{1}{2}R + \frac{1}{2}r\right)^{2n}$$

当 $n = 2$ 时，代入上式并展开可得：

$$\left(\frac{1}{2}R + \frac{1}{2}r\right)^{2\times2} = \frac{1}{16}RRRR + \frac{4}{16}RRRr + \frac{6}{16}RRrr + \frac{4}{16}Rrrr + \frac{1}{16}rrrr$$

当 $n = 2$ 时，代入上式并展开可得：

$$\left(\frac{1}{2}R + \frac{1}{2}r\right)^{2\times3} = \frac{1}{64}RRRRRR + \frac{6}{64}RRRRRr + \frac{15}{64}RRRRrr + \frac{20}{64}RRRrrr$$

$$+ \frac{15}{64}RRrrrr + \frac{6}{64}Rrrrrr + \frac{1}{64}rrrrrr$$

上述分析结果和实得结果基本一致。数量性状的遗传实验结果大都如此。许多数量性状是由多基因控制的，每个基因间的相互作用在数量方面的表现，可以是相加的，可以是相乘的，也可能有更复杂的相互作用形式。

二、基因的相互作用假说

基因的相互作用可归纳为两大类：①加性作用：包括累加作用和倍加作用。这种基因的作用能把性状固定地传递给后代群体；②非加性作用：包括显性、部分显性、超显性和上位性作用。这种基因的作用不能把性状固定地传递给后代群体，它随着基因纯合程度的提高而不断减少，以致消失。

（一）加性作用假说

等位基因或非等位基因之间无显隐性关系，基因的作用是按一定的常数累加或倍加所产生的数量效应，称为加性作用。

1. 累加作用

对数量性状起作用的基因称为贡献基因，基因累加作用是指影响数量性状的每个贡献基因的作用是按一定的常数累加的，这个常数是算术平均值。

基因型 $A_1A_1A_2A_2$ 为携带 4 个贡献基因的表型值；$a_1a_1a_2a_2$ 为没有贡献基因参与的表型值，或即由中性基因表示的基本数值，称为基本值也称尽余值。

2. 倍加作用

基因倍加作用是指影响数量性状的每个贡献基因的作用是按一定的常数倍加的。在果重等性状的表现上，倍加作用比较明显。

（二）非加性作用假说

包括等位基因间的显性、部分显性和超显性作用，以及非等位基因之间的上位性作用等，由基因间相互作用所产生的数量效应，称为非加性作用。

1. 显性作用

假定 A_1 对 a_1 为完全显性，A_2 对 a_2 为完全显性，A_1 与 A_2 的数量效应相同，$AA = Aa = 6$。

2. 部分显性作用

等位基因杂合时（Aa）的数量效应小于纯合时（AA）的数量效应。假定 A_1 与 A_2 的数量效应相等，$A_1A_2 = A_2A_2 = 6$，但 $A_1a_1 = A_2a_2 = 4$。

3. 超显性作用

等位基因杂合时（Aa）的数量效应大于纯合时（AA）的数量效应。假定 A_1 与 A_2 的数量效应相等，$A_1A_2 = A_2A_2 = 6$，但 $A_1a_1 = A_2a_2 = 8$。

4. 上位性作用

非等位基因 A_1 和 A_2 同时存在产生互作，假定增加的数量效应为 10；A_1 和 A_2 不同时存在，基因型值并不增加。

三、超亲遗传

超亲遗传（transgressive inheritance）指在数量性状的遗传中，杂种第二代及以后的分离世代群体中，出现超越双亲性状的新表型的现象。这个现象可用多基因假说予以解释。例如，两个桃品种，一个早熟，一个晚熟，杂种第一代表现为中间型，生育期介于两亲本之间，但其后代可能出现比早熟亲本更早熟，或比晚熟亲本更晚熟的植株，这就是超亲遗传。假设某作物的生育期由 3 对独立基因决定，早熟亲本的基因型为 $A_2A_2B_2B_2C_1C_1$，晚熟亲本的基因型为 $A_1A_1B_1B_1C_2C_2$，则两者杂交的 F_1 基因型为 $A_1A_2B_1B_2C_1C_2$，表现型介于两亲之间，比晚熟的亲本早，比早熟的亲本晚。由于基因的分离和重组，F_2 群体的基因型在理论上应有 27 种。其中基因型为 $A_1A_1B_1B_1C_1C_1$ 的个体，将比晚熟亲本更晚熟，基因型为 $A_2A_2B_2B_2C_2C_2$ 的个体，将比早熟亲本更早熟。

可见，如果两个杂交亲本的遗传组成不是极端类型，杂交 F_2 代就可能出现超亲现象，反之则无。超亲遗传在数量性状中是经常出现的，它给育种工作者创造、选育新类型提供了有利的条件。

第四节　数量性状基因定位

前几节介绍的是经典的数量遗传分析方法，它只能分析控制数量性状表现的众多基因的总和遗传效应，无法鉴别基因的数目、单个基因在基因组的位置和遗传效应。随着现代分子生物学的发展和分子标记技术的成熟，已经可以构建各种作物的分子标记连锁图谱。基于作物的分子标记连锁图谱，已经可以在染色体上检测出控制数量性状表现的基因座 QTL，并可以估算影响某一数量性状的 QTL 在染色体上的数目、位置和遗传效应。

一、QTL 定位的原理和步骤

（一）QTL 定位的原理

数量性状 QTL 定位的基础是需要有分子标记连锁图谱。具有多态性的分子标记并不是基因，对所分析的数量性状不存在遗传效应。如果分子标记覆盖整个基因组，控制数量性状的基因座（Q_i，即 QTL）两侧会有相连锁的分子标记（M_{i-} 和 M_{i+}）。这些与 Q_i 紧密连锁的分子标记将表现不同程度的遗传效应。利用分子标记定位 QTL，实质上就是分析这些表现遗传效应的分子标记与数量性状基因座 Q_i 的连锁关系，即利用已知座位的分子标记来定位未知座位的 Q_i，通过计算分子标记与 Q_i 之间的重组率，来确定的 Q_i 具有位置。需要注意的是，QTL 作图中的连锁分析与质量性状不同，不能直接计算遗传标记和 QTL 之间的重组率，而是采用统计学方法计算它们之间连锁的可能性，依据这种可能性是否达到某个阈值来判断遗传标记和 QTL 是否连锁，并进而确定其位置和效应。

以单标记和单基因为例（图 6-5），若标记 M 与控制数量性状的基因座 Q 无连锁（左图），则不同的 M 标记基因型（MM、Mm、mm）所对应的 Q 基因型（QQ、Qq、qq）比例分布相同（均遵循孟德尔规律），因此 3 种 M 标记基因型所对应的 Q 性状平均值会相等；若标记 M 与 Q 存在连锁（右图），不同的 M 标记基因型所对应的 Q 基因型比率分布会受 M 标记连锁影响发生改变，因此 3 种 M 标记基因型所对应的 Q 性状在平均数上有差异，这是数量性状定位的最基本原理。

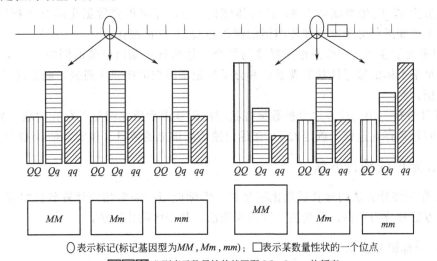

○表示标记(标记基因型为MM,Mm,mm)；□表示某数量性状的一个位点
▥▦▨ 分别表示数量性状基因型QQ,Qq,qq的频率

图 6-5　QTL 定位的基本原理示意图

（二）QTL 定位的步骤

① 构建作图群体　适于 QTL 定位的群体应该是待测数量性状存在广泛变异，多个标记位点处于分离状态的群体，这样的群体一般是由亲缘关系较远的亲本间杂交，再经自交回交等方法进行人工构建的。如用高株×矮株，或早熟期×晚熟期等，常用的群体有 F_2 群体、BC 群体、双单倍体（doubled haploids，DH，即加倍的单倍体群体）群体、重组近交系（recombinant inbred lines，RIL，由 F_1 连续多代自交产生）群体等。其中 DH 群体和 RIL

群体的分离单位是品系，品系间存在遗传差异而品系内个体间基因型相同，自交不分离，可以永久使用。

② 确定和筛选遗传标记　理想的作图标记应具有 4 个方面的特征：第一，数量丰富。以保证足够的标记覆盖整个基因组；第二，多态性好。以保证个体或亲代与子代之间有不同的基因型；第三，中性。同一基因位点的各种基因型都有相同的适应性，以避免不同基因型间的生存能力差异引起的试验误差；第四，共显性。以保证直接区分同基因位点的各种基因型。在各种遗传标记中，形态标记数量有限，通常不表现中性和共显性；蛋白质标记可以满足中性和共显性，但它们又有数量不足或多态性不好的缺点；而分子标记容易具备上述 4 个特征，因此已成为目前应用最广泛的作图标记。常用的分子标记有限制性片段长度多态性（restriction fragment length polymorphism，RFLP）、扩增片段长度多态性（amplified fragment length polymorphism，AFLP）、随机扩增多态 DNA（random amplified polymorphism DNA，RAPD）、可变数目串联重复（variable number of tandem repeat，VNTR）、简单序列重复（simple sequence repeat，SSR）等。

③ 检测分离世代群体中每一个体的标记基因型值　从作图群体中抽样提取 DNA 做分子标记检测，记录每个被测个体的标记基因型。若标记的遗传图谱未知，还需要先依据各标记基因型分离资料制作标记的连锁图。由于各种分子标记最后显示的都是电泳分离的带谱，所以个体的标记基因型需要将每个标记的带纹与亲本比较并赋值来记录。例如在共显性情况下，两个纯合亲本各显示 1 条带，杂合体同时显示双亲的 2 条带。作图群体中应含有 P_1、P_2 和杂合型 3 种带型，这 3 种带型即代表某一分子标记的 3 种基因型。如果将含有 P_1 带型的个体赋值为 1，P_2 带型赋值为 3，杂合体赋值为 2，即可得到数据化的分子标记基因型。在此基础上才能进行分子标记遗传图谱的制作和 QTL 图谱制作。

④ 测量数量性状　在检测作图群体的每个个体的标记基因型值的同时，测定其数量性状值。将每个个体的数量性状表现型值和分子标记基因型值按顺序列表，就形成了后续分析的基本数据。

⑤ 统计分析　用统计方法分析数量性状与标记基因型值之间是否存在关联，判断 QTL 与标记之间是否存在连锁，确定 QTL 在标记遗传图谱上的数目、位置，估计 QTL 的效应。

二、QTL 定位的统计方法

QTL 作图统计方法的运算过程比较复杂，实际应用中需要相应计算软件来完成。QTL 定位分析方法划分为单标记分析法、区间作图法、复合区间作图法。

（一）单标记分析法

单标记分析法通过方差分析或回归分析，比较单个标记基因型（MM、Mm、mm）数量性状均值的差异。如存在显著差异，则说明控制该数量性状的 QTL 与标记有连锁。单一标记分析法不需要完整的分子标记连锁图谱。

（二）区间作图法

区间作图法以正态混合分布的最大似然函数和简单回归模型，借助于完整的分子标记连锁图谱，计算基因组的任一相邻标记（M_{i-} 和 M_{i+}）间存在和不存在 QTL（Q_i）的似然函数比值的对数（LOD 值）。

根据整个染色体上各点处的 LOD 值可以描绘出一个 QTL 在该染色体上存在与否的似

然图谱。当 LOD 值超过某一给定的临界值时，QTL 的可能位置可用 LOD 支持区间表示出来。QTL 的效应则由回归系数估计推断。图 6-6 是玉米自交系 B73×Mo17 的 F_1 与 Mo17 回交群体的产量 QTL 定位研究结果，共有 8 个连锁标记（X 轴表示它们的位置，距离单位为 cM）。图上三角形所指的位置是具有最大 LOD 的 QTL 位置，即 QTL 最可能所处的位置。LOD 为 2.0 的水平线是整个试验显著性阈值（$\alpha=0.05$）。在标记 C256 和 C449 之间存在一个影响产量的 QTL。

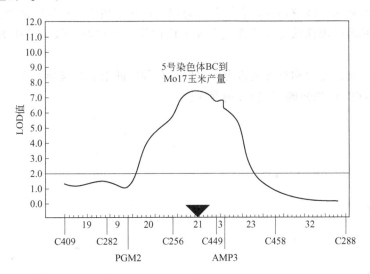

图 6-6　玉米 5 号染色体上影响产量的 QTL 位置与 LOD 曲线图

（引自盛志廉和陈瑶生，1999）

（三）复合区间作图法

多分子标记分析是同时用多个标记进行 QTL 分析。由于同时在多个标记位置检测 QTL 涉及多维空间，在数学上不易实现，所以可行的方法是在分析一个标记区间时利用其他标记信息。有代表性的是 Zeng（1994）提出的复合区间作图法。这种方法是区间作图法的改进，是在做双标记区间分析时，利用多元回归控制其他区间内可能存在的 QTL 的影响，从而提高 QTL 位置和效应估计的准确性。

三、QTL 分析的应用前景

QTL 分析的技术目前已基本成熟，由于成本原因尚未在实践中广泛应用。QTL 分析的应用主要有：①由 QTL 定位得到的遗传图谱可以进一步转换成物理图谱，对 QTL 进行克隆和序列分析，在 DNA 分子水平上研究决定数量性状基因的结构和功能，应用基因工程的手段来操纵 QTL。②用于标记辅助选择。在植物育种上，利用标记与 QTL 的连锁，在实验室内对数量性状变异提早识别与选择，不必等到基因完全表达的时期再行选择。经鉴定为不良基因型的可立即淘汰，为优良基因型的则用来繁殖下一代，以提高选择效率和精度。与传统方法相比，标记辅助选择对回交育种引入的隐性有利基因、剔除非轮回亲本不利连锁基因更为快速有效，可以较少世代数完成目的基因的转育。③利用标记与 QTL 连锁分析可以提供与杂种优势有关的信息，鉴定与杂种优势有关的标记位点，确定亲本在 QTL 上的差异，有效地预测杂种优势。

思 考 题

1. 质量性状和数量性状的区别在哪里？这两类性状的分析方法有何异同？

2. 基于对数量性状遗传本质的理解，叙述数量性状的多基因假说的主要内容。

3. 叙述主效基因、微效基因、修饰基因对数量性状遗传作用的异同之处。

4. 什么是基因的加性效应、显性效应及上位性效应？它们对数量性状的遗传改良有何作用？

5. 什么是广义遗传力和狭义遗传力？它们在育种实践上有何指导意义？

6. 什么是QTL？如何确定QTL的存在？

第七章 近亲繁殖和杂种优势

一、二年生的蔬菜和花卉植物以及大多数的林木树种都是通过有性繁殖来繁衍后代。无性繁殖的果树和其他多年生植物，为了选育品种也往往采用有性杂交的方法。杂交（hybridization）是指通过不同个体之间的交配而产生后代的过程。异交（outbreeding）指亲缘关系较远的个体间随机相互交配。近亲繁殖和杂种优势是数量性状遗传研究的重要方面，也是育种工作的重要手段。有关这方面的遗传理论及其利用途径日益受到重视，在生产中取得很大进展。

第一节 近亲繁殖的遗传效应

近亲繁殖（inbreeding）是指亲缘关系相近的两个个体间的杂交，也就是指基因型相同或相近的个体间的交配，也称近亲交配或近交。自交（selfing）主要是指自花授粉，由于其雌雄配子来源于同一植株或同一花朵，因而它是近亲繁殖中最极端的方式。自交或近亲繁殖的后代，特别是异花授粉植物通过自交产生的后代，会出现退化现象，表现在生活力衰退、产量和品质下降。但在遗传研究和育种中却强调自交或近亲繁殖，只有这样，才能使试材的遗传组成纯合，准确地分析、比较亲本及其杂种后代的遗传差异，研究其性状遗传变异规律。

一、近亲繁殖与授粉结实的关系

（一）近亲繁殖的类别

近亲繁殖按亲缘关系远近的程度一般分为自交（selfing）、回交、全同胞（full-sib）交配、半同胞（half-sib）交配、亲表兄妹（first-cousins）交配五种。

1. 自交

自交主要是指植物的自花授粉（self-fertilization）。由于其雌雄配子来源于同一植株或同一花朵，因而它是近亲交配中最极端的方式。

2. 回交

回交是指杂种后代与其亲本之一的再次交配。如甲×乙的 F_1×乙→BC_1，BC_1×乙→BC_2，…；或 F_1×甲→BC_1，BC_1×甲→BC_2，…。BC_1 表示回交第一代，BC_2 表示回交第二代，其余类推。也有用（甲×乙）×乙等方式表示的。在回交中，轮回亲本（recurrent parent）是指被用来连续回交的亲本。非轮回亲本（non-recurrent parent）是指未被用于连续回交亲本。

3. 全同胞交配

全同胞交配是指同一父母本的后代之间的交配。

4. 半同胞交配

半同胞交配是指同父本或同母本的后代之间的交配。

5. 亲表兄妹交配

亲表兄妹交配是指有一个共同祖代的个体间进行的交配。

(二) 植物授粉结实特性的分类

植物根据天然杂交率的高低可将授粉特性分为三类：

1. 自花授粉植物 (self-pollinated plant)

雌蕊接受同一花朵的花粉叫做自花授粉。在自然情况下，以自花授粉为主的植物叫做自花授粉植物，又叫自交植物。它必然是具有雌蕊和雌蕊的完全花，而且雌雄蕊基本上同时成熟，不存在自交不亲和等特点。在花器结构上的某些特点使自花授粉在整个传粉过程占主导地位，可分为花冠隔离型和粉药包围型。前者有些是整个花冠形成一个隔离空间，使外部花粉不能接触花柱，如小麦、燕麦、狐茅、冰草等；有些是部分花冠由两片龙骨瓣合生形成一个隔离空间，不仅使外部花粉难以进入，而且可以使花粉受到保护不易受昆虫吞食和雨水淋湿，如豌豆、香豌豆、羽扇豆等。后者花柱受到裂药雄蕊群的包围，如番茄等由若干枚雌蕊合生的花药筒紧紧地围裹在中间，在授粉受精前难以接触外来花粉；莴苣开花时花柱的伸长必须通过由雄蕊群组成的、布满花粉的管状通道，从而沾满自花花粉，完成自花授粉过程。自花授粉植物在自然选择下，能保留有利的同质化基因，后代基本上保持亲本的遗传性状，偶尔也会受到外来花粉的基因和环境等条件的影响，发生少量的天然杂交率（1%～4%），可能出现某些变异。

2. 常异花授粉植物 (often cross-pollinated plant)

常异花授粉植物，又称常异交植物，指那些有自花授粉习性，但花器结构不太严密，从而发生部分异花授粉的植物，如蚕豆、辣椒、桃、葡萄、柑橘等。常异花授粉植物的自然异交率常因植物的种类品种、外界环境和发育状况而有一定的变异，通常在5%～50%，比自交作物的后代出现较多的变异。

3. 异花授粉植物 (cross-pollinated plant)

在自然状态下雌蕊通过接受其他花朵的花粉受精繁殖后代的植物称为异花授粉植物，又叫作异交植物。异花授粉普遍发生于高等植物所有的科。如白菜、萝卜、洋葱、胡萝卜等，它们是雌雄同花的，但天然杂交率很高（50%以上），自然状态下以异花授粉受精为主，或表现出自交不孕、自交后代常出现广泛的分离和生活力衰退现象，但一个品种的群体内个体间自由授粉能保持性状的相对稳定性。雌雄异花植物，如瓜类、核桃、板栗等几乎都不能自交结实，必须进行异花授粉。雌雄异株植物，如菠菜、银杏、杨梅等是极端的异花授粉植物。雌雄异株和雌雄异花同株类型主要靠其性别分化保证其异花授粉，未发现有特殊的自交不亲和机制。如葡萄属全部60多个野生种都是雌雄异株，从野生群体中筛选出完全花突变系如山葡萄中的'双庆'、'双优'，刺葡萄中的'塘尾'都是自交亲和性很好的类型。

现在自交亲和性良好的欧洲葡萄和胡椒都是从雌雄异株的森林葡萄和野胡椒经驯化来的雌雄同花类型。异花授粉植物在花器结构方面有着复杂的多样性，以多种方式适应异花授粉的需要。如单株间或单株上不同雌雄蕊性别的分化；抑制受精的复等位基因间的拮抗作用；开放传粉、雌雄蕊异熟有利于异花授粉；风媒花产生大量小、轻而易于飞扬的花粉，雌蕊具有外露表面大而便于捕捉飘浮花粉的柱头；虫媒花具有对昆虫等传粉动物吸引力很强的色泽艳丽、浓郁而特异的气味、发达的花冠和蜜腺；自交不亲和机制以及上述两个或更多特性的联合机制等。

（三）繁殖习性对遗传变异的影响

1. 自花授粉植物的遗传变异

长期自花授粉加上定向选择，造成自花授粉植物品种群体内绝大多数个体基因型纯合，遗传性一致而稳定，品种保纯比较容易。偶然杂交或自然突变都会产生性状分离，不仅频率很低，而且随着繁殖世代的增加，杂合类型的比例会迅速下降。

自花授粉植物在长期自交和自然选择、人工选择的作用下，对严重影响植物生长发育的致死、半致死基因已淘汰殆尽，因此继续自交也不会出现明显衰退。但是在自花授粉植物中也可以看到生态类型差异较大的品种间杂交存在可利用的杂种优势。

2. 常异花授粉植物的遗传变异

常异花授粉植物品种的基本群体是自花授粉的后代，个体间差异较小，大多数基因型纯合。群体中常常包含三类基因型：①品种基本群体的纯合基因型占群体的绝大多数，包括品种内株间杂交的后代；②少数正在分离过程中的杂合基因型；③由杂合基因型自交分离形成的非基本群体的各种重组基因型。由此看来，常异花授粉植物由于偶然杂交比典型自花授粉植物能给选择育种提供较多的机会，但在良种繁育、防止生物学混杂方面也会造成一定的困难。对常异花授粉植物的人工控制自交一般不会导致近交衰退和其他不良影响。自花授粉和常异花授粉植物不存在自交不亲和，也不存在品种间杂交的不亲和。

3. 异花授粉植物的遗传变异

遗传上杂合程度较大，在品种群体内基本上没有基因型完全相同的个体。它们是在人工选择的情况下构成的一个遗传基础比较复杂、又在主要经济性状上相对一致而保持遗传平衡的异质群体。实际上异花授粉植物的品种难以避免其他品种花粉的传入、自然突变的发生，小样品引种的随机漂移以及不同年份、地段选择因素的差异等都会改变群体的遗传结构。异花授粉植物强制自交或近亲交配产生的后代，一般表现生活力衰退、产量和品质下降，出现退化现象。近交衰退程度在不同种类间有很大差异。如白菜、胡萝卜、表现显著的近交衰退；而黄瓜、西瓜等瓜类植物近交衰退程度较小；自交不亲和的梨、苹果、菊花等近交衰退程度远胜于自交亲和的桃、葡萄和翠菊。但在自交或近亲交配的前提下才能使供试材料具有纯合的遗传组成，从而才能确切地分析和比较亲本及杂种后代的遗传差异，研究性状遗传规律，更有效地开展育种工作，因此遗传育种工作十分强调自交或近亲交配。

二、近亲繁殖的遗传效应

（一）自交的遗传效应

自交植物的杂合体或异交植物的任何个体，通过自交，其后代群体能表现出以下三种遗传效应，它们对遗传研究和品种选育及良种繁育能提供理论根据。

1. 自交引起后代基因的分离，使后代群体的遗传组成趋于纯合化

自交后代纯合体增加的速度决定于异质基因的对数和自交的代数。

以一对基因为例进行分析，$AA \times aa$ 的 F_1 群体内 100% 为杂合体（Aa），F_1 自交产生 F_2，F_2 基因型的分离比例为 $1/4AA : 1/2Aa : 1/4aa$，其中纯合体（AA，aa）占 $1/2$，杂合体（Aa）也占 $1/2$。如果继续自交，杂合的个体又产生 $1/2$ 纯合的后代，而纯合体的个体只能产生纯合的后代。这样，每自交一代，杂合体减少 $1/2$，纯合体增加 $1/2$。杂合体 Aa 连续自交的后代基因型比例的变化见表7-1。

表 7-1 杂合体 Aa 自交后代基因型比例的变化

世代	自交代数	基因型及比例	杂合体比例	纯合体比例
F_1	0	$1Aa$	1	0
F_2	1	$1/4AA, 2/4Aa, 1/4aa$	$1/2$	$1/2$
F_3	2	$1/4AA, 2/16AA, 4/16Aa, 2/16aa, 1/4aa$	$1/4$	$3/4$
F_4	3	$6/16AA, 4/64AA, 8/64Aa, 4/64aa, 6/16aa$	$1/8$	$7/8$
...	...	...	...	...
F_r			$(1/2)^{r-1}$	$1-(1/2)^{r-1}$
F_{r+1}			$(1/2)^r$	$1-(1/2)^r$

　　杂合体随自交代数的增加，能使纯合体不断增加，杂合体的比例越来越小。但其纯合体增加的速度和强度决定于自交代数、选择的强度以及杂合体基因对数。基因对数多，纯合速度就慢，需要的自交代数多；基因对数少，纯合速度就快，需要的自交代数少（图 7-1）。当杂合体有 n 对异质基因（条件：独立遗传、后代繁殖能力相同）、自交 r 代，其后代群体中纯合体频率的计算公式为：纯合体的比例 $=[1-(1/2)^r]^n$。据此在杂交育种时可根据自交后代纯合率的出现情况来估计育种的规模和进展速度。

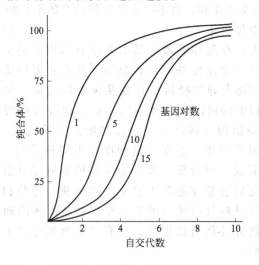

图 7-1 杂合基因对数与自交后代纯合速度的关系

2. 自交可改良群体的遗传组成

　　自交导致等位基因纯合，使隐性性状得以表现，淘汰有害的隐性个体，改良群体的遗传组成。自交对显性基因和隐性基因的纯合作用是同样的。只是当异质结合时隐性基因被显性基因所掩盖，致使隐性性状不能表现出来，这对于不同授粉方式的植物就会产生不同的遗传效应。异花授粉植物的杂合体，它的有害的隐性基因常常处于潜伏状态，通过自交，使隐性基因纯合而表现出某些不利的隐性性状（如白苗、黄苗、花斑苗、矮化苗、畸形苗等），从而淘汰有害的个体，有利于选育优良的自交系。自花授粉植物由于长期自交，隐性性状可以表现，因而有害隐性性状已被自然选择和人工选择所淘汰，其后代一般能保持较好的生活力，很少出现有害性状，很少表现出自交退化现象。

3. 自交引起遗传性状的稳定

　　杂合体通过自交，由于显性基因或隐性基因的纯合，显性性状或隐性性状都能稳定地表现。因此，异花授粉或自花授粉植物，通过自交或近交能使遗传组成趋于纯合，对于保持品种的纯度和物种的相对稳定性具有重要意义。例如两对基因的杂合体 $AaBb$ 通过长期自交，就会分别出现 $AABB$、$AAbb$、$aaBB$、$aabb$ 4 种纯合基因型的群体，这就可选育成新品种。

（二）回交的遗传学效应

回交是指杂种后代与双亲之一进行再次杂交。测交则指杂种后代与隐性纯合亲本进行再次杂交。回交对于性状遗传的研究具有重要意义。因为利用具有隐性性状的亲本与其 F_1 回交可以测定 F_1 产生的配子类型和比例。性状遗传的 3 个基本规律就是采用回交法验证的。回交与自交相似，连续多代进行，将使后代群体的基因型逐代趋于纯合，只是基因型纯合的内容和进度有重大差别。

① 连续回交可使后代的基因型逐渐增加轮回亲本基因成分，逐代减少非轮回亲本的基因成分，从而使轮回亲本的遗传组成替代非轮回亲本的遗传组成，导致后代群体的性状逐渐趋于轮回亲本。在回交过程中，一个杂种与其轮回亲本每回交一次，可使后代增加轮回亲本的 1/2 基因组成。多次连续回交后，其后代将基本上回复为轮回亲本的核基因组成（图 5-3）。设两亲本的基因型为 AA、aa，F_1 为 Aa，如 Aa 用全隐性亲本 aa 回交，其后代基因型比例的变化如下（表 7-2）。一对等位基因回交后代纯合体的速率同自交一样，纯合的速度同样是 $1-(1/2)^r$，但自交后代纯合率是各种基因型纯合率的累加值，回交后代只是轮回亲本一种纯合基因型。

② 回交使群体的基因型逐渐趋于纯合，但向轮回亲本基因型的方向进行纯合。一般回交 5～6 代后，杂种的基因型已基本被轮回亲本的基因组成所置换（图 7-2）。连续回交的过程都会伴随人工选择，保留非轮回亲本的目标性状，否则就失去了意义。在基因型纯合的进度上，回交显然大于自交。

表 7-2　用 aa 个体回交杂合体 Aa 后代基因型比例的变化

回交代数	基因型及比例	杂合体比例	纯合体比例
B_0	Aa	1	$1-1$
B_1	$1/2Aa$，$1/2aa$	$1/2$	$1-1/2$
B_2	$1/4Aa$，$1/4aa$，$1/2aa$	$1/4$	$1-1/4$
B_3	$1/8Aa$，$1/8aa$，$3/4aa$	$1/8$	$1-1/8$
…	…	…	…
B_r		$(1/2)^r$	$1-(1/2)^r$

三、近亲繁殖在育种上的应用

近亲繁殖是育种工作的重要方法之一。它的作用主要是通过近亲繁殖，使其异质基因分离，从而导致基因型的纯合，使其后代群体具有相对纯合的基因型。植物的近亲繁殖主要是通过自交分离出纯系，利用姊妹交可恢复自交材料的生活力。自花授粉植物是天然自交的，在自花授粉植物的杂交育种上，只要对其杂种后代逐代种植，注意选择符合需要的分离个体，即可育成纯合而稳定的优良品种。对于生产上自花授粉植物的推广品种，为了保持品种纯度，作好良种繁育工作，也必须重视近亲繁殖。通常按品种特性分区推广种植，其目的就是防止不同品种杂交混杂。对于一些天然杂交率高的自花授粉植物，在育种上为了保持品种资源原有的遗传组成，则需进行人工自交留种。异花授粉植物由于天然杂交率高，其基因型是异质结合的，所以对于生产的品种要采取适当的隔离措施，控制传粉，防止自交系或品种间杂交混杂。

利用回交可以改良品系或品种的个别缺点。当某甲品种有一两个性状不能满足生产需要，而这个性状的基因又是为数很少时，就可选取一个在该一两个性状方面具有突出优点的另一个乙品种与之回交，并以甲品种作回交亲本与杂种多代回交，予以改进。假设甲品种高产不抗病，而乙品种（或野生种）具有较强抗病性（显性基因 R 控制）。杂交后，从其后代群体中选取抗病株进行回交，在回交 4～5 代使基因型大部分为回交亲本甲替换后，再连续自交二代，即能选得抗病性纯合而高产的新的甲品种（图 7-2）。

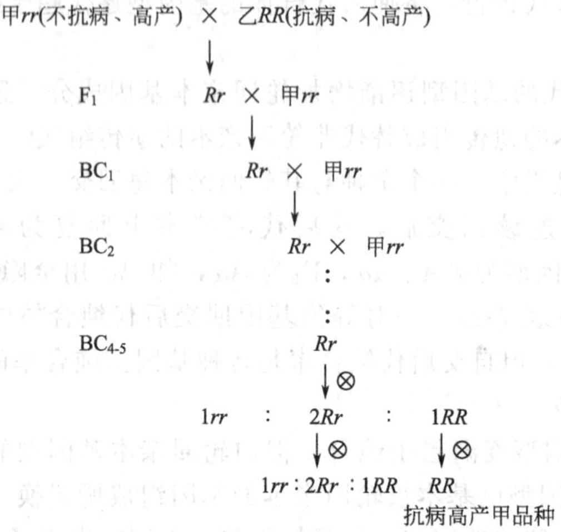
甲rr(不抗病、高产) × 乙RR(抗病、不高产)
F_1
Rr × 甲rr
BC_1
Rr × 甲rr
BC_2
Rr × 甲rr
$BC_{4\text{-}5}$
Rr
⊗
1rr : 2Rr : 1RR
⊗
⊗
1rr : 2Rr : 1RR
RR
抗病高产甲品种

图 7-2　回交改良品系或品种

第二节　纯系学说

一、菜豆的选择试验

丹麦学者约翰生在 1990 年曾研究了自交作物菜豆种子重量的选择试验，从天然混杂的群体中，按单株豆粒的平均粒重选出一些不同的植株，根据平均粒重有明显差异的 19 个单株后代分成 19 个单系。第一号为大粒系，以号次粒重逐渐下降，第十九号为小粒系，各系的粒重性状能稳定地遗传，说明在有遗传差异的群体中选择是有效的。接着，在 19 个株系中，选用小粒株系和大粒株系为试材，在各株系中又分别选择最轻和最重的两类种子，分别种植和选择，如此连续进行 6 年（表 7-3）。可见在小粒株系中，由轻粒种子产生的后代平均粒重为 36.8mg，由重粒种子产生的后代平均粒重为 37.4mg。同样，在大粒株系中，它们的后代平均粒重分别为 66.7cg 和 66.2cg，彼此差异很少。各个年份的试验结果几乎也没有差异。

二、纯系学说

由菜豆的选择试验结果，约翰生把严格的自花授粉植物的株系（即一个单株的后代）称为纯系（pure line），也就是指一个基因型纯合个体自交产生的后代群体内个体间基因型是

表 7-3　菜豆两个株系粒重选择结果（mg/100 粒）

| 收获年份 | 小粒株系 | | | | 大粒株系 | | | |
| | 当选亲本种子的平均重 | | 后代种子的平均重 | | 当选亲本种子的平均重 | | 后代种子的平均重 | |
	轻粒种	重粒种	轻粒种	重粒种	轻粒种	重粒种	轻粒种	重粒种
1902 年	30	40	35.8	34.8	60	70	63.2	64.9
1903 年	25	42	40.2	41.0	55	80	75.2	70.9
1904 年	31	43	31.4	32.6	50	87	54.6	56.9
1905 年	27	39	38.3	39.2	43	73	63.6	63.6
1906 年	30	46	37.9	39.9	46	84	74.4	73.0
1907 年	24	47	37.4	37.0	46	81	69.1	67.7
平均	27.8	42.8	36.8	37.4	51.7	79.2	66.7	66.2

纯合的、相同的。于是提出了纯系学说（pure line theory），认为在基因型不同的天然混杂群体中，可分离出许多基因型纯合的株系，因此在一个混杂群体中选择是有效的；但在纯系内的个体间基因型都是相同的，它们的性状所表现的某些差异是由环境所造成的，是不能遗传的，所以在基因型相同的纯系内继续选择是无效的。纯系学说是自花授粉作物单株选择育种的理论基础。

纯系学说的理论贡献在于：

① 区分了遗传的变异和不遗传的变异，只有选择遗传的变异，才会产生选择效果；②在自花授粉作物的天然混杂群体中，单株选择是有效的，在一个经过选择分离而基因型相同的纯系中选择是无效的；③选择不能创造变异，它只是对已存在的遗传的变异发生作用；④明确了基因型和表现型的概念，基因型的差别是遗传上的差别，如果基因型相同，在环境影响下所引起的表现型差异是不能遗传的。

自花授粉作物单株选择育种是以纯系学说为理论基础，现今生产实践上采用的单株一次选择或多次选择的系统选择法就是根据纯系学说进行的。但是，纯系学说也有局限性。对纯系应该有正确的理解。首先，纯是相对的、局部的、暂时的，不纯是绝对的。自然界虽然存在着大量的自花授粉植物，但是绝对的完全自花授粉几乎是没有的。由于种种因素的影响，总有一定程度的天然杂交，从而引起基因重组而出现变异，同时也可能产生各种自发的突变。此外，许多经济性状大都是数量性状，由多基因控制，不易达到绝对的纯度。因此，在上述情况下对某些性状的继续选择还是有效的，尤其对长期栽培的、自花授粉的蔬菜和花卉品种，在良种繁育过程中也要强调选择，提纯留种，防止混杂退化。其次，纯系内选择无效也是不存在的。由于天然杂交和突变，一定会引起基因的分离和重组，纯系内的遗传基础不可能是完全纯合的，因此，继续选择是有效的。在一个纯系品种中，特别是推广时间长和种植面积广的品种，总是存在着许多变异个体，因此可以进行二次选择和多次选择。如番茄、菜豆、大葱、萝卜等采用连续选择，先后育成许多新的优良品种。

第三节　异花授粉植物的自交不亲和性

自交不亲和性（self-incompatibility，SI）也叫自交不育性（self-sterility），指某些植物在自然条件下，虽然两性器官都正常，但以本花、本株或同一品种的异株花粉授粉时，不能受精或不能正常结实的现象。这种不亲和性常见于某些雌雄同株的植物，如萝卜以本穗花粉授粉，苹果和梨的某些品种以本株、本品种的花粉授粉时常不结实。自交不亲和是植物长期进化过程中所形成的有利于异花传粉的一种生殖隔离，它却给作物种子生产上带来了防杂保纯的困难。然而，认识这种特性的特点，采取相应措施，就可以发挥其长处，有利于农业生产。例如，大白菜育种上针对这一特性育成自交不亲和系，可以简化去雄手续，产生杂交种子，利用杂种优势。苹果、梨等果树中自交不结实或结实很少的某些品种，适当配置与主栽树同时开花、花粉发育正常、所结果实的经济价值也较高的品种作授粉树，可使主栽树有良好的授粉、受精条件，增加结果，如茌梨用鸭梨、青香蕉苹果用红香蕉苹果作授粉树等。

一、植物的自交不亲和性及其表现

植物的自交不亲和性是指能产生具有正常功能且同期成熟的雌雄配子的雌雄同体植物，在自花授粉或相同基因型异花授粉时不能完成受精的现象。自交不亲和性是花粉与雌蕊相互作用的综合结果。植物的自交不亲和的表现有花粉粒在柱头上不能萌发；花粉粒能在柱头上萌发但花粉管不能穿过柱头或者不能穿过花柱到达胚囊；花粉管虽能到达胚囊，但它释放的精子不能和卵细胞融合形成合子。

二、植物自交不亲和性的类型及特点

自交不亲和性从花器形态和遗传学的差异可分为同型不亲和（homomorphic incompatibility）和异型不亲和（heteromorphic incompatibility）两大类及若干亚类（表7-4）。

（一）同型自交不亲和

是指该种自交不亲和植物其花的形态结构相同。又可根据自交不亲和的遗传机制分为配子体型自交不亲和孢子体型自交不亲和。前者决定于配子本身的基因型，一般为二核花粉，如苹果、梨、虞美人等；后者决定于孢子体的基因型，一般为三核花粉，但有少数例外，如甘蔗、白菜、菊花等（表7-4）。

表7-4　自交不亲和的分类及代表性植物

类别	亚类	受控基因数	代表性植物
同型性	配子体型	单基因	茄科、豆科
		双基因	禾本科
		多基因	毛茛科
	孢子体型	单基因	十字花科、菊科
		多基因	十字花科芝麻菜
	配子-孢子体型		梧桐科可可
异型性	二型		报春花科、紫草科
	三型		千屈菜科、酢浆草科

1. 配子体型自交不亲和

该种类型的自交不亲和是指花粉和雌蕊的相互作用过程中，花粉的行为决定于花粉粒内壁蛋白的性质，也就是由花粉粒本身的单倍体基因型决定的。如豆科、茄科、禾本科、毛茛科的某些植物。配子体型自交不亲和植物花粉母细胞细胞质分裂类型为连续型，同时花粉母细胞细胞质分裂类型为同时型，并且形成二核花粉粒的植物也属配子体型自交不亲和。这种类型不亲和的植物其柱头一般是湿润柱头或羽毛状柱头。不亲和植物花粉管被抑制的部位在雌蕊的花柱。

2. 孢子体型自交不亲和

该种类型的自交不亲和是指花粉和雌蕊的相互作用过程中，花粉的行为决定于花粉粒外壁所含蛋白质的性质，也就是由产生花粉的孢子体基因型决定的。如十字花科和菊科的某些植物。孢子体型自交不亲和的植物其花粉母细胞细胞质分裂类型为同时型，且形成三核花粉粒。这种类型的植物一般是干柱头。花粉粒被抑制的部位一般是柱头。

（二）异型自交不亲和

是指该种植物同一物种内不同个体其花的雄蕊和雌蕊的相对长度不同。若该种植物能产生两种类型的花叫二型花柱（distyly）型自交不亲和，若该种植物能产生三种类型的花叫三型花柱（tristyly）型自交不亲和。前者如阔叶补血草和里海补血草都是二型类自交不亲和植物，有外形迥异的 A 型花粉伴随着玉米状柱头，B 型花粉伴随着乳突状柱头。杂交试验表明玉米状柱头不能接受来自同种和异种的 A 型花粉，而能接受两者的 B 型花粉，由此获得了里海补血草和阔叶补血草的种间杂种。三型类自交不亲和存在于 14 个科 57 个属中，其中研究较多的是酢浆草属、千屈菜属和凤眼兰属中的一些种。在欧洲的小溪、河流堤岸边常见到的普通千屈菜有三种花型：A 型为长花柱，中和短雄蕊；B 型为中花柱，长和短雄蕊；C 型为短花柱，长和中雄蕊。A 型花的长花柱只能接受 B 型和 C 型花长雄蕊中产生的花粉；B 型花只能接受来自 A 型和 C 型花中等长度雄蕊产生的花粉等。三种花型的花粉粒大小和柱头乳突细胞在异型性方面也很明显，如长花药中产生的花粉粒大，由于富含淀粉被碘-碘化钾染成深蓝色，而短花药中产生的花粉小、富含脂肪不能被碘液染成蓝色。

三、植物自交不亲和性的遗传

自交不亲和性是两性花植物在进化过程中，为促进异交防止自交的自然选择的结果。按不亲和性遗传控制基因的位点数可分为一位点二基因、一位点多基因、二位点二基因和二位点多基因等类型。大多数经济作物的不亲和性受一位点多基因所控制。不亲和基因作用的时期不同，其不亲和性的表现也不同。根据花的形态，可将 SI 分为同型和异型两大类，另外，根据花粉不亲和表型的遗传控制方式的不同，同型 SI 又可分为配子体型和孢子体型两类。

在配子体型自交不亲和系统中，花粉的自交不亲和表型决定于花粉的 S 基因型。控制配子体型不亲和性的基因产物是在减数分裂之后的单倍体时期进行转录和翻译的，因而不同的配子体有不同的产物。配子体型自交不亲和性的亲和与否取决于花粉本身所带的 S 基因是否与雌蕊所带 S 基因相同。凡和雌配子体具有相同 S 基因的花粉，为不亲和花粉；凡和雌配子体具有不同 S 基因的花粉为亲和花粉。这一类型的遗传表现有三个特点：①纯合体和杂合体自交皆不亲和，如 $S_1S_1 \times S_1S_1$ 或 $S_1S_2 \times S_1S_2$ 等，自交完全不亲和；②双亲有一个相同的 S 基因且以杂合体作父本时，交配为部分亲和。如 $S_1S_1 \times S_1S_2$，S_2 花粉亲和，S_1 花粉不亲和；③双亲无相同基因交配完全亲和，如 $S_1S_1 \times S_2S_2$，$S_1S_1 \times S_2S_3$ 等表现完全亲和。

孢子体型自交不亲和系统的花粉自交不亲和表型则由花粉供体植株的 S 基因型决定，其基因产物是在减数分裂之前的二倍体时期转录和翻译的，因而不同的配子具有相同的产物。孢子体型自交亲和与否不取决于花粉本身所带的 S 基因，而取决于产生花粉的个体是否具有与母本不亲和的基因型。当雌雄孢子体基因型中无相同的 S 基因时，交配是亲和的；有一个相同的 S 基因而该基因在雌雄双方或一方隐性时，交配是亲和的；相同的 S 基因在雌雄双方都起作用时，交配是不亲和的。这就是说，孢子体型杂合的 S 基因之间，在雌雄之间存在着独立遗传与显隐性的两种相互作用关系。事实上，孢子体型不亲和的遗传相当复杂，S 复等位基因间除了存在独立遗传、显隐性外，还有竞争减弱和显性颠倒等关系。竞争减弱是指两基因的作用相互干扰，促使不亲和性减弱或甚至变为亲和；显性颠倒是指同一基因对雌雄蕊的显隐性效应是颠倒的。竞争减弱和显性颠倒效应能使自交亲和或弱不亲和的后代，分离出部分亲和与亲代相似的个体以及自交不亲和系统。

第四节 杂 种 优 势

一、杂种优势的表现

杂种优势（heterosis）是指两个遗传组成不同的亲本杂交产生的 F_1 代，在生长势、生活力、繁殖力、抗逆性、产量和品质等方面优于双亲的现象。它是自然界的普遍现象。国内外利用一代杂种的蔬菜主要是番茄、黄瓜、西瓜、洋葱、茄子、辣椒、胡萝卜、甘蓝、大白菜、萝卜等；在花卉植物方面的研究，如海棠、矮牵牛、万寿菊、金鱼草、香石竹等；在果树、观赏植物和林木树种上的应用潜力也很大，尤其是提高生长势和抗逆性方面。杂种优势的表现是多方面、复杂的。按其性状表现的性质，可分为 3 种类型：①杂种营养体发育较旺的营养型；②杂种生殖器官发育较盛的生殖型；③杂种对不良环境适应能力较强的适应型。无论哪种优势类型，F_1 的优势表现都具有以下几个特点：

① 杂种优势不是一、两个性状单独地表现优势，而是多个性状的综合表现　如许多蔬菜的杂种一代，在产量和品质上表现为果大、果多，以及糖分、纤维素、干物质含量高等；生长势上表现为株高、茎粗、叶大、叶多、叶球坚实等；在抗逆性上表现为抗病、抗虫、抗寒、抗热、抗旱等。

② 杂种优势的大小与双亲性状间的相对差异和相互补充有关　实践表明，在一定范围内，双亲的亲缘关系、生态类型和生理特性差异越大，而且在相对性状上的优缺点越能彼此互补的，其杂种优势就越强；反之，就较弱。杂种基因型的高度杂合性是形成杂种优势的重要根源。

③ 杂种优势表现与双亲基因型的纯合度有关　杂种优势一般是指杂种群体的优势表现。杂交亲本基因型的纯合程度越高，F_1 群体的基因型就具有整齐一致的异质性，不会出现分离混杂，杂种优势越强。实践证明，经过配合力测定的两个自花授粉作物的品种杂交后，F_1 就可表现生长发育的优势。而异花授粉作物的品种间杂交后，F_1 的杂种优势就不显著；必须先使之连续多代自交，使杂合基因型的品种分离为基因型纯合的自交系，然后用基因型不同的自交系进行杂交，才能获得优势强大的杂种。异花授粉作物自交系的生产力虽然远远低于品种，可自交系间杂种一代优势却远远超过品种间杂交种，其原因就在于异花授粉作物品种的群体较复杂，在自然条件下，无法控制各个植株间的授粉关系，个体间的基因型不相一致。同一品种不同植株间显示参差不齐现象，两个品种杂交产生的杂一代也相应的发生一定程度的不整齐，因而不能表现出高度优势和高产性能。而自交系是经过连续多代自交和严格单株选择，淘汰了病株、弱株、畸形株等不良植株选育出来的，具有优良稳定的遗传性状，且各性状比较整齐一致。每一个自交系相当于一个自花授粉作物的品种，基因型一致性高，自交系间的杂种就能显示出整齐度高、抗逆性强的优点，就有可能表现出强大的杂种优势。

④ 杂种优势只表现在 F_1 代　F_2 群体内出现性状的分离和重组，与 F_1 相比，F_2 生长势、生活力、抗逆性和产量等出现退化现象。亲本纯度越高，性状差异越大，F_1 优势越强，F_2

衰退就越严重。所以，生产上只用杂种第一代，因而必须年年配制杂交种。

⑤ 杂种优势的大小与环境条件关系密切 杂种的杂合基因型可使 F_1 对环境条件的改变能表现较高的稳定性。同一种杂种一代在不同地区、同一地区不同管理水平下会表现出不同的杂种优势。同一杂种由于种植的条件不同，产量差距很大。若种植在水肥条件好，再加强管理，杂种优势就可充分表现。反之，优势就很弱。在同样不良的环境条件下，杂种比其双亲总是具有较强的适应能力。

杂种优势所涉及的性状大都是数量性状，因此要用具体的数值来衡量和表明其优势表现的程度。杂种一代与其亲本相比较时，可用杂种优势和显性程度的数值来表示。通常分为优势（超显性）、完全显性、部分显性和无显性（表 7-5）。

表 7-5　杂种优势和显性程度的类型

自交系或杂种	数量值				
P_1	5		F_1 优势和显性程度		
P_2	1				
F_1	6	$>P_1$	优势（超显性）	H	超高亲值
	5	$=P_1$	完全显性	D	同高亲值
	4	$>(P_1+P_2)/2$	部分显性	P.D	超双亲均值
	3	$=(P_1+P_2)/2$	无显性	P.D.S	同双亲均值

二、杂种优势的遗传理论

（一）显性假说（dominance hypothesis）

显性假说首先由布鲁斯（Bruce A B）于 1910 年提出，其基本论点是：杂交亲本的有利性状多由显性基因控制，不利性状多由隐性基因控制。通过杂交，使双亲的显性基因全部聚集在杂种里，杂种优势是由于双亲的有利显性基因全部聚集在杂种里所引起的互补作用的结果。最早的实验证据是 1941 年罗宾斯曾作的两个番茄品系及其杂交种的幼根培养试验。一个番茄品系的幼根能在加有吡哆醇（维生素 B_6）的培养液中生长良好，另一个番茄品系的幼根能在加有烟酰胺的培养液中生长良好。这两个番茄品系的杂交种的幼根却能在缺少这两种维生素的培养液中生长良好。表明 F_1 同时具有合成吡哆醇和烟酰胺的能力，结合了双亲的优点，表现出显著的杂种优势。它们的基因型如图 7-3 所示。

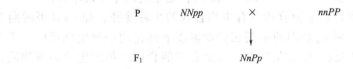

图 7-3　显性假说证据的番茄幼根培养实验
P 表示具有合成吡哆醇的能力，p 表示没有这种能力；
N 表示具有烟酰胺的能力，n 表示没有这种能力

根据显性假说，按独立分配定律，如所涉及的显隐性基因只是少数几对时，其 F_2 的理论次数应为 $(3/4+1/4)^n$ 的展开，表现为偏态分布。但事实上 F_2 一般仍表现为正态分布。另外，F_2 以后虽然优势显著降低，但理论上应该能从其后代中选出具有与 F_1 同样优势，而且把全部纯合显性基因聚合起来的个体。然而事实上很难选出这种后代。为此，琼斯

（Jones D F）于 1917 年又提出显性连锁基因假说作了补充解释，认为一些显性基因与一些隐性基因位于各个同源染色体上，形成一定的连锁关系。而且控制某些有利性状的显性基因是非常多的，即 n 很大时，F_2 将不是偏态分布而是正态分布了。同时，选出显性基因完全纯合的个体几乎是不可能的。

但显性假说也存在一些缺点：①在有强优势的 F_1 中继续让其自交，从群体讲必然由于基因的分离，表现衰退现象，然而理论上应能分离出显性基因纯合体，其表现应与 F_1 相似，且能真实遗传，实际上却找不到这样的个体。②只考虑了显性效应，忽略了非等位基因间的相互作用，更没有考虑数量性状是受多基因控制的，呈现累加效应。如果杂种优势大小完全取决于有利显性基因的累加效应，即完全符合显性假说，那么两个自交系杂交产生单交种的产量就不可能超过两个亲本产量的总和。但事实上好的辣椒杂交种产量却大大超过了双亲自交系之和。所以，有利显性基因的累加效应，不能说是产生杂种优势的唯一原因，还应考虑到非等位基因间的相互作用。所以说，此假说也不十全十美。

（二）超显性假说（super-dominance hypothesis）

超显性假说，又叫等位基因异质结合假说，是由沙尔（Shull G H）于 1911 年首先提出，后由 East E M（1918）作了补充。该假说的基本论点是：双亲基因型在杂种异质结合时，引起等位基因间的互作而表现出杂种优势，也就是复等位基因位点上，异质基因的共同作用下，某性状的表现超过最优亲本的超显性的效果。在同一基因位点上，分化出许多等位的微效基因，这种微效等位基因，有不同的结构和生理功能，没有显性隐性关系，只有异质结合时，才会由于相互作用而使 F_1 表现超显性的优势。

设基因型 a_1a_1 的甲系与 a_2a_2 乙系杂交，F_1 为 a_1a_2 杂结合状态，产生了互补效应，表现为 $a_1a_2 > a_1a_1$ 或 a_2a_2。设 a_1a_1 能控制一种能量代谢，生长量为 8 个单位；a_2a_2 能控制另一种能量代谢，生长量为 4 个单位；当 F_1 等位基因杂合 a_1a_2 时则能控制两种能量代谢，生长量为 9 个单位以上。说明等位基因杂合型的作用优于纯合型的。

此外，控制某些性状的相对的显隐性基因，有时在异质结合时也表现出杂种优势，这种现象称"单基因"优势。如高性的玉露桃（$DwDw$）与矮性的寿星桃（$dwdw$）杂交，F_1 在生长量上超过最优亲本，甚至也显著超过其他许多高性品种间杂交组合的杂种。某些植物的花色遗传有一对基因差别，但杂种植株的花色往往比其任一纯合亲本的花色都要深。如粉红色×白色，获得 F_1 表现红色，而 F_2 表现粉红色：红色：白色为 1：2：1 的比例；淡红色×蓝色，获得 F_1 表现紫色，而 F_2 表现淡红色：紫色：蓝色为 1：2：1 的比例。

两个纯合亲本各自只能抵抗一个生理小种，其 F_1 代能抵抗两个生理小种。

超显性效应的遗传实质是：①杂合体具有生物合成的多种途径。如 a_1 基因的酶在较高温度下催化一种生化反应，而 a_2 基因的酶则在较低温度下催化同一种生化反应，那么杂合体 a_1a_2 在两种温度下都能完成上述生化反应。②杂合体能合成适量的生活必需物质，多对基因具有剂量效应。在两个基因中，1 个正常，1 个纯合致死，但在杂合体中却表现超显性效应。

虽然超显性假说得到了许多实验结果的验证，但这一假说也存在一些局限性。超显性假说只考虑了基因位点内异质等位基因间的相互作用对杂种优势的作用。实际上不同基因位点之间相互作用也是决定杂种优势的一个重要遗传因素。

显性假说和超显性假说均认为杂种优势来源于双亲基因型的相互作用。但显性假说强调杂种优势源于双亲的显性基因间的互补（有显隐性）；而超显性假说强调杂种优势是由于双亲等位基因间的互作（无显隐性）。事实上，生物界中这两种假说所解释的情况都是存在的。

（三）上位性假说

基因的作用分为三种效应，即基因的加性效应、显性效应和互作效应（上位性效应）。超显性假说实际上是由互作效应所致的杂种优势而言的。上位性假说主要指非等位基因的互作效应。上位性假说要点是：非等位基因间的相互作用即上位性效应对杂种优势具有明显影响。如普通小麦的起源可作为非等位基因互作的例证，三个在生产上无利用价值的野生种进行杂交，形成在生产上利用价值极高的普通小麦（图7-4）。番茄可溶性干物质的遗传研究中，检测到显著的上位性遗传效应。

野生一粒小麦+拟斯卑尔脱山羊草+方穗山羊草

$AA(2n=14)$　　　　$BB(2n=14)$　　　$DD(2n=14)$

↓

普通小麦 $(2n=42)$　$AABBDD$

图 7-4　普通小麦的起源

（四）遗传平衡假说（genetic equilibrium hypothesis）

马瑟（Mather，1942、1955）提出基因平衡假说，而杜尔宾（Turbin，1964、1967、1971）等发展为遗传平衡假说，他们注意到杂种优势形成的复杂性，考虑到基因的相互作用、细胞核与细胞质的作用、个体发育与系统发育的联系以及环境条件对性状发育的影响，于是提出了遗传平衡假说。其内容是：彼此不同的基因型相互作用能改变基因组的遗传平衡。认为由杂交产生的杂种群体，是经选择的亲本品种（自交系）杂交后创造出来的一种遗传平衡得很好的异质结合系统，因而表现杂种优势。此外，认为异花授粉植物的自交系生长发育不良是由于它失去了原有的遗传平衡。

这一假说只是对杂种优势的来源作了概括性的解释，讨论了影响遗传平衡的因素，如染色体组、新陈代谢的遗传控制等，但没有说明遗传平衡中各个组成成分所占的比重。

三、杂种优势在育种上的应用

目前，杂种优势的利用已成为现代农业提高产量和改进品质的重要措施之一。大白菜、番茄、辣椒等蔬菜以及果树、林木等多年生植物都已广泛利用杂种优势，并取得显著的增产效果。

在农业生产上，利用杂种优势的方法因植物繁殖方式和授粉方式而不同。对于马铃薯、甘蔗等无性繁殖植物，常采用各种方法（如缩短光照）先培育成自交系，再经杂交产生杂种第一代，然后选择杂种优势高的单株以块茎或块根进行繁殖，即可育成一个新的优良品种。所以，无性繁殖植物的杂交育种实质上就是杂种优势利用的一种方式。在有性繁殖植物的杂种优势利用上，一般只能利用 F_1 种子，故需年年配制杂种，较为费时费力；也可以利用组织培养技术，把有优势的组织（如叶、茎、根等）放在人工培养基上，让其分化出苗，采用移栽技术获得杂种。

在杂种优势利用上，不论自花授粉或异花授粉植物，也不论种间杂交、品种间杂交或自交系杂交，都需十分重视三个问题：一是杂交亲本的纯合性和典型性，这样才能使 F_1 具有整齐一致的优势；二是优良杂交组合的选配，要预先测定杂交亲本的配合力，从而确定高产、优质的杂交组合；三是杂交制种技术，特别是去雄和授粉技术，需要简便易行，在异花授粉作物中易于进行，但对自花授粉作物则多利用雄性不育系；同时种子繁殖系数要高，这样才能迅速、经济地为生产提供大量的优质杂交种子。

思 考 题

1. 杂合体通过自交，其后代将有哪些遗传表现？

2. 回交和自交在基因型纯合的内容和进度上有何差异？

3. 假设有 3 对独立遗传的异质基因，自交 5 代后群体中 3 对基因全杂合的比例是多少？2 对基因杂合 1 对基因纯合的比例是多少？3 对基因均为纯合的比例是多少？

4. F_1 杂种优势表现在哪些方面？影响杂种优势强弱的因素有哪些？

5. 杂合体 Aa 自交三代后，群体中杂合体的比例是多少？如果与隐性亲本 aa 回交三代后，群体中杂合体的比例又是多少？

6. 如果有一个植株的 4 个显性基因是纯合的，另一植株的相应的 4 个隐性基因是纯合的，两植株杂交，问 F_2 中基因型及表现型像父母本的各有多少？

第八章 遗传物质的变异

遗传物质的变异是指遗传物质本身发生了质的改变，导致生物性状改变。当遗传物质变异的规模较大时，在细胞水平就可以观察到，表现为染色体畸变（chromosomal aberration）；当遗传物质变异规模较小，发生在基因位点（locus）内时，在细胞水平观测不到变化，通常称为点突变（point mutation），即基因突变（gene mutation）。

第一节 染色体畸变

染色体畸变按畸变的性质分为染色体结构变异（chromosomal structure variation）和染色体数目变异（chromosomal number variation）。染色体畸变的研究可以用来揭示染色体结构改变的规律和机制，并可以用来培育植物新品种。

一、染色体结构变异

生物染色体结构是相当稳定的，但稳定是相对的，在自然条件或人工因素的影响下，也可能发生变异。当染色体的结构发生改变时，遗传信息随之改变，从而引起生物性状发生改变。关于染色体结构变异的原因，有染色体断裂-重接假说和互换假说。

染色体断裂-重接假说是 L. J. 斯塔德勒于 1931 年提出的。该假说认为，导致染色体结构改变的原发损伤是断裂。这种断裂可自发产生，也可诱发产生。断裂端具有愈合与重接的能力，当染色体在不同区段发生断裂后，在同一条染色体内或不同的染色体间以不同的方式重接时，就会导致各种结构变异的出现。断裂的染色体在重新连接时可能会产生 3 种情况：①绝大多数断裂（90%～99%）通过修复过程在原处重新连接（愈合）以致在细胞学上无法辨认。②不同断裂处的重新连接称为重接，重接使染色体发生结构变化，大多能被发现。③断裂末端不再连接，处于游离状态，无着丝点的染色体部分在下一次细胞分裂时丢失，有着丝点的染色体部分"封闭"起来，成为染色体结构的一种稳定状态。

互换假说是由 Revell（1959）和 Evans（1962）提出来的。该假说认为，导致染色体结构变异的根本原因是染色体上具有不稳定部位，所有结构变异都是两个靠得很近的不稳定部位之间互换的结果。互换的发生分为两个阶段：第一阶段是不稳定部位断裂后继发的较稳定状态，称为互换起始；第二阶段是机械的互换和连接过程。如果两个原发的损伤不能相互作用，这些损伤就可被修复。其有 3 种情况：①在损伤部位未断裂，染色体断片没有移动位置。②损伤后，两个相邻的损伤部位之间虽然发生了交换，但是由于修复作用，最终没有发生真正的交换，而恢复成原初结构。③发生了真正的交换，造成染色体结构的变异。

依据断裂的数目和位置、断裂端是否连接以及连接的方式，染色体结构变异可分为缺失（deletion）、重复（duplication）、倒位（inversion）、易位（translocation）四种类型。

(一) 缺失

1. 缺失的类型

缺失是指染色体断裂并丢失了某一片段。缺失主要有 2 种类型，即中间缺失和顶端缺失。如果丢失的区段位于染色体臂的外端，称为顶端缺失（terminal deficiency）；如果缺失发生在一条臂的内部，则称为中间缺失（interstitial deficiency）。染色体缺失的形成过程见图 8-1。

当一个染色体臂发生了断裂，而这种断裂端未能与别的断裂端重接，那么就形成一个带有着丝粒的片段和一个没有着丝粒的片段。例如，某染色体各区段的正常直线顺序是 abc·defgh（·代表着丝粒，下同），在 f-g 之间断裂，缺失 gh 区段以后就成为顶端缺失染色体。"gh" 区段不包含着丝粒，称为无着丝粒断片（fragment）。断片在细胞分裂时不能正常分配到子细胞核中，因而在后续细胞分裂过程中会被丢失。染色体也可能缺失一整条臂而成为端着丝粒染色体（telocentric chromosome）。顶端缺失可在染色体两端同时发生，两端连接起来形成环形染色体，这种情况在植物中多见。如果一个染色体发生两次断裂而丢失了中间不带有着丝粒的片段，留下的两个片段重接以后即是中间缺失的染色体。顶端缺失染色体带有无端粒的断头难以正常愈合，结构很不稳定，因此较少见。中间缺失染色体没有端头外露，比较稳定，因此较为常见。缺失区段大小差异较大，最大的缺失可以是整条染色体臂缺失。

如果细胞内一对同源染色体中一条为缺失染色体，而另一条为正常染色体，则该个体称为缺失杂合体（deficiency heterozygote）；而带有一对相同缺失区段同源染色体的个体称为缺失纯合体（deficiency homozygote）。

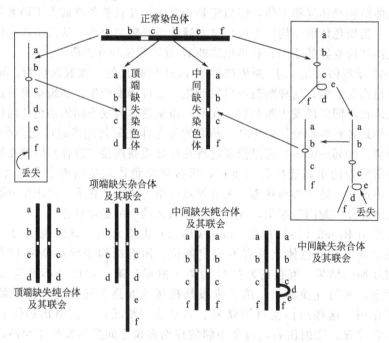

图 8-1　缺失的形成过程及鉴定（引自朱军，2002）

2. 缺失的细胞学鉴定

染色体缺失的鉴定可在细胞减数分裂粗线期，根据同源染色体联会的状态和有无断片加以分辨，如图 8-1。具缺失的染色体不能和它的正常同源染色体完全相应地配对，在一对联会的同源染色体间可以看到正常的一条染色体多出了一段（顶端缺失），或者形成一个拱形的结构即缺失环（中间缺失）。缺失片段常以断片或小环形式暂时存在于细胞质中，经过一次或多次细胞分裂后消失。

3. 缺失的遗传效应及应用

缺失对生物体的生长和发育是有害的，缺失纯合体一般都表现出致死、半致死或生活力显著降低；缺失杂合体常表现为生活力、繁殖力差，当缺失区段较长时也会表现为致死。含缺失染色体的配子一般是败育的，植物花粉尤其如此，含缺失染色体的花粉即使不败育，在授粉和受精过程中，也竞争不过正常的花粉。胚囊对缺失的耐性比花粉略强，因此缺失染色体主要通过雌配子传递给后代。如果缺失区段较小，不严重损害个体的生活力，含缺失染色体的个体可能存活下来，但表现异常。有时染色体片段缺失后，其非缺失同源染色体上的隐性等位基因由于不被掩盖而表现，出现所谓的假显性（pseudo dominance）或拟显性（图 8-2）。缺失圈内及其附近的基因重组率下降。因此利用杂合缺失的材料，结合细胞学检查，可以鉴定某些基因在染色体上的位置。

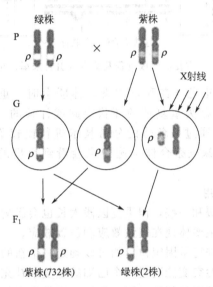

图 8-2　缺失的效应（染色体上的白色点代表隐性基因，深色点代表显性基因）

（二）重复

1. 重复的类型

重复指染色体多了自身的某一区段。通常是由于同源染色体间发生非对等交换而产生的。如果重复区段与染色体上的正常直线顺序相同则称为顺接重复（tandem duplication）；如果重复区段与染色体上的正常直线顺序相反则称为反接重复（reverse duplication），如图 8-3 所示。正常区段顺序为 ab·cdef 的一对同源染色体，分别发生同一条染色体臂不同位置断裂（2 次断裂），可形成 4 个断头。如果 e 断头与 d 断头错误重接，就形成 de 区段顺接重复染色体（ab·cdedef）。如果一条染色体发生 1 次断裂，其同源染色体发生 2 次断裂，3 次断裂可形成 6 个断头。如果 e 断头与 e 断头错误重接，就形成 de 区段反接重复染色体（ab·cdeedf）。

2. 重复的细胞学鉴定

在细胞减数分裂粗线期，根据同源染色体联会的状态进行分辨，如图 8-3。若重复区

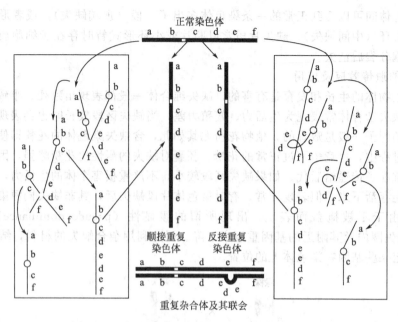

图 8-3　重复的形成过程及鉴定（引自朱军，2002）

段较长，重复杂合体的重复染色体在和正常染色体联会时，重复区段在同源染色体上找不到相应的结构，因而形成称为重复环的环状突起或伸长的一段。若重复区段较短，显微镜直接镜检效果较差，可通过染色体的分带技术进行比较鉴定。在细胞学上，可以看到重复环或重复圈。由于在缺失杂合体细胞中也会看到突出的环，因此鉴定需要用正常染色体做比对。

3. 重复的遗传效应及应用

重复的遗传效应比缺失缓和一些，但重复区段太长也会影响个体的生活力，甚至引起个体的死亡。重复的遗传效应主要体现在剂量效应和位置效应。

利用重复的位置效应可进行基因定位。如可以确定一个新的突变是否是一个已知位点的等位基因。如果一个新的隐性突变能通过一个已知的重复来补充，那么，这个突变一定包含在重复染色体区域内的某个基因的等位基因。位置效应的发现是对经典遗传学基因论的重要发展，它表明染色体不仅是基因的载体，而且对其载有基因的表达具有调节作用。染色体重复是增加染色体基因组含量和新基因的重要途径，有利于生物从简单到复杂的进化。重复圈及其附近的基因的重组率下降。

（三）倒位

1. 倒位的类型

倒位是指染色体中发生了某一片段倒转，造成染色体内基因的重新排列。如果倒位区段发生在染色体的一条臂上，称为臂内倒位（paracentric inversion）或一侧倒位；如果倒位区段包含着丝粒区，即倒位区段涉及染色体的两条臂，则称为臂间倒位（pericentric inversion）或两侧倒位（图 8-4）。减数分裂时，正常的染色体同倒位染色体之间发生交叉互换，会使配子染色体上某一区段缺失或重复，从而造成染色体异常，导致子代出现异常性状。

2. 倒位的细胞学鉴定

倒位杂合体在减数分裂同源染色体联会时，两条同源染色体不能以正常方式配对。若倒

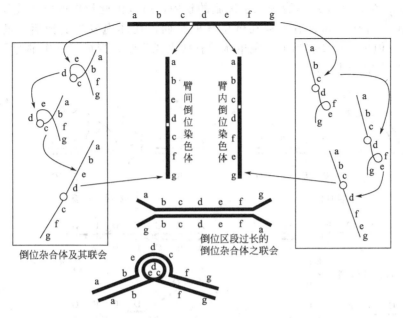

图 8-4　倒位的形成过程及其细胞学鉴定（引自朱军，2002）

位区段很长，则倒位染色体就可能反转过来，使其倒位区段与正常染色体的同源区段联会，两端区段则只能保持分离状态；如果倒位区段比较短，则两侧区段正常配对，而倒位区段与对应正常区段保持分离，二价体上形成一个泡状；若倒位区段不长，则倒位染色体与正常染色体所联会的二价体就会在倒位区段内形成"倒位圈"（inversion loop）（图 8-5）。

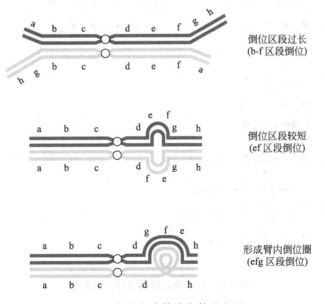

图 8-5　倒位杂合体染色体联会图

臂内杂合体在倒位圈内外非姊妹染色单体之间发生交换，产生双着丝粒染色单体，出现后期 Ⅰ 桥或后期 Ⅱ 桥（图 8-6）。一个倒位杂合体，如果着丝粒在倒位圈的外面，则在减数分裂后期会出现"断片和桥"的现象，即一条染色单体的两端都有一个着丝粒，成为跨越两端的"桥"，同时伴随一个没有着丝粒的断片。"桥"在染色体移向两极进入子细胞时被拉断，造成很大缺失；断片则不能进入子细胞的核内，所以由此形成的配子往往是不能成活的。一个倒位杂合体，如果着丝粒在倒位环的里面，在环内发生交换后，虽然不会出现"桥"和断片，但也会使交换后的染色单体带有缺失或重复，形成不平衡的配子。这种配子一般也没有生活力（图8-6）。

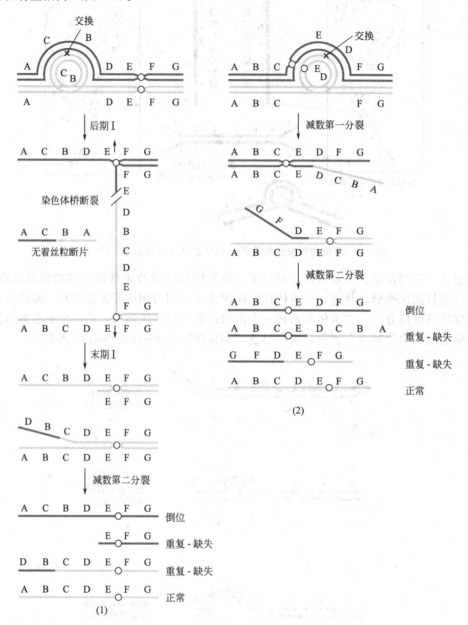

图 8-6　倒位杂合体的减数分裂行为

3. 倒位的遗传学效应

倒位最直接的效应就是改变了倒位区段内的基因和倒位区段两侧基因之间的顺序和距离。故而使这些基因与连锁群中的其他基因间的交换值发生改变（图8-7）。倒位引起交换值变小，这是因为倒位杂合体在染色体配对时产生倒位环，在倒位环内，非姊妹染色单体间发生单交换时，单交换产物都带有缺失或重复（臂间倒位），含有这种缺失或重复的配子一

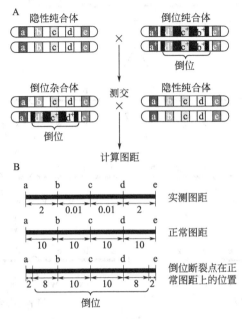

图 8-7　倒位遗传学效应

般是丧失育性的，这样在后代中就不会出现重组类型，所以表面上杂合子中的重组率降低，实际上是重组类型不能成活。而在倒位环内发生双交换时，则会产生少量重组子代。倒位抑制交换，使带有致死基因的品系得以保存。由于致死基因的纯合个体是致死的，因而无法以通常的纯系形式进行保存。如果用分别位于一对同源染色体上的两个不同的致死基因来平衡，就能成功地将这些致死基因以杂合体的状态长期保存。这种品系叫做平衡致死系（balanced lethal system）。但需这两个致死基因间不能发生交换，若发生交换，就产生＋＋染色体，后代中出现＋＋/＋＋个体，几代以后会把这两个致死基因淘汰掉。利用倒位可以抑制交换发生的规律就能解决这一问题。

　　总之，①倒位形成新的连锁群，促进物种进化。②倒位导致倒位杂合体的部分不育。非姊妹染色单体之间在倒位圈内外发生交换，产生 4 种交换染色单体：无着丝粒断片（臂内），后期Ⅰ丢失；双着丝粒缺失染色单体（臂内），后期桥折断→缺失染色体→配子不育；单着丝粒重复缺失染色体（臂间）和缺失染色体（臂内）→配子不育；正常或倒位染色单体→配子可育。③倒位杂合体的连锁基因重组率降低。

（四）易位

1. 易位的类型

　　易位是指一条染色体的一段移接到另一非同源染色体的臂上的结构变化。染色体易位可分为简单异位（或转位）和相互易位。前者指一条染色体的某一片段转移到了另一条染色体上，而后者则指两条染色体间相互交换了片段（图 8-8）。最常见的是相互易位，在各染色体间都会发生，相互易位的染色体片段可以是等长的，也可以是不等长的。相互易位仅有位置的改变，没有可见的染色体片段的增减时称为平衡易位，它通常没有明显的遗传效应。罗伯逊易位为相互易位的一种特殊形式，两条近端着丝粒染色体在着丝粒处或其附近断裂后形成两条衍生染色体，一条由两者的长臂构成，几乎具有全部遗传物质；而另一条由两者的短

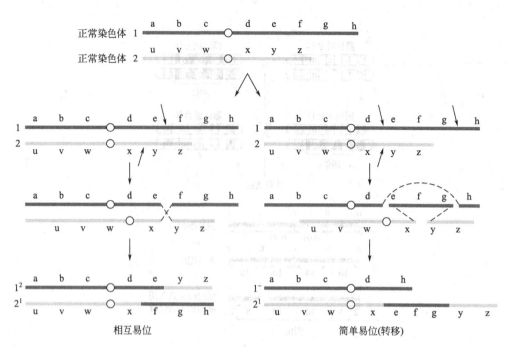

图 8-8　易位的类型与形成

臂构成，由两个短臂构成的小染色体。由于缺乏着丝粒或因几乎全由异染色质组成，故常丢失。它的存在与否不引起表型异常。

2. 易位的细胞学鉴定

检查易位的细胞学方法，仍然是根据易位杂合在偶线期和粗线期同源染色体的联会现象。相互易位纯合体在细胞学上是正常的。相互易位杂合体的表现复杂。假设分别以 1 和 2 代表两个非同源的正常染色体；以 1^2 代表 1 染色体失去一小段，换得 2 染色体一小段的易位染色体；以 2^1 代表 2 染色体失去一小段，换得 1 染色体一小段的易位染色体，则相互易位杂合体的两个正常染色体（1 和 2）与两个易位染色体（1^2 和 2^1）在联会时，势必交替相间地联会成 1-1^2-2-2^1 的"十"字形象。到了终变期，十字形象就会因交叉端化而变成四个染色体构成的"四体链"或"四体环"。到了中期 I，终变期的环又可能变为"8"字形象（图 8-9）。

3. 易位的遗传学效应

易位能改变原来的基因间的连锁关系。由于非同源染色体之间易位，原来的基因连锁群会随着改变，原来连锁的基因变为独立遗传，而原来独立遗传的基因间又可能表现为连锁遗传。易位可使两个正常的连锁群改组为两个新的连锁群，是生物进化的一种重要途径。许多植物的变种就是由于染色体在进化过程中不断发生易位形成的。易位杂合体自交子代的群体中，除去正常的个体和易位杂合体外，还有少数的易位纯合体，它的子代是一个稳定的新品系。直果曼陀罗的许多品系是不同染色体的易位纯合体。基因的效应可以因所在的位置不同而异。月见草（夜来香）的深黄色花冠的基因 S 对硫黄色花冠基因 s 的显性。基因型 Ss 杂合体的花冠是深黄色。但当 S 所在的区段因易位而转移到另一条非同源染色体之后，就改变了它原来的显性遗传效应。如果易位杂合体是一个载着 s 的正常染色体和一个载着 S 的易位染色体，花冠的表现型是深黄色和硫黄色混杂在一起的花斑。

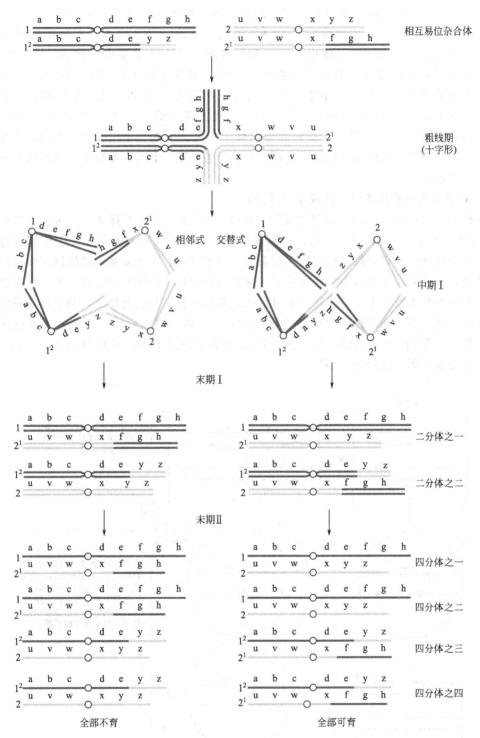

图 8-9　相互易位杂合体染色体联会、分离与配子育性

注：1 和 2 代表两个非同源正常染色体，1^2 和 2^1 代表两个相互易位染色体，$1-1^2-2-2^1$ 的 "＋" 字联会

　　在减数分裂的中期，易位杂合体邻接的两个着丝粒趋向同一极或趋向两极，形成环形或 8 字形图像。前一种染色体离开方式称为邻近离开，后一种方式称为交互离开。相互易位杂合体的花粉母细胞中大约有 50％的图像呈环形，属邻近离开；50％呈 8 字形，属交互离开。

邻近离开的结果使配子内含有重复或缺失的染色体，形成致死的不平衡配子。交互离开产生非致死的平衡配子，其中半数配子的染色体是正常的，半数配子具有平衡的易位染色体，交互离开使两个易位染色体进入一个配子细胞，两个非易位染色体进入另一配子细胞中。从而使易位杂合体减数分裂产物中有一半左右是遗传不平衡的。因此，易位杂合体具有半不育性（图 8-9）。由半不孕的 F_1 种子长出来的 F_2 群体，又有半数不育，半数正常可育。可育 F_2 的后代 F_3 全部是正常可育的，而半不育的 F_2 产生的 F_3 群体中又有一半是半不育的。这种分离方式也使非同源染色体上的基因间的自由组合受到限制，使原来在不同染色体上的基因出现连锁现象，这种现象称为假连锁。此外，易位杂合体可降低有关连锁基因的重组率。

4. 利用易位创造核不育系的双杂合保持系

雄性不育的核基因（ms）对可育基因（Ms）为隐性。雄性不育株（$msms$）×雄性可育株（$MsMs$）→F_1 雄性可育（$Msms$），说明雄性不育株的不育性未能在杂种中得到保持。因此需要采用各种途径研究解决核雄性不育系的保持系问题，染色体易位是提供了解决该问题的一条途径。例如，在玉米中，含有重复－缺失（Dp-Df）染色体的玉米个体，其花粉一般败育，不能参与受精结实，但胚囊一般可育或大部分可育。根据此特点，利用特殊易位杂合体，便可创造可保持核雄性不育性的特殊 Dp-Df 杂合体（双杂合体：指某一对染色体中有一条是带 Ms 的 Dp-Df 染色体、另一条是带 ms 正常染色体个体。因为 Ms 和 ms、Dp-Df 染色体和正常染色体均是杂合）（图 8-10）。

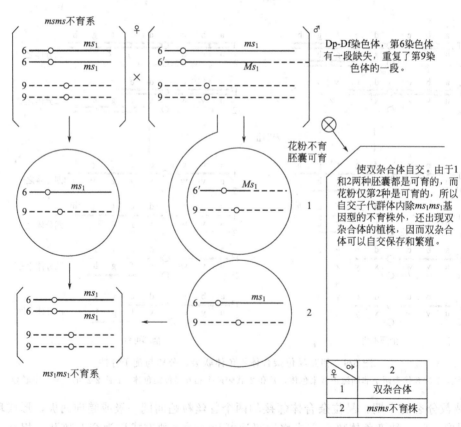

图 8-10　利用染色体易位系创造核不育系的双杂合保持系

染色体结构变异，使排列在染色体上的基因的数量和排列顺序发生改变，从而导致性状的变异，大多数染色体变异对生物体是不利的，有的甚至导致死亡。应该指出，基因突变和染色体结构的变异都同样是染色体上发生的变异。不过，基因突变是指在显微镜下观察不出的微小的区段变异，即分子水平的变异；而染色体结构变异是指在显微镜下可以观察出的较大区段的变异。所以，从变异的性质讲，这两类变异的界限是很难绝对划分的。

二、染色体数目变异

各种生物的染色体数目是相对恒定的。但在某些因素的作用下，染色体数目可能会发生变异，并导致生物遗传性状发生改变。

（一）染色体组（genome）

细胞中的一组完整非同源染色体，它们在形态和功能上各不相同，但是携带着控制一种生物生长、发育、遗传和变异的全部信息，这样的一组染色体，称为一个染色体组。一个染色体组包含了生物生长发育所必需的全部遗传信息。二倍体的配子含有一个染色体组，但多倍体的生殖细胞内不只含有一个染色体组，虽然由这样的生殖细胞直接发育成的个体也叫单倍体，但含有几套染色体组。对于多倍体生物而言，在同属的范围内，各个种的染色体数常表现出一定的倍数关系。如在茄属的马铃薯种群内有块茎休眠期短的栽培种（$S.rybinii$）$2n=24$、抗晚疫病的野生种（$S.demissum$）$2n=72$，它们都是"12"的倍数。通常以一属中染色体数最少的配子数作为该属的染色体基数，这个基数内的染色体就是一个染色体组，称为基数染色体，用 x 表示。如果用 N 代表配子染色体数，那么 n 可以等于 x，也可以是 x 的倍数。在马铃薯种群中 $x=12$，而 n 可以是 12、24、36。各种生物中 n 与 x 是否相等，必须对该物种的进化进行染色体组型的分析。

（二）染色体的整倍体变异

整倍体变异是染色体数以染色体组基数为单位成倍数性的增加或减少，形成的变异个体的染色体数目是基数的整数倍。

1. 单倍体

单倍体（haploid）是指具有配子染色体数目（n）的个体。单倍体可分为一元单倍体和多元单倍体。一元单倍体是指仅含有一套染色体组的个体，多元单倍体是指多倍体的单倍体含有两个或两个以上染色体组的个体。

由于单倍体中只有一套染色体，任何染色体都是单个的。减数分裂时同型染色体不能配对，于是有些染色体受纺锤丝的牵引走向这一极，另一些则走向另一极，就使得最后形成的配子不能得到完整的染色体组，从而失去正常的生理功能，不能形成有效的配子，于是造成单倍体的严重不育。理论上，每个染色体分别走向任一极的机率是 $1/2$，那么 n 个染色体都走向一极而形成可育配子的机率是 $(1/2)^n$。番茄单倍体的体细胞中有 12 个染色体，12 个染色体都集中到一个配子的机率只有 $(1/2)^{12}$，即 $1/4096$，其可育性是很低的。所以，单倍体本身在生产上是没有直接利用价值的。但是，只要自然地或人为地使之加倍，便可获得正常纯合的双倍体，性状不再分离。单倍体育种就是通过对花粉进行人工培养，先获得单倍体植株，再通过染色体加倍，从中选育优良纯合双倍体品种的育种方法。

2. 多倍体

凡是细胞内含有 3 个或 3 个以上染色体组的个体称为多倍体（polyploid）。体细胞中含有三个染色体组的个体叫三倍体，如三倍体卷丹、三倍体水仙、三倍体胡椒薄荷等。体细胞中含有四个染色体组的个体叫四倍体，如四倍体百日草、四倍体金鱼草、四倍体麝香百合等，至少有 2/3 的园艺植物都存在多倍体。由于染色体数的倍增，植物的组织器官、生理功能、发育、形态以及产量、品质等方面都发生了巨大变化，常常具有优良的特性可被人们所利用。

根据染色体组的来源，多倍体可分为同源多倍体和异源多倍体。

① 同源多倍体　同源多倍体（autopolyploid）是指所有染色体由同一物种的染色体组加倍而成的多倍体。同源多倍体形成主要原因是细胞在有丝分裂或减数分裂过程中纺锤丝失陷造成的。由单倍体或纯合二倍体人工或自然诱发可产生同源多倍体，如由二倍体可加倍成同源四倍体，如日本育成的四倍体茶树，美国育成的四倍体百日草、金鱼草、麝香百合等都属于同源四倍体。用同源四倍体和二倍体杂交可形成同源三倍体，如三倍体卷丹、三倍体水仙、三倍体胡椒薄荷（Mentha piperita）等。按同样的加倍方法，同源四倍体可加倍成同源八倍体，同源三倍体可加倍成同源六倍体，六倍体与八倍体杂交可形成七倍体，其他依次类推。但须指出，染色体组的加倍并非无限的，当倍数的增加超过合理的限度后，植物体的存活力和生活力都将下降。倍性的临界限度随植物种类而异，有些物种能容忍十倍体，但有些物种却不能容忍四倍体，这可能是由于不同物种之间在最大限度的核质比例上有差异的缘故。

染色体加倍后，在减数分裂时期，染色体的联会将出现各种形态，对同源三倍体来说，它的任何同源区段内只能有两条染色体联会，另一条无法进行正常的配对，因此无法形成正常配子，所以三倍体是高度不育的。因此，利用三倍体的这种特性，人们育成了同源三倍体无籽西瓜，无籽香蕉、无籽柑橘和无籽葡萄等很多园艺新品种。对同源四倍体来说，四条染色体可能出现两两配对的 2 个二价体，正常分离；但也可能形成四价体（Ⅳ），或 1 个二价体（Ⅱ）与 2 个单价体（Ⅰ），或 1 个三价体（Ⅲ）和 1 个单价体，最终表现为同源四倍体的育性下降。

② 异源多倍体　异源多倍体（allopolyploids）是指细胞中包含两种甚至三种不同来源的染色体组的植物个体，即体细胞中的染色体组来自不同物种。如 A、B 分别代表一个染色体组，则 AABB 就是异源四倍体。异源多倍体可为偶数倍异源多倍体和奇数倍异源多倍体。偶数倍异源多倍体是指体细胞中的染色体组为偶数的个体，如 AABB、AABBCC 等，其特点是每种染色体组均有 2 个，减数分裂时能够进行正常的联会与分离。自然界中存在的异源多倍体基本上为偶数倍异源多倍体，其在自然界分布极为广泛，菊花、水仙、郁金香等均为偶数倍的异源多倍体。奇数倍异源多倍体是指体细胞中的染色体组为奇数的个体，如 AABBC 等。奇数倍的异源多倍体中部分染色体成单存在，减数分裂时无同源染色体与之配对，这些染色体只能随机分配到子细胞中去，由于配子中这些染色体数目和组成成分不均衡，从而导致配子育性下降或个体生活力较弱。奇数倍的异源多倍体在自然界中较少，只有少数无性繁殖的植物存在奇数倍的异源多倍体。异源多倍体通常是属间、种间或亚种间远缘杂交后经染色体加倍的结果。通过人工诱导多倍体的方法，现在已经证明种间杂种的染色体加倍是自然界异源多倍体产生的主要途径。观赏植物中异源多倍体的典型例子是异源四倍体邱园报春（*Primual kewensis*），它的形成途径如图 8-11 所示。两个亲本多花报春（*P. floribunda*）和轮花报春（*P. verticillata*）都是二倍体，$2n = 2x = 18$，F_1 也是 $2n = 18$，但由于 F_1 中的

两个染色体组来自远缘种，其染色体性质迥异，尽管数目相同（都是$x=9$），但不能正常联会，结果还是不育。将F_1加倍后，每一种染色体组都有了同源配者，可以分别配对，于是成为可育的。由于异源四倍体内综合了两个二倍体的染色体，所以又称为"双二倍体"（Amphidiploids）。

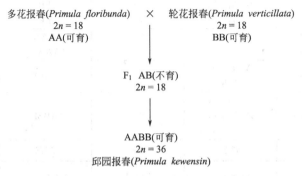

图 8-11 异源四倍体邱园报春形成示意图

类似的例子还有由刺李（*Prunus spinosa*）（$2n=32$）和樱桃李（*P. cerasifera*）（$2n=16$）杂交后加倍形成的新种欧洲李（*P. domestica*）（$2n=48$）。二倍体的甘蓝与二倍体的萝卜 $2n=2x=2×9R$ 的远缘杂种为异源二倍体 $2n=2x=9B+9R$，经加倍后，形成异源四倍体 $2n=2(2x)=2(9B+9R)$ 的萝卜甘蓝。

（三）染色体的非整倍体变异

在生物体内还会出现非整倍体（aneuploid），即生物体内的染色体数目比该物种的正常染色体数（$2n$）多或少一条或若干条。比正常染色体数（$2n$）多的非整倍体称为超倍体（superploid），比正常染色体数（$2n$）少的称为亚倍体。根据多出或少的染色体数，又可以分为下列几种：

单体（monosomic）：体细胞染色体较正常二倍体少了 1 条，即染色体数目为 $2n-1$，染色体构型为 $(n-1)Ⅱ+Ⅰ$。

双单体（double monosomic）：体细胞中某两对染色体都少 1 条，即染色体数目为 $2n-1-1$，染色体构型为 $(n-2)Ⅱ+2Ⅰ$。

缺体（nullisomic）：体细胞中一对同源染色体全部丢失了，即染色体数目为 $2n-2$，染色体构型为 $(n-1)Ⅱ$。

三体（trisomic）：体细胞中染色体较正常二倍体增加了 1 条，即染色体数目为 $2n+1$，染色体构型为 $(n-1)Ⅱ+2Ⅲ$。

双三体（double trisomic）：体细胞中某两对染色体都增加一条，即染色体数目为 $2n+1+1$，染色体构型为 $(n-2)Ⅱ+2Ⅲ$。

四体（tetrasomic）：在二倍体的基础上，多出某对染色体，染色体数目为 $2n+2$，染色体构型为 $(n-1)Ⅱ+Ⅳ$。

非整倍体可以在自然界自发形成，但出现频率极低；也可以通过三倍体形成，因为其染色体配对和向两极移动不正常；给单倍体植株授以正常二倍体花粉也能形成非整倍体。非整倍体在染色体工程和基因定位中有重要的应用价值，例如，单体、缺体、三体等可用来测定基因所在的染色体，用于染色体的替换、添加等。染色体数目变异的主要类型如表 8-1 所示。

表 8-1　整倍体和非整倍体的染色体组及其染色体的变异类型（引自杨业华，2000）

染色体数目的变异			染色体组（x）及其染色体	合子染色体数（$2n$）及其组成		
				染色体组数	染色体组类别	染色体
整倍体	二倍体		A＝$a_1a_2a_3$	$2x$	AA	$a_1a_1a_2a_2a_3a_3$
			B＝$b_1b_2b_3$	$2x$	BB	$b_1b_1b_2b_2b_3b_3$
			E＝$e_1e_2e_3$	$2x$	EE	$e_1e_1e_2e_2e_3e_3$
	同源	三倍体	A＝$a_1a_2a_3$	$3x$	AAA	$a_1a_1a_1a_2a_2a_2a_3a_3a_3$
		四倍体	同上	$4x$	AAAA	$a_1a_1a_1a_1a_2a_2a_2a_2a_3a_3a_3a_3$
	异源	四倍体	A＝$a_1a_2a_3$ B＝$b_1b_2b_3$	$4x$	AABB	（$a_1a_1a_2a_2a_3a_3$）（$b_1b_1b_2b_2b_3b_3$）
		六倍体	A＝$a_1a_2a_3$ B＝$b_1b_2b_3$ E＝$e_1e_2e_3$	$6x$	AABBEE	$a_1a_1a_2a_2a_3a_3$ $b_1b_1b_2b_2b_3b_3$ $e_1e_1e_2e_2e_3e_3$
		三倍体	同上	$3x$	ABE	（$a_1a_2a_3$）（$b_1b_2b_3$）（$e_1e_2e_3$）
非整倍体	单体		A＝$a_1a_2a_3$	$2n-1$	AAB(B$-1b_3$)	（$a_1a_1a_2a_2a_3a_3$）（$b_1b_1b_2b_2b_3$）
	缺体		B＝$b_1b_2b_3$	$2n-2$	AA(B$-1b_3$)	（$a_1a_1a_2a_2a_3a_3$）（B$-1b_3$） $b_1b_1b_2b_2$
	双单体		同上	$2n-1-1$	AAB(B$-1b_2-1b_3$)	（$a_1a_1a_2a_2a_3a_3$）（$b_1b_1b_2b_3$）
	三体		A＝$a_1a_2a_3$	$2n+1$	A(A$+1a_3$)	$a_1a_1a_2a_2a_3a_3a_3$
	四体		同上	$2n+2$	A(A$+2a_3$)	$a_1a_1a_2a_2a_3a_3a_3a_3$
	双三体		同上	$2n+1+1$	A(A$+1a_2+1a_3$)	$a_1a_1a_2a_2a_2a_3a_3a_3$

（四）多倍体植物的遗传规律

1. 多倍体的产生方式和形成原因

（1）自发产生

植物多倍体的自然产生主要通过 3 种途径，即体细胞染色体加倍（somatic doubling）、未减数配子的融合（union of unreduced gametes）、多重受精（polyspermy）。在体细胞中，有时由于特殊原因，有丝分裂受阻，染色体复制加倍而细胞核和细胞质不分裂，从而形成染色体数目加倍的多倍体细胞，使染色体发生倍性变化。这种情况多发生在分生组织或愈伤组织的细胞内，结果产生多倍体苗或枝条，随植物营养体的生长传递给后代。多重受精是指在受精时有两个以上的精子同时进入卵细胞中。这种现象已在向日葵、兰科植物中发现，但不是一条主要途径。

在生殖细胞中，由于减数分裂异常，未产生正常的 n 配子，而产生未减数的 $2n$ 配子，其与正常配子或异常配子结合产生多倍体。未减数的 $2n$ 配子产生的可能原因是减数第一次分裂时染色体未减数，或第二次分裂只有核分裂而不进行细胞分裂，或在第一次分裂后即发生胞质分裂，并不进行第二次分裂。自然界中多数多倍体是通过未减数的 $2n$ 配子的融合形成的。

（2）人工诱发

人工诱导分为物理和化学方式。最早的物理诱导方式是通过给番茄打顶实现的，后来使用高温、低温、辐射、干旱、切割、嫁接等方法。由于物理方法效率太低，不被广泛使用。人工诱导多倍体常用化学方式。常用的化学诱变剂是秋水仙素，其作用机制是破坏纺锤丝，使细胞停留在分裂中期，阻碍了复制的染色体向两极移动，从而产生倍性增加的细胞。

2. 多倍体植物的遗传规律

在多倍体中，互补基因、基因的相互作用、多重复等位基因等，都可以引入更广泛的变异，特别是基因不完全显性可产生十分重要的结果。与二倍体相比，同源多倍体中杂合基因型的类型显著增加，结果是纯合隐性性状的比率显著降低，即如果想通过杂交获得纯合隐性植株必须栽植更大的杂种群体。异源多倍体的可育性较好，真正的异源多倍体具有同二倍体一样的可育潜力。而同源多倍体由于形成多价体，造成减数分裂紊乱和一定程度的不育。所以，自然选择条件下，异源多倍体比同源多倍体具有更强的生存适应能力，自然界也确实保存了更多的异源多倍体。

（五）染色体数目变异的遗传学效应及应用

1. 同源多倍体的遗传学效应及应用

同源多倍体植物的典型形态特征是巨大性，即细胞体积增大，叶片、花朵、气孔、花粉粒、果实等巨大化，茎叶较粗壮，叶厚而色深，生长期长，成熟期延迟。但在株高、分枝数和叶片数等方面与二倍体均无明显差异。如四倍体凤仙花的花朵和气孔大于二倍体，而单位面积的气孔数少于二倍体（图 8-12）。同源多倍体除具有较明显的形态特征外，其生化反应及代谢活动均比二倍体增强，使糖分、蛋白质、维生素等含量增高，抗旱和抗病能力增强。生殖特性上，同源多倍体的配子育性降低甚至完全不育，这是因为同源染色体的每个同源组含有 3 条或 3 条以上同源染色体，减数分裂前期 I 往往同时有三条以上的染色体参与形成联会复合体，形成多价体，如三价体（Ⅲ）、四价体（Ⅳ），由于存在局部联会或不联会现象，可造成子代染色体数多样性和部分不育。而正常的二倍体生物同源组内有两条同源染色体，减数分裂前期 I 每对同源染色体联会形成一个二价体（Ⅱ），正常可育。

左：二倍体　　　右：四倍体

图 8-12　凤仙花花朵和叶片气孔大小比较

同源多倍体在农业上应用广阔。如同源三倍体无籽西瓜的选育是通过同源四倍体（母本）和二倍体（父本）杂交获得的，因同源三倍体高度不育，该果实是不含种子的，即无籽西瓜。

2. 异源多倍体的遗传学效应及应用

多倍体植物中染色体组和相关基因剂量增加，有时会增加或集中次生代谢物质和起防御作用的化学物质，异源多倍体往往因累加了父母的次生物质，提高了杂合性，增强了其抵抗逆境的能力。

异源多倍体是物种进化的一个重要因素，如栽培菊花即来源于异源多倍化起源。同时，异源多倍体为克服远缘杂交障碍提供了一个重要途径。如萝卜和甘蓝是十字花科中不同属的植物，它们的染色体都是 18 条（$2n=18$），但二者的染色体间没有对应关系。将它们杂交，得到杂种 F_1。F_1 在产生配子时，由于萝卜和甘蓝的染色体之间不能配对，不能产生可育的配子，因而 F_1 是高度不育的。但是如果由 F_1 的染色体数目没有减半的配子受精，或者用秋水仙素处理，人工诱导 F_1 的染色体加倍，就可以得到异源四倍体。在异源四倍体中，由于两个种的染色体各具有两套，因而又叫双二倍体。这种双二倍体既不是萝卜，也不是甘蓝，它是一个新种，叫萝卜甘蓝。很可惜，萝卜甘蓝的根像甘蓝，叶像萝卜，没有经济价值。但这却提供了种间或属间杂交在短期内（只需两代）创造新种的方法。通过这种方法，人们已经培育出越来越多的异源多倍体新种。

自然界中能正常繁殖的异源多倍体物种大多是偶数倍，偶数倍的异源多倍体的染色体组成对存在，其遗传表现与二倍体相似，如芸薹属主要种起源的禹氏三角模型（图 8-13），禹长春认为芸薹属三个基本种杂交后，产生了三个复合种，均可以通过种子正常繁殖。而奇数倍异源多倍体只能依靠无性繁殖的方法加以保存。

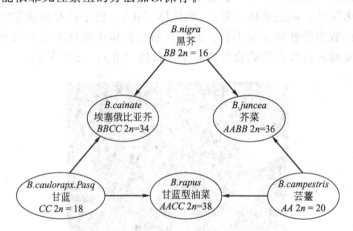

图 8-13　芸薹属主要种起源的禹氏三角模型

3. 非整倍体的遗传学效应及应用

自然界中存在着较多的非整倍体。非整倍体中的单体、缺体、三体等均可用于基因定位。

第二节　基因突变

基因突变指染色体上某一基因位点内部发生了化学性质的变化，与原来基因形成对性关系。从分子水平上看，基因突变是指在基因结构上发生碱基对组成或排列顺序的改变，从而导致个体的性状发生改变。由于基因突变一般发生在一个基因位点内，细胞水平观察不到，所以又称点突变（point mutation）。基因突变是生物进化的源泉，也是遗传育种的重要基础。

一、基因突变的时期和特征

基因突变在自然界各物种中普遍存在。如植物高秆基因突变成矮秆基因，猕猴桃绿果肉突变成红果肉等。基因突变产生新等位基因与遗传功能差异、并形成个体间相对性状差异是侦测基因存在、进行遗传分析的重要前提。如果没有基因突变，该单位性状在所有个体中只有一种表现型，就难以侦测到该基因功能的存在。基因突变是生物进化的根本源泉。如果没有基因突变，生物将因为不能适应生存环境的改变可能面临消亡。基因突变也是遗传育种的重要基础，新基因甚至导致生物生理、发育模式的重要转变，人类利用基因突变育成不少生物新品种、新类型。如矮秆、半矮秆基因的发现与利用导致许多栽培植物矮化，实现了高肥水、高密度栽培下生产性能的提高。利用植物的雄性不育基因，实现了辣椒等杂种优势利用。

（一）基因突变的时期

基因突变在生物个体发育的任何时期均可以发生，即体细胞和性细胞时期均能发生突变。

1. 性细胞时期

如果显性突变发生在性细胞中，它可以在后代中立即表现；如果是隐性突变，则其影响被相应的显性基因所掩盖，要到 F_2 或 F_3 代，当突变基因处于纯合状态时才能表现出来。若突变发生在有机体的一个配子中，则后代中只有一个个体可以获得这个突变基因；如果突变发生在精母细胞和小孢子母细胞中，则有几个雄配子可以同时获得这个突变基因，便可获得几个突变体。由性细胞所产生的个体，如果是显性基因突变体，往往具有某些生物学上的优越性，如提高生物的生活力和繁殖率等，这样的突变体经过自然选择的考验，在群体内逐渐扩展，成为人工选择和自然选择的对象。

2. 体细胞时期

如果突变发生在体细胞中，由于体细胞是二倍体，所以只有显性突变或者是处于纯合状态的隐性突变才能表现出来。这种表现往往使该个体形成镶嵌现象或嵌合体（chimera）。即一部分组织表现原来的性状，另一部分组织表现改变了的性状。镶嵌范围的大小取决于突变发生时期的早晚。突变发生越早，镶嵌范围越大；发生越迟，镶嵌范围越小。鸡冠花一般为黄色和红色，黄色为隐性 a 基因控制，红色为显性 A 基因控制，常见的黄色花为正常类型，但 a 很容易变为 A，如果 a 较早变成 A，则红色斑块较大；如果较晚，则红色斑块较小或呈条纹状。相反的如红色鸡冠花上产生隐性突变 $A \rightarrow a$，则红色冠底上出现黄色条纹或斑块而呈红黄镶嵌的两色鸡冠。

（二）基因突变的特征

1. 基因突变的重演性

突变的重演性是指同种生物的不同个体间可以独立地产生相同的突变。如天竺葵、大叶黄杨产生的花叶突变在不同个体间曾多次重复出现。同一树种或品种相同类型的芽变，可以在不同的年份、不同的地点，不同的单株上重复发生。

同一突变重复发生的趋势相对稳定，可用突变率（mutation rate）或突变频率（mutation frequency）定量描述。突变率表示单位时间（如一个生物世代或细胞世代）内某一基因突变发生的概率。由于在实践中时间检测与界定困难，大多数生物的突变率难以准确估计，因此常用突变频率估算突变率。突变频率指突变体在一个世代群体中所占的比例。

突变频率估算因植物的生殖方式而不同。有性生殖植物的突变频率通常用配子发生突变的概率，即一定数目配子中突变配子数表示；无性生殖植物突变频率用细胞发生突变的概率，即一定数目细胞中突变细胞数表示。玉米籽粒7个基因的自然突变频率各不相同（表8-2）。

表 8-2 玉米籽粒 7 个基因的自然突变频率

基因	性状表型	测定配子数	突变数	突变频率($\times 10^{-6}$)
R	籽粒色	554786	273	492.0
I	抑制色素形成	265391	28	106.0
Pr	紫色	647102	7	11.0
Su	非甜粒	1678736	4	2.4
Y	黄胚乳	1745280	4	2.2
Sh	籽粒饱满	2469285	3	1.2
Wx	非糯性	1503744	0	0

2. 基因突变的可逆性

基因突变像许多生物化学反应过程一样是可逆的，即野生型基因经过突变成为突变型基因的过程称为正突变（forward mutation）。突变基因又可以通过突变而成为野生型基因，这一过程称为反突变（reverse mutation）或回复突变（back mutation）。通常，以 u 表示正突变率，以 v 表示反突变率，多数情况下，正突变率总是高于反突变率，即 $u > v$，这是因为一个野生型基因内部的许多位置上的结构改变都可以导致基因突变，但是一个突变基因内部只有一个位置上的结构改变才能使它恢复原状。

突变型基因与野生型基因之间存在等位对性关系，在杂合体中表现一定的显隐性关系。由显性基因产生隐性基因称为隐性突变（recessive mutation）；反之，由隐性基因产生显性基因称为显性突变（dominant mutation）。野生型基因一般是正常的、有功能的基因，突变常导致其功能丧失，因此，正突变通常是隐性突变。

3. 基因突变的多方向性

基因突变的方向是不定的，可以多方向发生。如基因 A 突变后不仅能形成 a，而且还能形成 a_1、a_2、a_3……等不同等位基因。它们对 A 来说都是隐性基因。这些隐性突变基因彼此之间，以及它们与 A 基因之间都存在对性关系，但其间的生理功能与性状表现各不相同。由一个基因突变的许多个基因都是等位的，于是就构成为一个复等位基因群。位于同一基因位点上各个等位基因的总体，称为复等位基因（multiple allele）。如番茄果肉的颜色是由红、粉、橙、黄几个复等位基因所决定的。在一个复等位基因群内，任何两个基因的纯合体杂交后，F_2 群体都呈现等位基因的 3:1 或 1:2:1 的分离比。

复等位基因并不存在于同一个体中（同源多倍体除外），而是存在于同一生物群内。例如，一些植物中存在的自交不亲和性由一组自交不亲和的复等位基因 S_1、S_2、S_3、S_4……控制。复等位基因的出现，增加了生物的多样性，提高了生物的适应性，为育种工作提供更丰富的资源，也使人们在分子水平上进一步深入了解基因内部结构。

基因虽然可向多方向发生突变形成一系列复等位基因，但基因受其本身特定化学基础的制约，同时环境条件也对之起着一定的作用，所以突变只能在一定范围内发生，绝不是漫无边际的。如辣椒的皮色有红色、黄色、紫色、白色等不同的突变，但从未发现蓝色的突变。

4. 突变的有害性和有利性

大多数基因突变对生物的生长和发育往往是有害的。某一基因发生突变，长期自然选择进化形成的平衡协调关系就会被打破或削弱，进而扰乱代谢关系，引起程度不同的有害后果，一般表现为某种性状的缺陷或生育反常或导致死亡。导致个体死亡的突变为致死突变。致死突变大多为隐性突变。如果致死突变发生在配子期、合子期或胚胎发育早期，就无从获得突变体。致死作用如果发生在性染色体上，表现为伴性致死（sex linked lethal）。在植物中最常见的为隐性白化突变，白化苗不能正常形成叶绿素，当子叶或胚乳中的养料耗尽时，幼苗便死亡。有些基因仅仅控制一些次要功能和性状，即使发生突变，也不会影响植物的正常生理活动，这种突变为中性突变（neutral mutation），如花色、花斑等，并不严重影响花卉的生命活动，会被自然选择保留下来。还有少数基因突变不仅对生物的生命活动无害，反而有利于其生存和生长发育。如抗倒伏、抗病、早熟等突变。即所谓的"适应"环境的突变为有利突变，可通过自然选择保留下来，实现生物进化。

突变的有害性概括了大多数基因突变对突变体本身在一定环境条件下生长发育的效应。但有害和有利总是相对的，不是绝对的，在一定条件下突变的效应是可以转化的。如高秆突变为矮秆，矮秆株在高秆群体中受光不足、发育不良；但矮秆株在多风或高肥地区有较强的抗倒伏性，生长更加苗壮。前者即为有害性，后者则为有利性，有害可以变为有利。

此外，在育种实践中，人类的需要和生物本身突变的利弊有时存在不一致性。如茄果类蔬菜的落花落果性对生物本身有利，而对人类无益。洋葱、番茄等的雄性不育，对其自身繁衍生存是不利的，但对人类却有益，可作为人类利用杂种优势的良好材料，省去人工去雄的繁重劳动，提高种子质量。

5. 基因突变的平行性

亲缘关系相近的物种因遗传基础近似，常常会发生相似的基因突变，这种现象称为突变的平行性。突变的平行性与苏联遗传学家瓦维洛夫提出的"遗传变异同型系"学说是一致的。由于突变平行性的存在，如果一个种、属的生物中产生了某种突变类型，可以预测与之近缘的其他种或属内也可能存在或能产生相似的变异类型，对研究物种间的亲缘关系、物种进化以及开展人工诱变育种都具有一定的参考意义。例如，在桃的芽变中曾出现过重瓣、花粉不育、红花、粘核、短枝型、垂枝、早熟等芽变，人们就能有把握地期待在李亚科的其他属、种如杏、梅、樱桃中出现平行的芽变类型，甚至能预测梨亚科、蔷薇亚科的不同树种如苹果、蔷薇会发生除黏核以外的其余所有芽变类型。美国自20世纪50年代从元帅系苹果中选育出短枝型芽变新品种新红星以来，中国各地也从元帅系品种、甚至从金冠、富士、国光等品种中选育出系列短枝型新品种。再如，番茄有高、矮秆变异类型，其他物种如马铃薯、辣椒等同样存在着这些变异类型。

6. 基因突变的随机性和热点区

突变具有随机性，即突变在何时、哪个细胞发生是无法预测的、随机的，而且突变的发生与生物体对环境的适应无关。目前在菊花等观赏植物中所发现的突变都说明基因突变的随机性。但每个基因自发突变的频率是特定的，因此可对特定突变发生的概率进行预测。特定细胞内特定基因的发生频率或一定大小的群体中特定基因的突变频率是相对确定的。然而，突变在生物的基因组或一个基因内发生的位置并不是随机的。一些DNA序列更易发生突变，这些DNA序列称为突变的热点区（hot spots）。在基因组和基因内的许多位点存在突变的热点区，如胞嘧啶甲基化座位，其突变率很高，且通常是G-C→A-T的转换。在许多生物中，一种特殊酶能在DNA的某些靶序列上添加甲基，使一些胞嘧啶碱基的碳-5位发生甲基化，产生5-甲基胞嘧啶，替代了正常的胞嘧啶。胞嘧啶甲基化的遗传学功能目前还不十分清楚，但胞嘧啶甲基化高的DNA区趋向于基因活性下降。

7. 易变基因与增变基因

一般的基因较稳定，不易发生改变，但是也有一些基因非常容易发生突变，以致使具有它们的个体成为突变与未突变基因的镶嵌合体，这种极端易变的基因称为易变基因。易变基因在植物中极为常见，它们经常出现在体细胞组织中，有时也出现在性细胞中。易变基因对体细胞产生的明显影响经常表现为颜色上的镶嵌现象。如植物的胚乳、叶片、花瓣等所出现的花斑；香豌豆、牵牛花、金鱼草、鸡冠花、紫茉莉、飞燕草等都经常出现有颜色的花斑。有些基因或染色体的某个节段，影响到其他基因的稳定性，使它们加速了突变，这些促进突变的基因称增变基因。

二、基因突变与性状表现

（一）基因突变的性状变异类型

不同基因突变后产生的性状变异各不相同。有些突变型与野生型表现差异显著，有些则需要借助精细的遗传学或生物化学技术来检测区别。根据突变基因的效应或性状变异的可识别程度来描述基因突变引起的性状变异类型。

1. 形态突变

形态突变（morphological mutation）是指引起生物体外部形态结构如植株的高矮、大小、色泽等肉眼可识别变异的突变，也称可见突变（visible mutation）。如苹果的矮秆突变、黄杨的叶色突变等。

2. 生化突变

生化突变（biochemical mutation）是指没有形态效应，但影响生物的代谢过程，导致某种特定生化功能改变或丧失的突变。最常见的是营养缺陷型，即丧失某种生长与代谢必需物质合成能力的突变型。

3. 致死突变

致死突变（lethal mutation）是指导致特定基因型突变体死亡或生活力明显下降的突变。如一个隐性致死突变基因可在二倍体生物中以杂合状态存在，当它处于纯合状态或不具备显性等位基因时，就会导致个体死亡。

4. 条件致死突变

条件致死突变（conditional lethal mutation）是指在一定条件下表现致死效应，在另一条件下能够存活的突变。如细菌的某些温度敏感突变型在30℃左右可存活，在42℃左右或低于30℃时致死。

5. 抗性突变

抗性突变（resistant mutation）是指突变细胞或生物体获得了对某种特殊抑制剂的抵抗能力。生物可广泛产生对生物性和非生物性抑制物的抗性突变，包括抗热性、抗寒性、抗病虫性、抗除草剂等抗性。

（二）显性突变和隐性突变的表现

突变通常是独立发生的，一对等位基因总是其中之一发生突变，另一个一般不发生突变。当单个隐性基因突变为显性基因时，称为显性突变，如 $dd \rightarrow dD$。而当单个显性基因突变为隐性基因时，则称为隐性突变，如 $DD \rightarrow Dd$。无论是显性突变还是隐性突变，突变当代都是杂合体。基因突变表现世代的早晚和选出纯合植株速度的快慢，因显、隐性突变而异。

在自交情况下，相对地说显性突变性状表现得早而纯合得迟；隐性突变与此相反，性状表现得迟而纯合得早。显性突变在第一代就能表现，第二代能够纯合，而检出突变纯合体则有待于第三代。隐性突变在第一代因被显性等位基因掩盖不表现，在第二代表现，第二代纯合，检出突变纯合体也在第二代。表示诱发突变的世代用 M。由诱发当代长成的植株为 M_1，用 M_1 繁殖的后代为 M_2，其余类推。

（三）体细胞突变和性细胞突变的表现

基因突变可发生在植物个体发育的任何一个阶段、任何一个细胞内。然而，突变最初发生的细胞类型对个体有很大的影响。对有性生殖园艺植物而言，体细胞和生殖细胞均可能发生突变。体细胞发生的突变称为体细胞突变（somatic mutation），生殖细胞发生的突变称为性细胞突变（sexual mutation）。

1. 体细胞突变

体细胞突变通常不能通过受精直接传递给后代。如果隐性基因突变为显性基因，当代个体以嵌合体（chimera）形式表现出突变性状，要从中选出纯合体，需要有性繁殖自交两代。如果显性基因突变为隐性基因，当代为杂合体，但不表现、呈潜伏状态，要选出纯合体，需有性繁殖自交一代。具有分生能力的显性突变体细胞分裂形成突变细胞群落，表现为一个突变体区（mutation sector）。突变体区与正常非突变性状并存于一个生物体或其器官、组织上，称为嵌合体。在吊兰、鸡冠花等植物中可见到。突变体区大小取决于突变在个体发育中发生的早晚，发生越早，突变体区就越大；发生越晚，突变体区就越小。植物芽原基发育早期的突变细胞可能发育形成一个突变芽或枝条，称为芽变（bud mutation）。晚期花芽上发生突变，突变性状只局限于一个花朵或果实，甚至它们的一部分。有些水果果实上半边红半边黄的现象就可能是这样的嵌合体。

要保留性状优良的体细胞突变，需通过嫁接、压条、扦插或组织培养等无性繁殖方法将它从母体上及时地分割下来进行无性生殖，或设法让它产生性细胞，再通过有性繁殖传递给后代。一次芽变一般只涉及个别性状变异，很少同时涉及很多性状。在果树、花卉上一旦发现优良芽变，就要及时加以繁殖，保留下来育成新品种，如著名的温州早橘就是来源于温州蜜橘的芽变。葡萄、苹果、菊花、大丽花、玫瑰、郁金香等的芽变新品种都是通过此法选育而成的。林木、果树等有性繁殖周期较长，有性杂交育种效率低，无性变异选择至今仍是这类植物育种的重要手段。

2. 性细胞突变

性细胞突变形成突变配子，可通过受精过程直接传递给后代。性细胞突变的表现因交配方式而异。发生隐性突变时，自花授粉作物只要通过自交繁殖，突变性状即可分离出来。异花授粉作物则不然，隐性基因会在群体中长期保持异质结合状态，长期潜伏而不表现，只有进行人工自交或互交，纯合突变体才能表现。无性繁殖作物，显性突变即能表现，可用无性繁殖法加以固定；隐性突变则长期潜伏。

试验表明，性细胞突变频率要高于体细胞突变频率，这是因为性细胞在减数分裂的末期对外界环境条件更为敏感，而且性细胞突变可以通过受精直接传递给后代。而体细胞突变则不能，突变了的体细胞在生长过程中往往竞争不过周围的正常细胞，受到抑制或消失。因此，诱发突变时经常采用性细胞作为材料，以提高诱变率。

（四）大突变和微突变的表现

基因突变引起性状变异的可识别程度是不相同的，有大突变（macromutation）和微突变（micromutation）之别。

1. 大突变

大突变是指突变效应大，性状差异明显，易于识别的基因突变。控制质量性状的基因突变大都属于大突变。产生大突变的基因控制的性状在相对性状间一般表现为类别差异。例如，豌豆籽粒圆形突变成皱形、玉米籽粒非糯性突变成糯性等。

2. 微突变

微突变是指突变效应微小，性状差异不大，较难察觉的基因突变。控制数量性状的基因突变大都属于微突变。例如，黄瓜果实的长短、杏果重的变异等。这类性状差异通常以数量指标来描述。为了鉴别微突变的遗传效应，常需要借助统计方法加以研究分析。尽管微突变中每个基因的遗传效应比较微小，但在多基因的条件下，可以积小为大，最终可以积量变为质变，表现出显著的作用来。试验表明，在微突变中出现的有利突变率高于大突变。所以在育种中要特别注意微突变的分析和选择，在注意大突变的同时，也应重视微突变。

（五）条件突变与非条件突变的表现

对于遗传分析而言，最有用的突变是那些遗传效应能被任意开启或关闭的突变，即条件突变（conditional mutation）。因为这类突变能在限定的环境条件下产生表现型上的变化，但在另外一种条件下则不能。例如，温敏型突变就是一种条件突变，其突变性状的表达取决于温度。在适宜温度下，生物体表现野生型性状；而在高于限定温度下，则表现为突变型。在这种突变体中，由于突变基因产生了氨基酸被替换的蛋白质，该蛋白对温度比较敏感，在适宜温度下能正确折叠，发挥正常功能；但在限定条件下，不稳定而发生变性。温度敏感的例子很多。例如，一些温敏型雄性不育的植物突变体，当气温超过一定温度，花粉发育过程中的关键酶失活，就不能产生育性花粉；当植株处于正常温度时，花粉发育正常。例如，对拟南芥突变体 *atmsl* 而言，当温度处在 16～23℃，花粉发育正常，而当温度超过 27℃，便不能产生花粉。

三、植物基因突变的鉴定

经自然或诱发而产生的变异植株，其变异是否属于真实的基因突变、是显性突变还是隐性突变、突变发生频率的高低等都需要进行鉴定。

（一）真实遗传突变的鉴定

变异有可遗传变异和不可遗传变异。由基因发生某种化学变化而引起的变异是可遗传的，而由一般环境条件导致的变异是不遗传的。所以，在处理材料的后代中，一旦发现与原始亲本不同的变异体，即要鉴定它是否真实遗传。例如，在园艺植物诱变育种过程中，某种高秆植物经理化因素处理，在其后代中发现个别矮秆植株，这种变异体究竟是基因突变引起的，还是由土壤瘠薄或遭受病虫危害等原因引起的呢？二者如何鉴别呢？为了探明问题，需要把变异体与原来的亲本一起种植在土壤条件和栽培条件基本均匀一致的环境下，仔细观察比较两者的表现。若变异体与原始亲本的表现大体相似，即原来的变异消失了，说明它不是遗传的变异；反之，若变异体与原始亲本不同，仍然表现为矮秆，说明它是可遗传的，是基因突变的结果。

（二）显性突变和隐性突变的鉴定

突变体究竟是显性突变还是隐性突变，可利用杂交试验的方法加以鉴定区分。以上例而言，让矮秆突变体植株与原始亲本（高秆）杂交，若 F_1 表现高秆，F_2 中既有高秆又有矮秆植株，说明矮秆突变是隐性突变。若是显性突变，可以用同样方法加以鉴定。F_1 表现为矮秆，F_2 中矮秆：高秆为 3：1。

（三）突变率的测定

基因突变率很低。不同生物和不同基因的突变率有很大差别。自然条件下，高等生物的突变率为 $1 \times 10^{-6} \sim 1 \times 10^{-8}$，即 1 亿配子中有一个发生突变，由于高等生物在进化过程中能保持相对稳定性，故突变率较低、突变范围也较小。基因突变而表现出突变性状的细胞或个体，叫突变体。突变个体数占总个体数的比数即为突变频率。基因突变率的估算因生物生殖方式而不同，不同生物的不同基因，各有一定的突变频率。有性生殖生物的突变率通常是用每一配子发生突变的概率，即用一定数目配子中的突变配子数表示。例如，甜玉米籽粒 7 个基因的自然突变率各不相同，其中有的较高，如 R 基因在每百万个配子中的平均突变率为 49.2‰；有的较低，如 Sh 基因仅为 1.2‰。

突变率的测定：①利用花粉直感现象，估算配子的突变率。例如，测定玉米籽粒的非甜突变为甜粒（$susu$）的频率，用甜粒玉米纯种（$susu$）作母本，用经诱变处理的非甜粒玉米纯种（$SuSu$）的花粉作父本进行授粉。已知非甜粒（Su）对甜粒（su）为显性。未突变花粉授粉所结籽粒为非甜粒，突变花粉授粉所结籽粒为甜粒。如果 10 万粒种子中有 5 粒为甜粒，则突变率 ＝ 5/100000 ＝ 1/2 万。②根据 M_2 出现突变体占观察总个体数的比例进行估算。突变率 ＝ M_2 突变体数/观察总个体数。如果是隐性突变，需分株分穗收获，然后分别播种几代才能发现突变性状，这时突变率的测定应以单穗或籽粒作为估算单位。

四、基因突变的分子基础

在细胞水平上，基因相当于染色体上的一点，称为位点（locus）。从分子水平上看，一个位点还可分成许多基本单位，称为座位（site）。一个座位一般指的是一个核苷酸对，有时其中一个碱基发生改变，就可能产生一个突变。因此，基因突变来自于 DNA 核苷酸序列的改变，或者基因组中 DNA 序列的缺失、插入或重排。复等位基因是基因内部不同碱基改变的结果。

（一）碱基替换

最简单的突变类型就是碱基替换（base substitution），即 DNA 双螺旋中的核苷酸对会被不同的核苷酸对所代替。例如，在一条 DNA 链中一个 G 替换 A，这种替换产生了一个暂时的 G-T 碱基对错配，但是在接下来的复制中，这种错配会被新产生的两个双链 DNA 分子中正确的 G-C 碱基对和 A-T 碱基对所代替。其中产生的 G-C 碱基对就是突变子，而 A-T 碱基对属于非突变子。同样地，一条链中一个 A 替换了 T，产生了一个暂时的 T-T 错配，这一错配也会在复制中被一个子 DNA 分子中 T-A 和另一子分子中 A-T 碱基对所分解。其中产生的 T-A 碱基对是突变子，而 A-T 为非突变子。如果考虑 DNA 的极性，上述的 T-A 和 A-T 是不等价的。在碱基替换中，一个嘌呤被另一个嘌呤替换或一个嘧啶被另一嘧啶替换，称为转换（transition）。转换的可能情形有 4 种：T→C、C→T、A→G 或 G→A。而一个嘌呤被一个嘧啶替换或一个嘧啶被一个嘌呤替换，称为颠换（transversion）。颠换的可能情形有 8 种：T→A、T→G、C→A、C→G、A→T、A→C、G→T 或 G→C。如果碱基替换随机发生，转换：颠换应为 1：2；但在自发碱基突变中，转换：颠换却为 2：1。

（二）蛋白质改变

编码区的许多碱基替换将导致一种氨基酸被另一种氨基酸所代换，这种突变称为错义突变（missence mutation）。蛋白质中单个氨基酸的代换可能改变蛋白质的生物功能。但并不是所有的碱基替换都会造成氨基酸代换，绝大多数密码子第三位的碱基替换不会改变所编码的氨基酸。这种仅改变核苷酸序列而没有引起氨基酸改变的突变，称为同义替换（synonymous substitution），因为检测不到表现型的变化。

碱基的偶然替换也可能产生终止密码子 UAA、UAG 或 UGA。例如，正常的色氨酸第三位 G 被替换为 A，密码子 UGG 将转变为 UGA。这将导致翻译在突变密码子位置终止，形成一条不完整的多肽链。这种产生一个终止密码子的碱基替换突变称为无义突变（nonsense mutation），因为无义突变产生了未成熟肽链的终止，留下的多肽片段几乎没有功能。

当编码区插入或缺失的核苷酸正好是 3 的整倍数时，将造成氨基酸的增加或删除。当插入或缺失的核苷酸使三联体密码子的阅读顺序移动，将造成突变座位下游所有的氨基酸发生改变。这种使 mRNA 中密码子阅读框发生移动的突变称为移码突变（frameshift mutation）。常见的移码突变是单个碱基的增添或缺失。除非核苷酸的插入或缺失位于羧基端，否则任何非 3 整倍数的插入或缺失都将造成移码突变。移码突变合成的蛋白质通常没有功能（图 8-14）。

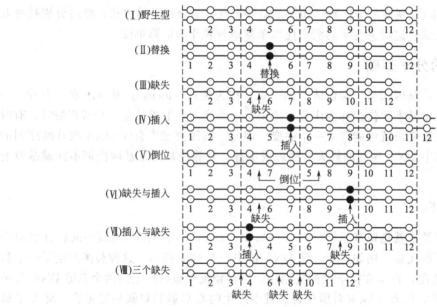

图 8-14　分子水平上的突变模式图

○示碱基，●示变化后碱基，↑示碱基变化的位置

实线示 DNA 链，虚线示密码子，遗传信息由每三个一组的密码子组成，从左向右读

五、基因突变产生的原因

上述各类 DNA 分子结构的改变都有其内外两方面的原因，据此，通常把突变分为自发突变（spontaneous mutation）和诱发突变（induced mutation）。在没有特殊的诱导条件下，由自然的外界环境条件或生物体内的生理和生化变化而产生的突变称为自发突变。通

过广泛而深入的诱变试验，在一定程度上认识了各类诱变因素的诱变机制，从而进一步认识了自发突变的原因，为定向诱变开辟了道路。携带的基因发生突变并表现突变性状的细胞或生物个体称为突变型或突变体（mutant）。而自然群体中最常见的典型类型称为野生型（wildtype）。

1. 自发突变

自发突变并不是没有原因，自然界的各种辐射、环境中的化学物质、DNA 复制错误、修复差错以及转座子转座等都可能引起基因的碱基序列的改变而产生突变。自发突变主要是由于细胞内部形成了能起诱变作用的代谢产物，改变了 DNA 的分子结构。自发突变的原因主要是由于正常细胞中的酶造成"差错"，例如，某一聚合酶偶尔"接受"了一个反常的核苷酸对（如 A-C），就会产生一个改变了的密码子。另外，重组本身的不等交换，也能产生遗传的变异。自发突变广泛存在，但突变频率非常低，高等生物突变频率为 $10^{-8} \sim 10^{-5}$，且不同生物和不同基因间突变频率差异很大，远远不能满足遗传研究和育种工作的需要。因此需要人为利用一些物理或化学因素诱发产生突变，来提高基因突变率。

2. 诱发突变

目前广泛应用的诱变因素主要有辐射、化学诱变剂和综合诱变，其中有些诱变剂（例如紫外线）的作用模式已了解得比较清楚，这有助于从理论上进一步认识突变的起因和某些规律，在育种实践上，也为人工控制突变打下了初步的基础。现将一些主要诱变剂的诱变机制及其作用的特异性综合为以下五个方面：①妨碍 DNA 某一成分的合成，引起 DNA 结构的变化；②碱基类似物替换 DNA 分子中的不同碱基，引起碱基对的改变；③直接改变 DNA 某些特定的结构；④引起 DNA 复制的错误；⑤高能射线或紫外线引起 DNA 结构或碱基的变化。自然条件下各种植物发生基因突变的频率很低，但在物理、化学等因素的诱变下，基因的突变率会大大提高。诱发基因突变对植物的遗传育种来说，能够获得大量的变异体，为遗传学研究和新品种培育提供丰富的材料。

（1）辐射诱变

辐射是一种能源，照射后可使细胞获得大量的能量，造成原子激发或电离而导致基因突变。辐射诱变的作用是随机的，不存在特异性。根据照射后是否引发原子电离，常将辐射诱变分为以下 2 种类型：

① 紫外线诱变　紫外线具有较高的能量，除能使被照射的细胞产生热能外，还能使其原子激发，使碱基内发生化学变化，导致基因突变。紫外线照射主要使同链上临近的胸腺嘧啶核苷酸联合成胸腺嘧啶二聚体（TT），这种联合使碱基靠的更近，从而造成双螺旋的扭曲，导致转录和 DNA 复制障碍。紫外线还能将胞嘧啶脱氨成尿嘧啶，或是将水加到嘧啶的 C_4、C_5 位置上成为光产物。紫外线诱变的最有效波长是 260nm 左右，其作用集中在 DNA 的特定部位。但紫外线的穿透力不强，在园林植物上一般用于配子体的诱变。

② 电离辐射诱变　电离辐射包括 X 射线和 γ 射线等电磁辐射，以及 α 射线、β 射线和中子等粒子辐射。以上射线的能量很高，除产生热能和使原子激发外，还能使原子发生电离（ionization），即射线的能量使 DNA 分子的某些原子外围的电子脱离轨道，这些原子从中性变为带正电荷的离子，称为原发电离。在射线经过的通路上，形成大量离子对，该过程中产生的电子，多数尚有较大的能量，能引发二次电离。电离的结果造成基因分子结构改变，产生突变了的新基因，或造成染色体断裂，引起染色体结构的畸变。X 射线、γ 射线和中子适用于外照射，即辐射源与接受照射的物体之间保持一定的距离，让射线从外部透入物体内，在体内诱发突变。α 射线和 β 射线穿透力较弱，用于内照射。常用的 β 射线辐射源是 ^{32}P 和

^{35}S，采用浸泡或注射法，使其渗入植物体内进行诱变。就单基因而言，基因突变的频率与辐射剂量成正比，即辐射的剂量越大，基因突变率就越高。辐射剂量指被照射的物质所吸收的能量数值。但基因突变率不受辐射强度的影响。辐射强度指单位时间内照射的剂量数。如果照射的总剂量不变，不管单位时间内所照射的剂量是多还是少，基因突变率总是一定的。

（2）化学诱变

利用化学试剂引发基因突变通常称为化学诱变。化学诱变的作用是特异的，即一定性质的诱变剂能够诱发一定类型的变异。

① 烷化剂　目前应用最广泛而有效的园艺植物诱变剂。最常用的有甲基磺酸乙酯（EMS）、氮芥等。它们都带有一个或多个活泼的烷基，能够在 DNA 碱基上添加不同的化学基团，改变碱基的配对特性，或者造成 DNA 分子结构扭曲。鸟嘌呤的烷化作用最容易发生在 G 的 N_7 位置上，形成 7-烷基鸟嘌呤。7-烷基鸟嘌呤可与胸腺嘧啶配对，从而产生 G-C→A-T 的转换。EMS 与胸腺嘧啶和鸟嘌呤的反应要比与腺嘌呤和胞嘧啶更容易些。

② 弱酸类　一些化学物质能与 DNA 发生作用并改变碱基间氢键的特性。例如，亚硝酸。它通过对腺嘌呤、胞嘧啶和鸟嘌呤的脱氨作用，改变了每个碱基氢键的特异性。5-甲基胞嘧啶脱氨产生了胸腺嘧啶，胞嘧啶脱氨生成了尿嘧啶。腺嘌呤的脱氨产物为次黄嘌呤，次黄嘌呤常与胞嘧啶配对，而不与胸腺嘧啶配对，结果导致 A-T→G-C 转换。

③ 碱基类似物　一种与 DNA 碱基非常相似的化合物，能在正常的复制过程中与模板链中的碱基配对，参入到 DNA 分子中去，引起碱基错配，最终导致碱基对的替换，引起突变。例如，5-溴尿嘧啶的分子结构与胸腺嘧啶基本相同，只是在 C_5 位置上的以 Br 取代 CH_3。它的氢键原子也和胸腺嘧啶完全一样，常以酮式状态和腺嘌呤配对。但溴原子对碱基的电子分布有明显的影响，使得正常的酮式结构经常转移成互变异构体烯醇式结构，烯醇式结构具有胞嘧啶的氢键特性，易与鸟嘌呤配对。因此，当 DNA 复制时，醇式的 5-溴尿嘧啶和鸟嘌呤配对成 G-5-BUe 的核苷酸对。下一次复制时，鸟嘌呤按正常情况和胞嘧啶配对，引起 A-T 向 G-C 的改变。同样 G-C 也可变成 A-T。

④ 插入或删除碱基的试剂　吖啶是一个平面为三个环状，大小约与嘌呤-嘧啶碱基对相同的分子。例如，2-氨基吖啶，它能嵌入到 DNA 双链中心的碱基之间，在拓扑异构酶的协助下引起单一核苷酸的缺失或插入。拓扑异构酶通常能使 DNA 双链断开，然后自由末端旋转，再封闭断开处，以减轻 DNA 中的扭力。在吖啶存在时，拓扑异构酶在 DNA 上留下切口。修复失败会导致在此座位处插入或删除一个或一些碱基对，而编码区单碱基的插入或缺失会产生移码突变。

（3）综合诱变

利用宇宙系列生物卫星、科学返回卫星、空间站及航天飞机等空间飞行器进行搭载生物材料的空间诱变育种。通过外层空间特殊的物理化学环境，引起生物的 DNA 分子的变异和重组，产生遗传物质变异，创造新种质，进而培育新品种。目前空间环境导致作物遗传变异的原因尚不完全清楚，有微重力假说、空间辐射假说和转座子假说。微重力假说认为，在卫星近地面空间条件下，环境重力明显不同于地面，不及地面重力十分之一的微重力是影响飞行生物生长发育的重要因素之一。研究表明，微重力可能干扰 DNA 损伤修复系统的正常运行，即阻碍或抑制 DNA 断链的修复。空间辐射假说认为，卫星飞行空间存在着各种质子、电子、离子、粒子、高能重粒子（HZE）、X 射线、γ 射线及其他宇宙射线，这些射线和粒子能穿透宇宙飞行器外壁，作用于飞行器内的生物，产生很高的生物效应和有效的诱变作用。转座子假说认为，太空环境将潜伏的转座子激活，活化的转座子通过移位、插入和丢失，导致基因变异和染色体畸变。这一新的发现为航天诱变育种机理研究增加了新的内容，加速了航天诱变育种机理的研究进程。以上假说提出的因素可能都存在，因此可认为是综合诱变。

六、转座

转座（transposition）现象是由麦克林托克（Barbara McClintock）在20世纪40年代初研究玉米的籽粒斑点遗传中首先发现的。她发现染色体断裂经常发生在Ds（dissociation）遗传元件或其附近位置，进一步观察发现Ds的位置有时会移动到另一个新的位置，并导致染色体在新的位置上发生断裂。但是Ds的移动仅在Ac（activator）遗传元件出现在相同基因组上时才会发生。Ac自身能在基因组上移动，并改变其插入点的基因或插入点附近的基因的表达。自从麦克林托克发现Ds/Ac转座元件以来，现已在矮牵牛、金鱼草、飞燕草、甜豌豆等多种植物中发现转座元件。

（一）转座元件的类型

根据转座方式的不同，高等生物的转座元件可分为DNA转座子（DNA transposon）和反转录转座子（retrotransposon）。

1. DNA转座元件

DNA转座元件的特点是都具有两个末端反向重复序列（terminal inverted repeat，TIR），即转座元件两个末端的重复序列的方向是相反的。Ds元件中末端重复序列长度为11bp（图8-15），但在其他DNA转座子家族中，重复序列可能达几百个碱基对长。DNA转座元件的转座机制为"切割/粘贴"，即转座子被转座酶从基因组的某个位置切割下来，然后插入到基因组的另一个位置。图8-15为Ds元件插入到玉米第9号染色体的野生型皱缩基因（sh）中，造成了该基因的敲除突变。在Ds转座过程中，在转座酶（transposase）的催化下，靶座位首先被切割成交错状切口，在每条DNA链上留下8个核苷酸的3′突出端。然后3′突出末端与插入的Ds元件的末端衔接，从而使每条链上产生8个核苷酸的缺口。最后在修复酶的作用下，缺口被填充，从而在插入的Ds两侧产生了对靶序列中8个碱基的复制。末端重复序列中含有转座酶的结合位点，便于转座酶识别转座元件并使其结合到切割靶座位，因此一般来说末端重复序列对转座是必需的。绝大多数转座元件插入的特征是存在靶座位的复制，其源于转座酶对靶序列的非对称性切割。每个转座元件家族有自己的转座酶，不同的转座酶在靶DNA链上切口间的距离是不同的，切口间的距离也决定了靶座位的复制长度。

2. 反转录转座元件

反转录转座元件是真核生物中最为丰富的一类转座元件，其转座过程以RNA为中间媒介，首先由DNA转座元件转录为RNA，再以RNA为模板，以与转座元件的长末端重复序列（long terminal repeats，LTR）互补的tRNA序列为引物，在转座元件自身编码的反转录酶作用下，反转录产生一条互补的DNA链。DNA第一链合成后，转座元件编码的核酸酶切割单链RNA模板作为第二条DNA链合成的引物，复制合成第二条DNA链。最后合成的双链DNA插入到新的染色体座位。由于反转录转座子通过复制实现转座，因此转座导致转座元件拷贝数的增加。

植物反转录转座子可分为长末端重复序列反转录转座子（LTR retrotransposons）和非LTR反转录转座子（non-LTR retrotransposon）两个亚类。LTR反转录转座子的两端具有

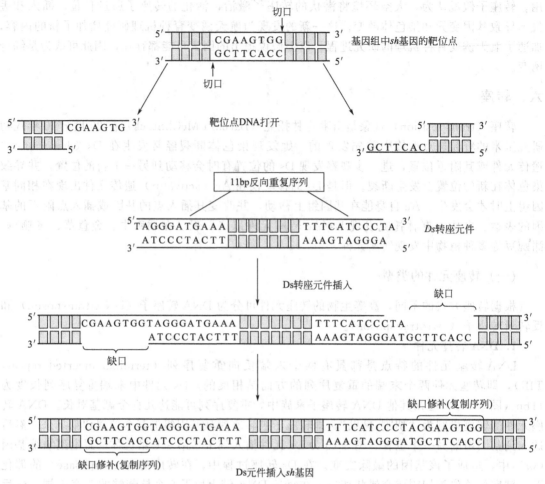

图 8-15　玉米 Ds 转座元件的切割-粘贴（引自 Hartl and Jones，2002）

长的同向末端重复序列，长度一般为 200～500bp。LTR 反转录转座子两侧的 LTR 不编码蛋白质，但包含转录的起始信号和终止信号，内部的编码区主要包括 3 个与转座有关的基因，分别是 *gag*、*pol* 和 *int*。*gag* 基因编码的蛋白质负责反转录转座子 RNA 的成熟和包装，*pol* 基因编码反转录酶和 RNase H，*int* 编码整合酶。非 LTR 反转录转座子的两端没有 LTR，而在其 3′ 末端具有 poly（A）尾巴，根据其结构又分为长散布元件（long interspersed element，LINE）和短散布元件（short interspersed element，SINE）。LINE 具有 *gag* 和 *pol* 基因，但是缺乏 *int* 基因。起源于 RNA 聚合酶转录产物的 SINE 是最小的反转录转座子，它不编码基因，其转座依赖于 LINE 和/或 LTR 反转录转座子编码的酶来实现。SINE 型转座子如水稻的 p-SINE1 转座子、烟草中的 TS 转座子等。

反转录转座子广泛存在于植物界，在植物基因组中以多拷贝的形式存在，而且拷贝数通常很高，如玉米的 Ty1-copia 类反转录转座子 Opie-1 的拷贝数达到 30000 以上，百合的 LINE 类反转录转座子 Del2 的拷贝数达到 250000。反转录转座子在染色体上的分布缺乏普遍规律。如多数 Ty1-copia 类反转录转座子遍布在除核仁组织区（nucleolus organizing region，NOR）和着丝点以外的染色体区域，但拟南芥和鹰嘴豆（*Cicer arietinum*）的 Ty1-copia 类反转录转座子却主要分布于着丝点附近的异染色质区，而香蕉的 gypsy 类反转录转座子 monkey 既在 NOR 集中又在染色体其他区域散布存在。

（二）转座引发突变的原因

1. 转座元件插入造成突变

绝大多数生物中，许多突变的发生与转座有关。如在矮牵牛的花色基因中，大多数源于转座引发的变异。在 Ds 元件插入到玉米的 *sh* 基因引发的基因突变中，转座元件是 1 个 DNA 元件，其与玉米 Ac 元件有联系，能产生 1 个 8bp 的靶座位复制，它的插入座位位于支链淀粉酶Ⅰ（SBEⅠ）的基因内，造成等位基因的功能丧失。孟德尔试验中豌豆的皱缩突变也是由于转座引发的基因突变。绝大多数转座元件出现在基因组的非必需区，通常不会造成明显的表型变化。但当元件开始转座并插入到基因的必需区时，则会改变该基因的功能。例如，如果一个转座元件插入到 DNA 的编码区，插入元件就会打断编码区。由于绝大多数元件包含了它们自己的编码区，转座元件的转录会干扰原基因的转录，因此，转座元件的插入能产生敲除突变，即使原基因的转录能通过转座元件，因为编码区包含了不正确的序列，生物的表型也会发生改变。

2. 拷贝间的重组产生变异

一个转座元件的不同拷贝之间的重组可造成遗传畸变（图 8-16）。同一个 DNA 分子中拷贝间的重组会产生两种可能的结果。一种是重复区段的方向相同，拷贝之间的配对会形成了一个环，重组后将产生一个自由 DNA 环，DNA 环中包含了两个元件间的区域，而 DNA 分子的其余部分被删除。另一种是拷贝以反方向出现，拷贝之间的配对会形成了一个发卡（hairpin）结构，重组后将产生一个倒位，即两个元件间的基因顺序被反转了过来。如果 2 个 DNA 分子来自同源染色体，其转座元件的不同拷贝间发生重组将产生一个拷贝间区域被复制的产物和一个删除了相同区域的互换产物。其情形与非同源染色体中拷贝间的易位重组相似。非同源染色体间末端片段的交换，被称为相互易位。

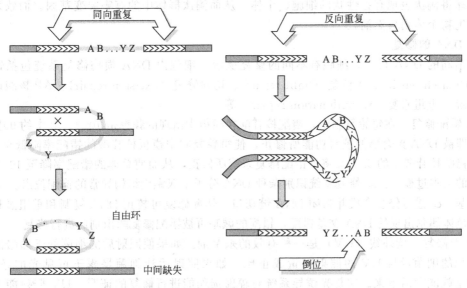

图 8-16　同一染色体上转座元件间的重组（引自 Hartl and Jones，2001）

七、DNA 的防护与突变修复

引起 DNA 结构的改变因素是多种多样的，但作为遗传物质的 DNA 却常能保持稳定。从诱变过程观察，也可看到诱发 DNA 产生的改变常比最终表现出来的相应突变多。由此说明，生物对外界诱变因素的作用具有一定的防护能力，并能对诱发的 DNA 的改变进行修复。

1. DNA 的防护机制

① 密码的简并性　遗传密码的简并性可以使突变的机会减少到最小程度。UUA、UUG、CUU、CUC、CUA、CUG 均为亮氨酸。多数氨基酸具有 2 个或 2 个以上的密码子。许多单个碱基的代换并不影响译出的氨基酸，如 CUA→UUA，仍然译成亮氨酸。此外，许多具有类似性质的氨基酸常有类似的密码子，即使发生氨基酸的代换，所产生的蛋白质变化不大。

② 回复突变　某个座位遗传密码的回复突变可使突变型恢复成原来的野生型，尽管回复突变的频率比正突变的频率低得多。

③ 抑制突变　抑制突变（suppressor mutation）包括两种类型：基因内抑制（intragenic suppression）和基因间抑制（intergenic suppression）。前者指突变基因内另一个位点再次发生突变，新基因（与野生型相比具有两个突变位点）表现为野生型性状。即抑制作用发生在同一基因内，一个座位上的突变有可能被另一个座位上的突变所掩盖，而使突变型恢复为野生型。后者指与突变基因表达或功能相关的另一个基因发生突变，突变体恢复为野生型性状。即抑制作用发生在不同基因间，控制翻译机制的抑制者基因，通常是 tRNA 基因发生突变，而使原来的无义突变（nonsense mutation）恢复成野生型。如：当 DNA 上某碱基发生了突变，凑巧 tRNA 上的反密码子也发生了改变，成为野生型。

④ 二倍体和多倍体　二倍体生物体细胞内染色体（基因）成对存在，其中一个基因能够掩盖另一个基因隐性突变表现。多倍体体细胞内具有 3 个以上染色体组，每个基因都有几份，故能比二倍体表现强烈的保护作用，有时隐性基因由于剂量效应甚至能够掩盖显性突变基因的表现。

⑤ 选择和致死　如果上述有害突变防护机制未起作用，有害突变性状最终得以表现，自然选择将淘汰表现有害性状的细胞、个体，从而淘汰群体中的有害突变基因。而致死突变细胞与生物个体则自然消亡。

2. DNA 的修复

对不同的 DNA 损伤，细胞有不同的修复反应。细胞内 DNA 损伤修复系统包括错配修复（mismatch repair）、光修复（light repair）、切除修复（excision repair）、AP 核酸内切酶修复系统、重组修复（recombination repair）等。

① 错配修复　在每轮复制中，错配核苷酸在模板中出现的频率是 10^{-5}。其中约 99% 的错配会立即被 DNA 聚合酶的校对功能所修正，使每轮复制中模板核苷酸的错配率降低至 10^{-7}；余下的错配核苷酸中的 99% 又将被错配修复系统所修正，从而使总体的错配率降至 10^{-10}。错配修复的基本过程为：a. 修复系统识别杂种 DNA 分子中双螺旋结构异常的错配位点。b. 切除错误碱基。c. 进行修复合成并封闭 DNA 链切口。错配修复可校正 DNA 复制和重组过程中非同源染色体偶尔出现的 DNA 碱基错配，错配的碱基可被错配修复酶识别后进行修复。

② 光修复　紫外线（UV）是一种有效的杀菌剂。如果使照射后的细菌处于黑暗的条件下，杀死的细菌量与 UV 的照射剂量成正比。如果照射后让细菌暴露于可见光的条件下，大量细菌就能存活下来。这是光诱导系统对辐射损伤能进行修复的证明。UV 照射能引起很多变异，最明显的变异是引起胸腺嘧啶二聚体。其次是产生水合胞嘧啶。正如想象的那样，胸腺嘧啶二聚体结构在 DNA 螺旋结构上形成一个巨大的凸起或扭曲，这对 DNA 分子好像是个"赘瘤"。这个"瘤"被一种特殊的"巡回酶"（patroling enzyme），如光激活酶（photoreactivating enzyme）所辨认，在有蓝色光波的条件下，能打开嘧啶二聚体之间的共价键，使 DNA 恢复正常。这种在可见光照射下经过解聚作用使突变回复正常的过程叫做光修复

（图 8-17）。

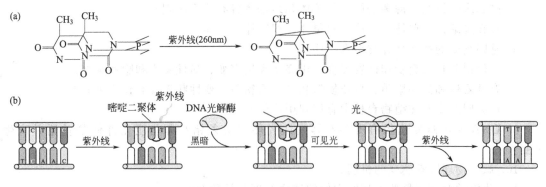

图 8-17　胸腺嘧啶二聚体的形成（a）及光复活修复（b）

③ 切除修复　切除修复指移除 DNA 分子中损伤部位然后加以修复。这种修复途径不需光照，所以也称暗修复（dark repair）。细胞内有多种特异的核酸内切酶，可识别 DNA 双螺旋结构的损伤部位或扭曲，去除损伤链上的碱基或核苷酸，然后利用与保留链的互补性来修补缺口。最后在连接酶的作用下，形成一条完整的 DNA 链。碱基脱氨形成的尿嘧啶、黄嘌呤和次黄嘌呤可被专一的 N-糖苷酶切除，然后用 AP（apurinic/apyrimidinic，缺嘌呤或缺嘧啶）核酸内切酶打开磷酸二酯键，进行切除修复。DNA 合成时消耗 NADPH 合成胸腺嘧啶，可与胞嘧啶脱氨形成的尿嘧啶相区别，提高复制的忠实性。RNA 是不修复的，所以采用"廉价"的尿嘧啶。

④ AP 核酸内切酶修复系统　在细胞中有多种类型的 DNA 糖苷酶，如尿嘧啶 DNA 糖苷酶。当胞嘧啶因自发或氧化脱氨产生尿嘧啶时，尿嘧啶 DNA 糖苷酶可将其从脱氧核糖的五碳糖上去除。结果 DNA 上出现无嘧啶碱基位点。DNA 中的嘌呤多少也会水解而留下无嘌呤碱基的位点，两者皆称为 AP 位点（apyrimidinic site）。这些 AP 位点能被一种依赖于 AP 核酸内切酶的修复系统所修复。AP 核酸内切酶的修复机制在于 AP 核酸内切酶首先从 DNA 上切除没有碱基的五碳糖，留下一个单链缺口，然后该缺口被 DNA 聚合酶和 DNA 连接酶所修复。

⑤ 重组修复　重组修复必须在 DNA 复制后进行，因此又称为复制后修复。这种修复并不切除胸腺嘧啶二聚体。修复的主要步骤为：a. 含胸腺嘧啶二聚体的 DNA 仍可进行复制，但子 DNA 链在损伤部位出现缺口。b. 完整的母链与有缺口的子链重组，缺口通过 DNA 聚合酶的作用，以对侧子链为模板，由母链合成的 DNA 片段弥补。c. 最后在连接酶作用下以磷酸二酯键连接新旧链而完成重组修复。在切割和修补过程中，特别是新补上的核苷酸片段，有时会造成差错，差错的核苷酸会引起突变。实际上，由 UV 照射引起的这类突变，并不是二聚体本身引起，常常是上述修补过程中的差错形成的。

修复过程是生物体内普遍存在的正常的生理过程。不仅紫外线的损伤可以修复，电离辐射和很多化学诱变剂所引起的损伤也可修复。当然不是任何 DNA 损伤都能修复，否则生物就不会发生突变了。

思　考　题

1. 什么是染色体的缺失、重复、倒位、易位？

2. 缺失分为哪两种类型？两者的细胞学特征各是什么？

3. 同源多倍体和异源多倍体、单倍体和多倍体各有什么区别？

4. 什么是缺体、单体、三体、双单体、双三体、四体？

5. 基因突变的性状变异类型有哪些？

6. 举例说明自发突变和诱发突变、正突变和反突变、显性突变和隐性突变。

7. 有性繁殖和无性繁殖、自花授粉和异花授粉与突变性状表现有什么关系？

8. 什么叫芽变？在植物育种中有何利用价值？

9. DNA损伤修复途径有哪些？哪些途径能避免差错？哪些能允许修复差错并产生突变？

10. 试述物理因素诱变的机理。

11. 化学诱变剂有哪些类型？它们的诱变机理各是什么？

12. 转座元件有几种类型？转座元件引发突变的原因是什么？

第九章　群体遗传与进化

前面各章分析的都是植物个体的遗传行为，可以按照经典的遗传规律加以预测，并通过特定的杂交设计将需要的性状加以固定而遗传下去。本章研究的是基因在群体中的遗传行为，这个群体是指个体间可以相互自由交配的混合群体，遗传学中通常称这种群体为基因库（gene pool）。在同一群体内，不同个体的基因组合有所不同，但群体的所有基因总数及其比例是一定的。植物体在世代传递过程中，通过亲代基因型的基因分离，由配子把它的基因传递给后代，组成新的基因型。因此，上下代之间传递的不是基因型，而是基因。群体遗传就是研究一个群体内的遗传组成、基因的传递情况，它涉及到基因型及其频率的变化，以及构成基因型的不同基因及其频率的变化；涉及基因和基因型频率在何种条件下实现平衡，以及研究打破平衡的条件和变化趋向，研究群体基因型与对应表现型的关系，以及性状在世代传递中的变化规律等等。群体遗传理论不仅是指导植物育种实践的理论基础之一，而且也是生物进化论的基础理论之一。

群体遗传学（population genetics）是研究群体的遗传结构及其变化规律的科学。主要是应用数学和统计学方法研究群体中基因频率和基因型频率以及影响这些频率的选择效应和突变作用，研究迁移和遗传漂变等与遗传结构的关系，由此探讨进化的机制。

第一节　群体的遗传平衡

群体的遗传组成（genetic composition of population）是指群体内个体的各基因型的数目、组成这些基因型的各基因的数目以及它们之间的比例关系。

一、孟德尔群体

遗传学上的群体（population）不是一般个体的简单组合，而是指相互有交配关系的个体所构成的有机集合体。在一个大群体内，如果所有个体间随机交配，任何个体所产生的配子都有机会与群体中任何其他个体所产生的异质配子相结合，并产生下一代群体，基因在从一代传递到下一代的过程中仍然遵循孟德尔的分离定律和自由组合定律，通常称这种群体为孟德尔群体（Mendelian population）。最大的孟德尔群体是一个物种。一个群体中全部个体所包含的全部基因称为基因库。群体中各种等位基因的频率，以及由不同的交配体所形成的各种基因型在数量上的分布特征称为群体的遗传结构。生物体在繁殖过程中，每个个体传递给子代的并不是其自身的基因型，而是不同频率的基因。获知了不同世代中遗传结构的演变方式，就可探讨生物的进化过程，并据此培育各种新的生物品系和品种。

孟德尔群体与一般群体的主要区别在于群体内个体间能够随机交配。因此，几乎所有的异花授粉植物都属于孟德尔群体。完全无性繁殖的生物体不发生孟德尔的分离现象，结果形成无性繁殖系或无性繁殖系群。其基因的分配规律就不能用孟德尔方法进行研究和鉴别。自花授粉植物构成的群体也不能称作孟德尔群体。

二、基因频率和基因型频率

个体基因型是个体性状表现的遗传基础。基因型决定于基因与基因的分离与组合，下一代基因型的种类和频率是由上一代的基因种类和频率决定的。通过追踪基因在世代间的分离与组合及其形成的基因型，可以断定性状表现在群体内个体间和家系水平的遗传与变异规律。群体性状表现在个体间的遗传与变异规律决定于群体的基因频率（gene frequency）和基因型频率（genotype frequency）。

基因频率是指特定基因位点上某个等位基因在其群体内占该位点全部基因总数的比率，或称等位基因频率（allele frequency）。任何一个位点上的全部等位基因频率之和必定等于1或100%。例如，某群体内某一基因位点 A 基因和 a 基因的总数为10000个，其中 A 基因为7000个，a 基因为3000个，则 A 基因的频率为0.7，a 基因的频率为0.3。

基因型频率是指群体内某特定的基因型占全部基因型的比率。

假定设有豌豆高茎品种和矮茎品种。前者是显性基因 D，后者是隐性基因 d 控制的，两者的比例是1:1，则各自的频率是50%或0.5。一个群体中，不同基因型所占的比率就是基因型频率。例如，上述豌豆的基因型可能有三种：DD、Dd、dd，某一基因型频率就是它在全部个体中的比率或百分率。如果我们发现一个群体中有1/4属于 DD，有1/4属于 dd，有 $2/4Dd$，则可以说 DD 和 dd 基因型频率各为25%，而 Dd 为50%，全部基因型的总合为1或100%。

基因频率和基因型频率一般无法直接计算，但表现型是由基因型决定的，表现型是可以直接度量和计算的，因此可通过表现型频率求得基因型频率，进而推知基因频率。

对于一个二倍体生物群体，假设该群体包含 N 个个体，该群体某基因位点有一对等位基因 A 与 a，则个体的基因型类型有 AA、Aa、aa 共三种，各基因型对应的个体数分别为 N_D、N_H、N_R，如果用 p、q 表示基因 A、a 出现的频率，用 D、H、R 分别表示基因型的频率，那么

$$AA：D=N_D/N \qquad Aa：H=N_H/N \qquad aa：R=N_R/N$$

显然，$N_D+N_H+N_R=N$，$D+H+R=1$。由于每个个体含有一对等位基因，群体的总基因数为 $2N$。

基因 A 及 a 的频率分别为：$P=(2N_D+N_H)/2N=D+1/2H$，$q=(2N_R+N_H)/2N=R+1/2H$。

并且，$p+q=1$。基因频率与基因型频率的变动范围为 $0\sim1$ 之间。

例如：假设紫茉莉花冠颜色的遗传受一对等位基因（W 和 w）控制，属于不完全显性遗传。其基因型 WW 的花冠表现为红色，Ww 的花冠为粉色，ww 的花冠为白色。因此，可以根据表现型判断基因型，并进而计算出基因频率。如果某紫茉莉群体共有1000株，其中开红花的有300株，开粉色花的有500株，开白花的有200株（见表9-1）。

表 9-1　紫茉莉群体中不同花色的分布

表现型	基因型	株数	基因型频率/%
红花	WW	(N_D)300	(D)0.3
粉色花	Ww	(N_H)500	(H)0.5
白花	ww	(N_R)200	(R)0.2
总计		1000	1

W 和 w 基因频率为：

$$P(W) = D + 1/2H = 0.3 + 1/2 \times 0.5 = 0.55$$
$$q(w) = R + 1/2H = 0.2 + 1/2 \times 0.5 = 0.45$$

并且 $p + q = 0.55 + 0.45 = 1$

三、遗传平衡定律

1908 年，英国数学家哈迪 G. H. Hardy 和德国医生魏伯格 W. Weinberg 分别提出了基因频率和基因型频率在一定条件下保持不变的法则，即群体的遗传平衡定律（law of genetic equilibrium），也称为哈迪-魏伯格定律（Hardy-Weinberg principle）。它是指在一个随机交配（random mating）的大群体里，如果没有突变、选择、迁移和遗传漂变等因素的干扰，各代基因频率和基因型频率将保持不变，并且基因型频率是由基因频率决定的。在任何一个大群体内，不论其基因频率和基因型频率如何，只要经过一代的随机交配，这个群体就可达到平衡状态；一个群体在平衡状态时，基因频率和基因型频率的关系是 $D = p^2$、$H = 2pq$、$R = q^2$。

Hardy-Weinberg 定律的证明如下：

设一原始群体，有一对等位基因 A 与 a 的频率各为 P_0 和 q_0，其相应基因型 AA、Aa、aa 的频率分别为 D_0、H_0、R_0。使该群体的个体间随机交配产生子代群体，则各种基因型频率如表 9-2 所示。

表 9-2　一对等位基因 A（p）和 a（q）随机结合

♀/♂	A(p_0)	a(q_0)
A(p_0)	AA(p_0^2)	Aa($p_0 q_0$)
a(q_0)	Aa($p_0 q_0$)	Aa(q_0^2)

因此，F_1 代的各基因型及其频率为 $D_1 = p_0^2$，$H_1 = 2p_0 q_0$，$R_1 = q_0^2$。

根据 F_1 代的基因型频率，可知 F_1 代 A、a 基因的频率分别为：

$$P_1 = D_1 + 1/2H_1 = p_0^2 + p_0 q_0 = p_0(p_0 + q_0) = p_0$$
$$q_1 = R_1 + 1/2H_1 = q_0^2 + p_0 q_0 = q_0(p_0 + q_0) = q_0$$

同理可证：

$$P_2 = D_2 + 1/2H_2 = p_1^2 + p_1 q_1 = p_1(p_1 + q_1) = p_1$$
$$Q_2 = R_2 + 1/2H_2 = q_1^2 + p_1 q_1 = q_1(p_1 + q_1) = q_1$$

…

即

$$p_0 = p_1 = p_2 = \cdots = p_n$$
$$q_0 = q_1 = q_2 = \cdots = q_n$$

以上表明，从 F_1 群体到 F_n 群体，基因的频率保持不变，且与原始群体的基因频率完全相同。因此，一对等位基因代代相传的遗传平衡公式可概括为：$P^2 + 2pq + q^2 = 1$。基因频率代代相传保持恒定。

那么，基因型频率的变化又如何呢？经随机交配：

F_1 代的各基因型频率为 $D_1 = p_0^2$，$H_1 = 2p_0 q_0$，$R_1 = q_0^2$。

再经一代随机交配，群体的基因型为：$D_2 = p_1^2 = p_0^2$，$H_2 = 2p_1 q_1 = 2p_0 q_0$，$R_2 = q_1^2 = q_0^2$。

如此继续随机交配，不难推出，$D_1=D_2=D_3=\cdots=D_n=p_0^2$，$H_1=H_2=H_3=\cdots=H_n=2p_0q_0$，$R_1=R_2=R_3=\cdots=R_n=q_0^2$。

因此，无论原始群体基因型频率为多少，只要经过一代随机交配，群体的基因型频率就在此基础上保持不变。基因型频率同样保持代代恒定。

在一个大的自由交配的群体里，一对等位基因所决定的单位性状，在没有迁移、突变和选择的条件下，基因频率 p 和 q 以及基因型频率 D、H、R 在世代相传时不产生变代。整个群体的基因和基因型频率的总和等于1。

实际上，自然界许多群体都是很大的，个体间的交配一般也是接近于随机的，所以哈迪-魏伯格定律基本上普遍适用，它已成为分析自然群体的基础。

遗传平衡定律在遗传学和生物进化上意义重大。①它揭示了物种的遗传稳定性的原因。由于这一规律，一个群体的遗传特性才能保持相对的稳定。生物遗传特性的变异是由基因和基因型的差异引起的，这样就影响到基因频率和基因型频率的差异。但是在群体内各个体间一直保持随机交配，那么群体将保持平衡，而不发生改变。即使由于突变、选择和迁移及杂交等因素改变了群体的基因频率和基因型频率，只要这些因素不继续产生作用，而进行随机交配，则这个群体仍将保持平衡，该物种也将保持稳定。②利用此定律可探讨新种形成的途径。群体的平衡是有条件的，尤其在人工控制下通过选择、杂交或人工诱变等途径就可以打破这种平衡，促使生物发生变异，再加上隔离因素等，就可形成新物种。实际上，很多物种在进化过程中，首先由于地理隔离，不能随机交配，基因不能交流；随后再发生各类突变，而且两地的突变不同，这样两群体的基因频率各有差别；然后发展到生殖隔离后，群体的遗传特性也随之改变，就分化形成两个物种。

园艺植物育种的目的在于打破群体中的固有基因频率和基因型频率，使之建立新的遗传平衡。

第二节　影响群体遗传平衡的因素

群体的遗传平衡是相对的、有条件的。前面关于哈迪－魏伯格定律的讨论，是假定影响基因频率的因素不存在的情况下进行的。实际上，自然界的条件千变万化，任何一个群体都在不同程度上受到各种影响群体平衡因素的干扰，而使群体遗传结构不断变化。研究这些因素对群体遗传组成的作用，具有十分重要的理论与实践意义，这不仅在于解释生物进化的原因，而且还因为在育种过程中，实际上是通过运用这些因素来改变群体遗传组成，而育出符合人类需要的新品种群体。所以从这个角度看，可以认为，所谓育种无非是人为地运用各种影响群体平衡的因素，以控制群体遗传组成的发展方向，从而获得优良品种的过程。影响群体平衡的主要因素包括突变、选择、迁移、遗传漂变。

一、突变

基因突变对于群体遗传组成的改变具有两个重要的作用。首先，突变本身就改变了基因频率，是改变群体遗传结构的力量。例如一对基因，当基因 A 突变为 a 时，群体中 A 基因的频率逐渐减少，而 a 基因的频率逐渐增多。假若长时期 $A{\rightarrow}a$ 连续发生，没有其他因素的阻碍，最后这个群体中的 A 将为 a 完全替代；其次，基因突变是新等位基因的直接来源，从而导致群体内遗传变异的增加，并为自然选择和物种进化提供物质基础。没有突变，选择即无从发生作用。当突变和选择的方向一致时，基因频率改变的速度就变得更快。虽然大多数突变是有害的，但也有一些突变对育种是有利的，如控制矮秆和某些抗病基因。突变可分为如下三种情形：

（一）非频发突变

非频发突变指的是仅偶尔发生一次而不能以一定频率反复发生的独一无二的突变。这种突变在大群体内长期保留的机会很微小，因而，不大可能对群体的基因频率有什么影响。假定在 AA 纯合群体内发生一次 $A \rightarrow a$ 的突变，则群体内只有一个 Aa 个体。该杂合子 Aa 只能与其他 AA 个体交配。如果该个体不能产生后代，则新基因 a 丢失的机会是 1；如果杂合子 Aa 只能产生一个后代，则该后代基因型是 AA 或 Aa 的可能性各占 0.5，亦即 a 基因丢失的概率为 0.5；如果该杂合子 Aa 产生两个后代，则 a 基因丢失的机率是 0.25。依此类推，若 Aa 个体能产生 k 个后代，则 a 基因丢失的概率是：$(0.5)^k$。a 基因丢失的概率取决于 $Aa \times AA$ 所产生的个体数。后代数越多，a 基因保存的机会越多。然而每传递一代，突变的 a 基因都有丢失的可能，传递代数越多，丢失的总概率越大。所以，除非突变基因有特殊的生存价值（突变体生活率、对环境的适应性和繁殖力等），或育种者在它出现后能及时正确地识别并选择它，否则很难在群体内长期保留。如果实际的生物群体并不大，新的突变基因在这种群体内可能长期保存，再加上随机漂移的作用，最终可能导致群体基因频率的变化。

（二）频发突变

以一定的频率反复发生的突变叫频发突变。由于这种突变能够反复发生，突变基因得以在群体内维持一定的基因频率，从而成为引起群体基因频率改变的重要因素之一。

假定 A 基因以固定的频率 u 突变为 a 基因。则每经一代之后，a 基因的频率就会增加 $u \times p$（其中 p 为上代 A 基因的频率），因此 a 基因的频率越来越大，而 A 基因频率越来越小，也就是说 a 基因的数目逐渐增加，而 A 基因的数目逐渐减少。突变使群体的遗传结构逐代发生变化，这种作用称为突变压（mutationpressure）。如果没有其他因素的阻碍，最后 a 基因将可能完全取代 A 基因，则这个群体最后将达到纯合性（homozygosis）的 a。设基因 A 在某一世代的频率为 p_0，则在经过 n 代之后，它的频率 p_n 将是：$p_n = p_0 (1-u)^n$。

因为大多数基因的突变率是很小的，因此只靠突变压而使基因频率发生显著改变，就需要经过很多世代；不过有些生物的世代是很短的，因而突变压就可能成为改变群体遗传结构的重要因素。

（三）回复突变

一个等位基因可以突变为其相对的另一个等位基因，反之另一个等位基因也可以突变为原来的基因，这种突变叫回复突变。例如，由 $A \rightarrow a$ 叫正向突变，其突变率为 u；反之，由 $a \rightarrow A$ 称为反突变，其频率为 v。当然，这两个方向的突变率不一定相等。如果起始群体中 A 基因频率为 p_0，a 基因为 q_0，则由 A 突变为 a 的基因比率为 $p_0 u$，反突变由 a 变成 A 的基因比率为 $q_0 v$。当 $p_0 u > q_0 v$ 时，a 频率增加；当 $p_0 u < q_0 v$ 时，a 频率减少。如果正、反突变的频率不变，则基因突变的结果又反过来影响基因突变的比率 $p_0 u$ 和 $q_0 v$ 的值，到某一世代，当正向突变与回复突变相等时，即 $(1-q)u = qv$ 时，两基因频率保持不变，群体达到遗传平衡，于是有 $q = u/(u+v)$，$p = v/(u+v)$。

可见，在平衡状态下，基因频率与原基因频率无关，仅取决于正反突变频率 u 和 v 的大小。如果一对等位基因的正反突变频率相等（$u=v$），则达到平衡时的基因频率 p 和 q 的值都是 0.5。

二、选择

选择（selection）有自然选择和人工选择，是改变基因频率的最重要因素，也是生物进化的驱动力。个体间遗传基础的差异是选择的基础。选择就显隐性性状而言，通常分为两种：一种是淘汰显性个体，使隐性基因增加的选择；另一种是淘汰隐性个体，使显性基因增加的选择。前者能迅速改变群体的基因频率，而后者较慢。

（一）选择的作用

1. 选择使显性基因淘汰

隐性基因有利，在作物中较为常见。有些抗病性基因是隐性基因，例如玉米抗小斑病小种的 rhm 基因。一些控制特殊品质性状的基因也为隐性，例如玉米的甜粒（$susu$）基因等等。此外，某些控制雄性不育、矮秆等性状的基因也往往是隐性基因。因此，在育种中为获得这些特性而进行选择时，显性基因是淘汰的对象。人工选择（或显性致死时的自然选择）下淘汰显性基因，只要一代就能把显性基因型的个体从群体中消灭，从而把显性基因的频率降低到 0。

如在一个包含开红花和开白花植株的豌豆群体中，红花对白花为显性，如仅留白花，那么只需经过一代就能使红花植株从群体中消失，从而把红花基因的频率降低为 0，白花基因的频率增加到 1。

2. 选择使隐性基因淘汰

大多数隐性基因都是不利的，因此无论是人工选择还是自然选择的作用，都趋于淘汰这些不利的基因。在育种中如果希望通过选择来淘汰隐性不利基因，育种者需要了解选择对淘汰这些基因的效果如何，并以此作为制定选择计划的参考。

人工选择淘汰隐性基因的速度比淘汰显性基因慢很多。因为选留的显性个体可能包含两种基因型，其中一种是杂合体，杂合体内的一半隐性基因不能被淘汰而同显性基因在杂合体内保留下来。因此，这种选择方式只能使隐性基因频率逐渐变小，但不会降到 0，显性基因频率会逐渐增加，也不会达到 1。

设未进行选择时群体中显性基因频率为 p_0，隐性基因的频率为 q_0，三种基因型 AA、Aa 和 aa 的频率分别为 $D_1=p_0^2$，$H_1=2p_0q_0$，$R_1=q_0^2$。$q_0=H_0+R_0$；由于选择作用（$s=1$）使 aa 淘汰了，隐性基因只存在于杂合体中，并且只占杂合体基因数目的一半，故下一代隐性基因的频率为：$q_1=q_0/(1+q_0)$。

同理可得，经过两个世代的选择淘汰后，隐性基因的频率为：$q_2=q_0/(1+2q_0)$

在经过 n 个世代的选择淘汰后，隐性基因的频率将变为：$q_n=q_0/(1+nq_0)$

两个世代间隐性基因的频率改变量为：$\Delta q=q_{n+1}-q_n$

这时，Δq 值随 q_n 值的增大而增大。说明隐性基因频率改变的速度与其频率 q_n 值有关，q_n 值越大，改变越快，q_n 值越小改变越慢，表明在完全淘汰隐性基因的选择时，隐性基因的频率越高，选择淘汰的效果就越好，但这种效果会随选择所进行的世代数目的增多而快速减慢。如果起始群体隐性基因频率 $q_0=0.40$，由于的选择作用淘汰隐性纯合体而使各世代隐性基因频率降低的结果如下：

世代	0	1	2	3	4	5	6	7	8	9	10
频率	0.40	0.286	0.222	0.182	0.154	0.133	0.118	0.105	0.095	0.09	0.08

由此可见，淘汰隐性基因的速度是比较缓慢的。

需要隐性基因频率降低到某个值所需的世代数：$n = 1/q_n - 1/q_0$。

如果起始群体隐性基因频率 $q_0 = 0.40$，要使隐性基因频率降低到 0.01，则所需世代数为：$n = 97.5$（代）

即经过将近 100 代的选择，隐性基因的频率才能降低到 0.01 左右，这时 $R = 0.0001$，即在 1 万个个体中还有可能出现一个隐性性状个体。这也是群体中出现"返祖现象"的原因之一（另外也有可能是基因发生突变所致）。

在自然选择状态下，如果不是隐性纯合致死而只是生活率和繁殖力有所降低，即纯合子 aa 受到的选择压力小于 1，这样隐性基因频率逐代降低的速度更慢。

从选择作用影响基因频率的效果来看，一般地可得出两点结论：①基因频率接近 0.5 时，选择的效果最好；当频率大于或小于 0.5 时，选择效果降低很快；②隐性基因很少时，对一个隐性基因的选择或淘汰的有效度就非常低，因为此时隐性基因几乎完全存在于杂合体中而得到保护。当由于隐性基因频率较低而限制选择效果时，不应盲目地靠增加代数来达到选择目的，否则会造成人力物力的浪费。

（二）适合度和选择系数

不同基因型的个体对环境的相对适应能力可以用适合度（fitness，f）来表示。适合度又称为适应值（adaptive value）或选择值（selective value）。适合度是指某种基因型的个体与其他基因型个体相比较，在相同的环境条件下能够存活并留下后代的相对能力。不管基因型的表现如何，只要在同样的环境下和其他基因型相比能够留下较多的后代，它的适合度就比较高。

一般情况下，将具有最高繁殖率基因型的适合度定为 1，以其他基因型与之相比较的相对值作为它们的适合度。一个群体的适合度等于群体内全部个体适合度的平均值。

不同基因型适合度的计算方法见表 9-3。

表 9-3　不同基因型适合度的计算方法

项目	基因型			总计
	AA	Aa	aa	
当代个体数	40	50	10	100
下代个体数	80	90	10	180
繁殖率	80/40=2	90/50=1.8	10/10=1	
适合度 f	2/2=1	1.8/2=0.9	1/2=0.5	

表 9-3 中具有最高繁殖率的基因型是 AA，因此将 AA 的适应值定为 1，其他基因型的适合度只需以其繁殖率除以 AA 的繁殖率即可求得。表中的数据意味着，如果每个 AA 基因型平均能留下 1 个后代的话，aa 基因型平均只能留下 0.5 个后代。如果隐性致死基因的纯合体在成熟前死亡，不可能留下后代，因此对后代群体没有遗传贡献，其适合度为 0，这是一种特例。

选择系数（selection coefficient，s）是表示选择强度的参数。它是指在选择的条件下，某一基因型在群体中被淘汰的百分率，也即不利于生存的程度，因此 $s = 1 - f$，$0 \leqslant s \leqslant 1$。当 $s = 0$ 时，$f = 1$，表示选择不改变适应值；当 $s = 1$ 时，$f = 0$，表示选择使适应值完全消失，使该基因型 100% 不能繁育后代，例如对致死或不育基因纯合体的选择。

三、迁移

群体间的个体移动或基因流动叫做迁移（migration），是影响群体基因频率的另一个因素。迁移实质上就是两个群体的混杂。这种个体或基因流动既可能是单向的，也可能是双向的。如果是后者，又可叫做个体交流或基因交流。群体间个体或基因流动，必然会引起群体基因频率的改变。

假设在一个大的群体内，每代中总有一部分个体新迁入，且迁入个体的比例为 m，那么群体内原有个体的比率则为 $1-m$，总频率仍为 1。又设原来的群体中 a 基因频率为 q_0，迁入个体 a 基因频率为 q_m，那么，迁入后第一代 a 基因频率为：

$$q_1 = mq_m + (1-m)q_0 = m(q_m - q_0) + q_0$$

当 $q_m = q_0$ 时，$q_1 = q_0$，表明基因频率不变；当 $q_m \neq q_0$ 时，$q_1 \neq q_0$，前后两代频率的差异为：

$$\Delta q = q_1 - q_0 = m(q_m - q_0)$$

可见，迁移对群体基因频率的影响大小由迁入个体的比例 m 以及频率差 $(q_m - q_0)$ 所决定。

了解迁移对改变群体基因频率的效应，在育种中也有一定的指导意义。在群体改良中，为了增大改良群体的遗传方差，或者向群体引入优良基因，通常采用与外来种质杂交的办法，在这种情况下就会发生因迁移而改变原有群体某些基因频率的效应。

引种是单独引进一个群体，经试种后，直接用于生产或用作育种原始材料。就这一地区而言，新种质引入的结果，必然改变该地区群体的遗传组成。

还有一种情况，属于个别基因而不是整个个体迁入群体后对群体遗传组成的影响。这是指在自然界中，同属不同的种通过相互传粉使一个种的基因逐步渗透到另一个种之中，从而引起基因频率的改变，这一现象称为种质渐渗。

四、遗传漂变

群体达到和保持遗传平衡状态的重要条件之一是群体必须足够大，理论上说应该是无限大，以保证个体间进行随机交配和基因能够自由交流。但实际上任何一个具体的生物群体都不可能无限大，人工群体尤其如此。另一方面，虽然有些植物群体可以很大，但因受地域隔离和花粉传播距离的限制，也很难实现真正意义的随机交配。因此，实际中的群体只能看成是来自某随机交配群体的一个随机样本。每世代从基因库中抽样以形成下一代个体的配子时就会产生较大的误差，这种由于抽样误差而引起的群体基因频率的偶然变化叫做随机遗传漂变（random genetic drift），也称为遗传漂变（genetic drift）。或者说，非随机取样而引起的基因频率的改变称为遗传漂变。

遗传漂变一般发生在小群体中。因为在一个大的群体里，个体间可以进行随机交配，如果没有其他因素的干扰，群体能够保持哈迪-魏伯格平衡。而在一个小群体里，即使无适应性变异等的发生，群体的基因频率也会发生改变，这是因为在一个小群体里，由于与其他群体相隔，个体不能进行真正意义上的随机交配，也即群体内基因不能达到完全自由分离和组合，基因频率就会容易发生偏差。遗传漂变的作用大小因群体的个体数不同而异。一般说来，群体越小，遗传漂变对基因频率的改变影响越大；当群体很大时，个体间容易达到充分随机交配，遗传漂变的作用就消失了（图9-1）。图9-1为群体大小与遗传漂变的关系，三种群体的个体数分别是 50，500 和 5000，初始等位基因频率约为 0.5。漂变使随机交配小群体（$N = 50$）的等位基因在 30~60 代就被固定，并显著偏离原始基因频率。群体增大至 $N = 500$ 后，经 100 代随机交配，等位基因频率逐渐偏离 0.5。个体数达 $N = 5000$ 时，群体至

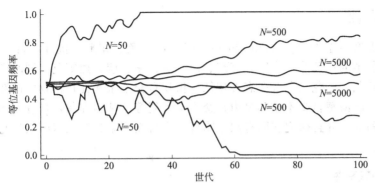

图 9-1　群体大小与遗传漂变的关系

100 代等位基因频率仍接近初始值 0.5。

　　例如，假定有一自花授粉的杂合基因型植株（Aa），每代只成活、繁殖一株植株（即群体大小 $N=1$）。由于：Aa 植株自交后会产生 AA、Aa 和 aa 三种基因型，所以在自交一代，杂合基因型（Aa）的概率是 50%；纯合基因型（AA 或 aa）的概率也是 50%。在后一种情况下，A 基因频率从亲代的 0.5 已改变到 1（自交一代是 AA 时）或 0（自交一代是 aa 时）；即由于随机抽样误差，A 基因频率在群体中或者被固定达最大值或者被消除。当然，如果群体足够大，还是遵从哈迪-魏伯格定律，是不会导致基因频率的变化的。

　　遗传漂变对基因频率的影响可能有：①减少遗传变异。这是因为遗传漂变的结果，在小群体内打破原有的遗传平衡，即改变原有各种基因型频率，使纯合个体增加，杂合体数目减少，因而各小群体内个体间的相似程度增加，而遗传变异程度减少，甚至最终产生遗传固定，即群体是单一的纯合基因型，等位基因之一的频率为 1，另一等位基因的频率为 0。②由于纯合个体增加，杂合个体减少，群体繁殖逐代近交化，其结果是降低了杂种优势，降低了群体的适应性，群体逐代退化。对于异花授粉作物来说，降低了其在生产上的使用价值。③遗传漂变使大群体分成许多小群体（世系），各个小群体之间的差异逐渐变大，但在每一小群体内，个体间差异变小。④在生物进化过程中，遗传漂变的作用可能会将一些中性或不利的性状保留下来，而不会像大群体那样被自然选择所淘汰。

　　在作物的引种、选种、留种、分群建立品系或近交等过程中，都可以引起遗传漂变，这是造成群体基因频率变化很重要的人为因素。在作物群体改良中，为了防止遗传漂变而引起的部分优良基因的丢失，以及因遗传固定、纯合个体的增加而使群体杂种优势的降低，不能片面地只考虑增大选择强度，同时还应保证足够大的有效群体含量。在种质保存中，同样也存在遗传漂变的影响。为保存一个综合品种或异花授粉作物的天然授粉品种，必需种植足够大的群体，否则经多年种植保存之后，因遗传漂变的影响，所保存的种质极有可能不能再代表原有的群体。

第三节　自然群体中的遗传多态性

　　在一个物种的群体内或群体间通常可以观察到丰富的遗传变异。这种丰富的遗传变异会表现从形态特征到 DNA 核苷酸序列及它们所编码的酶与蛋白质的氨基酸序列等多种水平。如果一个基因或一个表型特征在群体内存在多于一种形式，它就是多态的基因型或多态的表型。这种遗传变异的多态性作为进化基础而普遍存在。

一、表型多态性

园艺植物表型多态性（polymorphism）表现在花色、花形、抗性、自交不亲和性等多种方面。如三色堇的花色非常丰富，有红、白、黄、紫、蓝、黑等色，同时还可以表现为一花一色、一花双色、一花三色等多态性特征。植物自交不亲和性是植物中已知多态性最高的性状之一，目前已清楚自交不亲和是由自交不亲和复等位基因控制，带有相同基因型的植株间交配是不亲和的，并且研究表明有限植物群体中自交不亲和等位基因数目与群体有效大小存在密切关系。

二、染色体多态性

核型（karotype）是一个物种的显著特征，许多物种在染色体数目和形态上有很高的多态性。染色体多态性常由相互易位、倒位和染色体数目变化等变异引起。例如，三色堇的染色体数目就存在 $2n=20$、26、42、46 等多种类型。

三、蛋白质多态性

如果一个结构基因上有一个非冗余密码子发生变化，那么在多肽翻译时就有可能发生一个氨基酸的替换，从而导致蛋白质理化性质的改变，形成蛋白质多态性。目前对蛋白质多态性的研究主要集中在等位酶或同工酶上。蛋白质凝胶电泳技术是检测蛋白质多态性的常用技术，即根据凝胶上观察到的条带数目和位置，判断群体中每个个体中该蛋白有无或片段大小，推断编码基因的多态性。如丁小飞（2011）对白皮松 4 个天然群体的 8 种等位酶的遗传多样性监测表明，4 个群体中共检测到 10 个基因位点，其中 6 个为多态位点，群体整体水平多态位点比率为 60%。而南漳白皮松群体遗传多样性偏低，遗传变异水平较低，适宜原地保护和异地保存相结合的保护策略。

四、DNA 序列多态性

生物的多样性与其基因组 DNA 序列的多态性直接相关，植物基因组多态性分为两种形式：①DNA 长度多态性（length-polymorphism），自然群体中 DNA 水平存在核苷酸长度的差异，主要是由于碱基、的插入或缺失造成的，也包括转座子的插入或缺失造成一段 DNA 序列增加或减少，以及一些 DNA 片段的重复。②单核苷酸多态性（single nucleotide polymorphism，SNP），染色体 DNA 上某一特定位置的碱基多态性上某一特定位置的核苷酸多态性，主要是由于核苷酸所含碱基的转换与颠换造成。

根据 DNA 序列多态性发生的位置特点不同，科研工作者先后开发出了多种检测 DNA 多态性的方法，如 RFLP、RAPD、SSR、SNP 等。RFLP 主要检测等位基因之间由于碱基的替换、重排、缺失等变化导致的限制性内切酶识别位点发生改变，进而造成基因型间限制性片段长度的差异。RAPD 检测基因组非特定位点变异造成相应区域的 DNA 多态性。SSR 主要检测简单序列由于串联数目的不同而产生的多态性。SNP 主要检测同一位点的不同等位基因之间单个核苷酸的差异或者插入与缺失。

第四节　生物进化的基本原理

生物进化的理论，细分起来很多，但归结主要有三个，一个是拉马克的获得性遗传学说，另一个是达尔文的自然选择学说，再有 1968 年日本学者木村资生提出的中性学说。

一、获得性遗传学说

获得性遗传是"后天获得性状遗传"的简称，指生物在个体生活过程中，受外界环境条件的影响，产生带有适应意义和一定方向的性状变化，并能够遗传给后代的现象。这一学说由法国进化论者拉马克于 1802 年提出。它强调外界环境条件是生物发生变异的主要原因，并对生物进化有巨大推动作用。

拉马克认为生物的种不是恒定的类群，而是由以前存在的种衍生而来的。在生物的个体发育中，因为环境不同，生物个体有相应的变异而跟环境相适应。该学说的主要论点：①生物生长的环境，使它产生某些要求。②生物改变旧的器官，或产生新的痕迹器官，以适应环境要求。③继续使用这些器官，使这些器官的体积增大、功能增进，但不用时可以退化或消失。④环境引起的性状改变是会遗传的，从而把这些改变了的性状传递给下一代。

二、自然选择学说

主要论点是：①生物个体是有变异的，每个个体都不同，野生植物存在个体差异。②生物个体的变异，至少有一部分是由于遗传水平上的差异。③生物体的繁育潜力一般总是大大地超过它们的繁育率。例如一株烟草约结种子 36 万粒，而实际能发育的是很小的一部分，许多都不能发育，因受不利条件、天敌影响等，达尔文称之为生存竞争。④个体的性状不同，个体对环境的适应能力和程度有差别，这些不同和差别至少有一部分是由于遗传性差异造成的，因此遗传性不同的个体，它们本身的生存机会不同，留下后代的数目有多有少，这个事实叫"繁殖差别"。⑤适合度（一个生物能生存并把它的基因传给下代的相对能力）高的个体留下较多的后代，适合度小的个体留下较少的后代，而适合度的差异至少一部分是由遗传差异决定，这样一代一代下去，群体的遗传组成自然而然地趋向更高的适合度，这个过程叫做自然选择。但环境条件不会永久保持不变，因此生物的适合度总是相对的。生物体不断地遇到新的环境条件，自然选择不断地使群体的遗传组成作相应的变化，建立新的适应关系，这就是生物进化中最基本的过程。⑥地球表面上生物居住的环境是多种多样的，生物适应环境的方式也是多种多样的，所以通过多种多样的自然选择过程，就形成了生物界的众多种类。⑦生物界通过自然选择而得到多种新的性状，其中有些性状或性状组合特别有发展前途，是生物适应方式的基本革新，如种子生殖、体温调节机制等。

三、中性学说

中性学说又叫中性突变随机漂变学说。1968 年日本学者木村资生发表一篇"分子水平的进化速率"的论文，提出了中性学说。翌年，美国科学家金等（J. King）发表了"非达尔文主义进化"一文，支持木村的中性学说。这个学说是根据核酸、蛋白质中的核苷酸、氨基酸的置换速率，以及这样的置换造成核酸、蛋白质改变并不能影响生物大分子功能的事实，提出"中性突变"的概念。他们认为进化是"中性突变"在自然群体中进行随机的遗传漂变的结果，这个学说对以自然选择为基础的达尔文主义进化论提出了新的挑战。

这个学说的要点是：①突变大半是"中性"的，这种突变不影响核酸、蛋白质的功能，对个体生存既没有什么害处也没有什么好处，选择对它们没有作用。中性突变如同义突变、同功能突变（蛋白质存在多种类型，如同功酶）、非功能性突变（没有功能的 DNA 顺序发生突变，如高度重复序列中的核苷酸置换和基因间 DNA 序列的置换）。这些中性突变由于没有选择的压力，它们在基因库里漂动，通过随机遗传漂移在群体中固定下来。②分子进化的主角是中性突变而不是有利突变，中性突变率即核苷酸和氨基酸的代换率是恒定的。例如，细胞色素 C 中氨基酸的代换率在各种生物中差不多是相同的，所以蛋白质的进化表现与时间呈直线关系。因此，可根据不同物种同一蛋白质分子的差别，估计物种进化的历史，推测生物的系统发育。这和化石以及其他来源推导出的进化关系是相符的。同时，还可根据恒定的蛋白质中氨基酸的代换速率，对不同系统发育事件的实际年代作出大致的估计，即所谓进化的分子钟。③中性突变的进化是通过遗传漂移来进行的，遗传漂移使中性突变在群体中依靠机会自由组合，并在群体中传播，从而推动物种进化，所以生物进化是偶然的、随机的。④中性突变分子进化是由分子本身的突变率来决定的，不是由选择压力造成的，所以分子进化与环境无关。

中性学说是在研究分子进化的基础上提出来的。用随机出现的中性突变，能很好地说明核酸、蛋白质等大分子的非适应性的多态性。该学说认为根据核酸、蛋白质分子一级结构上的变化就可说明生物性状的所有变异，进而说明进化原因，它否定了自然选择在进化过程中的作用。

四、突变为进化提供原材料

遗传的变异主要有两个来源：一是突变，包括基因的突变和染色体的畸变；二是不同基因的重新组合。但突变是更加基本的，因为如果没有突变而成为不同的等位基因，那就谈不到任何重新组合，所以突变是最初始的原材料。有极少数的突变是有利的，可以作为进化的原材料。突变的有利与否，随所处环境而定。

第五节 物种的形成

一、物种的概念

物种（species）是互交繁殖的相同生物形成的自然群体，与其他相似群体在生殖上相互隔离，并在自然界占据一定的生态位。对于有性繁殖的生物，物种是指凡是能够相互杂交且产生能生育的后代的种群或个体。同一物种的个体间享有一个共同的基因库，该基因库不与其他物种的个体所共有。物种是彼此能进行基因交流的群体或类群。

物种是生物分类学的基本单位，也是生物繁殖和进化的基本单元。在物种之间一般有明显的界限，表现在形态和生理特征上的较大差异。在遗传上，物种之间的差异是比较大的，一般涉及到一系列基因的不同，甚至涉及染色体数目和结构上的差别。在不同的个体或群体之间，由于遗传差异逐渐增大，它们就可能产生生殖隔离（reproductive isolation），阻止了它们之间的基因交流，形成不同的物种。

生殖隔离机制是防止不同物种的个体间相互杂交的环境、行为、机械和生理的障碍。生殖隔离可分为两大类（表 9-4）：①合子前生殖隔离，能阻止不同群体的成员间交配或产生合子；②合子后生殖隔离，是降低杂种生活力或生殖力的一种生殖隔离。这两种生殖隔离最终达到阻止群体间基因交换的目的。多数植物属于合子前生殖隔离。自然界里属于不同物种的金菊和翠菊分别在不同季节或一个季节的不同时间开花，由于不同物种的花粉和卵细胞的有效时间不在同一时间，因此很难发生配子融合。

表 9-4　生殖隔离机制的分类

(1)合子前生殖隔离	
生态隔离	群体占据同一地区,但生活在不同的栖息地
时间隔离	群体占据同一地区,但交配期或开花期不同
配子隔离	雌雄配子相互不亲和,花粉在柱头上无生活力
机械隔离	生殖结构的不同阻止了交配或受精
(2)合子后生殖隔离	
杂种无生活力	F_1 杂种不能存活或不能达到性成熟
杂种不育	杂种不能产生有功能的配子
杂种衰败	F_1 杂种有活力并可育,但 F_2 活力减弱或不育

　　阻止基因交流的隔离机制除生殖隔离外,还有地理隔离(geographic isolation)。地理隔离是由于地理的阻隔而发生的,如海洋、高山、沙漠等,使许多生物不能自由迁移,相互之间不能自由交配,不同基因间不能彼此交流。这样,在隔离群体里发生的遗传变异,就会朝着不同的方向累积和发展,久之即形成不同的变种和亚种;由于较长时期的地理隔离,不同亚种间不能相互杂交,使遗传的分化进一步发展,而过渡到生殖上的隔离,亚种发展形成独立的物种。

二、物种形成的方式

　　根据生物发展史的大量事实,物种的形成可以概括为两种形式:一是渐变式,即在一个长时间内,旧的物种逐渐演变成为新的物种;二是爆发式,即在短时间内以飞跃形式从一个物种变成另一个种,它是高等植物特别是种子植物物种形成中比较普遍的形式。

(一) 渐变式物种形成

　　渐变式物种形成(gradual speciation)是通过突变、选择和隔离等因素,先形成亚种,然后进一步累积变异而形成新种。渐变式又分为继承式和分化式,继承式物种形成(successional speciation)是指一个物种可以通过逐渐累积变异的方式,经历悠久的地质年代,由一系列的中间类型过渡到新种;分化式物种形成(differentiated speciation)是指一个物种的两个或两个以上群体,由于地理隔离或生态隔离,而逐渐分化成两个或两个以上的新种。

　　分化式物种形成又可分为异域式物种形成(allopatric speciation)和同域式物种形成(sympatric speciation)两种形式。前者又称为地理隔离式物种形成(geographic speciation),是指一个物种被分成两个或两个以上的地理分隔群体时,会产生随机漂移,再加上由于地理条件和生态条件不相同,适应性也不相同,所累积的遗传变异也就不一样,最终导致生殖隔离而形成不同的物种。后者是指分布在同一地区的物种的不同群体之间,由于形态发育的分异等原因,它们之间没有机会进行杂交和基因交流,从而分化形成新的物种;这主要是受精前的隔离因素如寄主以及交配季节和时间等的不同,使群体间个体不易进行杂交而造成的。

(二) 爆发式物种形成

　　爆发式物种形成(sudden speciation)是指不需要悠久的演变历史,在较短时间内形成新物种的方式。这种形式一般不经过亚种阶段，而是通过染色体数目或结构的变异、远缘杂交、大的基因突变等，在自然选择的作用下逐渐形成新物种。染色体多倍化是植物爆发式物种形成的常见途径。如美国加州巨杉为六倍体（$2n=6x=66$），而近缘种是染色体数为$2n=2x=22$的二倍体。不同植物多倍化的发生频率不同，被子植物为$47\%\sim70\%$，针叶植物仅1.5%。

远缘杂交结合多倍化，这种物种形成形式主要见于显花植物。在栽培植物中多倍体的比例比野生植物多，所以这种物种形成方式与人类选择有密切关系。根据小麦种、属间大量的远缘杂交试验分析，证明普通小麦起源于两个不同的亲缘属，通过逐步地属间杂交和染色体加倍，形成了异源六倍体普通小麦。科学研究已经用人工的方法合成了与普通小麦相似的新种。又如在芸薹属（$Brassica$）中的三个基本种是黑芥菜（$B.nigra$，$2n=16$）、甘蓝（$B.oleracea$，$2n=18$）和中国油菜（$B.campestris$，$2n=20$）。欧洲油菜（$B.napus$，$2n=38$）就是由甘蓝和中国油菜天然杂交所形成的双二倍体。有人曾用中国油菜和欧洲油菜杂交，获得了一个有生产力的复合双二倍体新种（$B.napocampestris$，$2n=58$）（图9-2）。

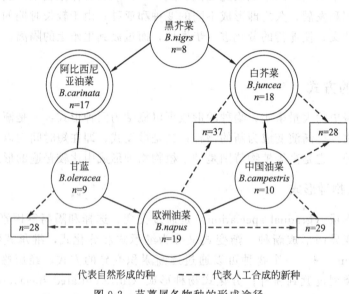

图 9-2 芸薹属各物种的形成途径

思 考 题

1. 什么是基因频率和基因型频率？它们有什么关系？
2. 什么是遗传平衡定律？影响基因频率的因素有哪些？
3. 什么是物种？它是如何形成的？有哪几种不同的形成方式？
4. 在一个含有 100 个体的隔离群体中，A 基因的频率为 0.65，在该群体中，每代迁入 1 个新个体，迁入新个体的 A 基因频率是 0.85。试计算一代迁入后 A 基因的频率。
5. 某种植物中，红花和白花分别由等位基因 A 和 a 决定。发现在 1000 株的群体中，有 160 株开白花，在自然授粉的条件下，等位基因的频率和基因型频率各是多少？

第十章　园艺植物主要性状的遗传

园艺植物种类繁多，有的是以器官的鲜食为主，如蔬菜、果树，与商品器官相关的产量、品质、抗病性、抗逆性、成熟期等是其主要性状；有的以观赏为主，如花卉，花色、花斑、花径、重瓣性等观赏性状是其主要性状。这些性状有的是质量性状，有的属于复杂的数量性状，了解这些重要性状的遗传基础及其调控方式，不仅可以帮助我们深入了解园艺植物性状形成的机理，而且有助于我们通过遗传学的方法实现性状改良，生产优质的园艺产品，提高我国园艺产品在全球市场的竞争力。

第一节　产　　量

丰产性是园艺植物育种的基本要求，具有丰产潜力的优良品种是获得高产的物质基础。产量有两方面的含义，即生物产量和经济产量。生物产量是指一定时间内单位面积内全部光合产物的总量，而经济产量指生物产量中作为商品利用部分。经济产量与生物产量的比例称为经济系数（coefficient of economics）。用以生产果品、蔬菜、切花等园艺产品的植物经济系数较低，且品种类型间差异较大，而用于园林装饰的观赏植物，其经济系数可达100％。一般而言，生物产量高，经济产量也高，反之亦然。植物产量与其构成因素有关。如葡萄产量构成因素包括单株（或单位面积）总枝数、结果枝比例、结果枝平均果穗数、单穗平均重等。产量构成因素之间存在相互关联或制约的关系，且在产量形成过程中都是变动的。

一、果实大小

果实大小即果重，是果品品种评价的一个重要指标，在不同基因型之间甚至同一基因型内变异广泛，因此众多研究人员认为果实大小属于多基因控制的数量性状。

在对梨、苹果性状的遗传研究发现，果实大小的遗传具有3个明显特点：

① 杂交后代的平均果重与双亲平均值密切相关，其遗传趋于亲中值。表10-1中梨果实双亲平均值最小的两个组合是八云×二十世纪和八云×来康，最大的两个组合是八云×哀家梨和严州雪×哀家梨，而杂种后代果实大小的平均值也正好是前者最小，后者最大，与亲中值呈正相关关系，且受父本影响很大。

② 杂种果重的平均值与双亲平均值相比，一般具有趋小性。果实大的品种常由于基因加性效应和非加性效应的双重影响，而后代由于基因的分离，非加性效应消失，杂种果实有偏小的趋向。表10-2中5对苹果正反交组合604株杂种实生树中，果实等于或大于大果亲本果重的占总株数的1.49％，等于或小于小果亲本果重的占47.84％，果重介乎双亲之间的占50.0％。小于小果亲本的植株与大于大果亲本的植株比率为289∶9，说明杂种比亲本的果型明显变小。小果品种的遗传传递力强，要获得大果型后代相对困难。可以用均值比或组合传递力作为反映这个变小趋势的指标，如老笃和元帅正反交的130株杂种平均果重为

132.2g，亲中值为 175.0g，杂种平均果重相当于亲中值的 75.5％。就是说这个杂交组合，果重每 100g 能传给杂种后代 75.5g，此均值比也可称为组合传递力，为双亲的平均育种值，即加性效应。

③ 杂交组合的后代都出现广泛分离。表 10-1 中 13 个杂交组合，杂种后代的变异系数（$C.V$），最小的一个组合是 10.7％，最大的达 43.71％。同一杂交组合中，不同单株平均果重的大小极值间相差最大达 357g（118～475g）。亲本品种一般是经人们单向选择获得的极端类型，加之亲本的高度杂合性，有性杂交导致杂合基因，形成个体间果实大小明显不同的群体。尽管杂交果实具有偏小的趋势，但群体中也会出现少量大果单株，为大果型品种的选育提供了条件。

表 10-1　梨杂种后代果实重量的遗传变异

杂交组合	株数	亲本果重/g			杂种果重		
		母×父	平均	平均数±标准差/g	$C.V$/％	极值/g	最大/最小
八云×二十世纪	33	102×128	115.0	99.8±23.6	23.8	39-180	4.62
八云×来康	34	102×105	103.5	96.5±15.8	16.3	46-151	3.28
八云×市原早生	11	102×175	138.5	142.7±43.8	30.7	75-210	2.80
八云×杭青	38	102×220	161.0	129.0±13.8	10.7	83-175	2.11
八云×杭红	101	102×240	171.0	111.7±17.6	14.8	65-215	3.30
八云×哀家	64	102×328	215.0	200.0±32.9	16.4	66-310	4.70
菊水×来康	18	142×150	146.0	112.2±33.7	30.4	52-205	3.94
菊水×消梨	13	142×160	151.0	157.0±34.7	22.1	95-210	2.21
严州雪×来康	31	205×150	177.5	117.4±23.3	19.8	55-220	4.00
严州雪×哀家	16	205×328	266.5	177.5±59.0	33.3	76-295	2.88
巴梨×二十世纪	10	170×68	119.0	112.9±38.4	33.9	74-210	2.84
巴梨×鸭梨	64	170×160	165.0	217.8±79.3	36.4	118-475	4.03
巴梨×金坠子	11	170×185	177.5	225.2±98.4	43.71	129-460	3.58

葡萄果穗大小的遗传存在如下规律：小穗与小穗品种杂交，后代全为小穗；小穗与中穗品种正反交，后代多数为小穗，少数为中穗；小穗与大穗品种杂交，后代果穗多为中间型；中穗品种间相互杂交，后代多数为小穗，少数为中穗，也会出现极少数大穗；中穗与大穗品种正反交，后代多数为中穗或小穗，大穗较少；大穗品种间相互杂交，后代多数为中穗，少数为大穗，也会出现小穗。由此可见，与上述梨和苹果果实大小遗传相似，葡萄杂交后代果穗变小也是一个普遍规律。为了选育果穗较大的葡萄新品种，双亲或至少双亲之一必须是大穗的。而后代果粒的大小，多数居于双亲的中间型或接近于小果粒亲本（表 10-3）。当双亲果粒大小差异不太悬殊时，后代也会出现少数超亲的植株。如表中玫瑰香×沙巴珍珠的组合中，杂种果粒相当或大于较大果粒亲本的，仅占 20.8％，而相同于或小于较小果粒亲本的，竟达 79.2％。

表 10-2　苹果杂种果实大小的遗传变异情况

杂交组合		老笃(110)×元帅(240)	老笃(110)×印度(220)	黄奎(100)×元帅(240)	黄奎(100)×印度(220)	黄奎(100)×祝(140)
正反交杂种系数		130	143	101	119	111
亲中值/g		175	165	170	160	120
杂种平均果重		132.2	134.7	130.2	125.7	91.5
组合传递力/%		75.5	81.6	76.6	78.6	76.3
各级果实大小株数/g	40～59.9	2	1			6
	60～79.9	8	5	4	2	29
	80～99.9	7	6	13	22	34
	100～119.9	33	41	24	30	22
	120～139.9	32	31	24	27	17
	140～159.9	22	27	17	21	2
	160～179.9	11	18	9	10	1
	180～199.9	4	8	3	5	
	200～219.9	7	4	5	1	
	220～239.9	2	1	1	0	
	240～259.9		0	1	0	
	260 以上			1	1	
C.V/%		29.6	25.1	27.8	30.8	22.4

表 10-3　葡萄果粒大小的遗传 （g/100 粒）

杂交组合	母本	父本	杂种株数	其中果粒所占比例/%					
				小(150 以下)	中小(151～200)	中(201～270)	中大(271～350)	大(351～500)	极大(500 以上)
葡萄园皇后×玫瑰香	大	中大	20	0	5.0	35.0	15.0	45.0	0
花叶白鸡心×早玫瑰	大	中大	100	1.0	2.0	12.0	51.0	34.0	0
花叶白鸡心×早金香	大	中	48			10.4	41.7	47.9	0
玫瑰香×葡萄园皇后	中大	大	116	0.8	3.4	22.5	39.6	31.2	2.5
玫瑰香×沙巴珍珠	中大	中	115		35.7	43.5	19.1	1.7	0
维拉一号×小白玫瑰	中	中	80	6.2	15.0	53.8	25.0	0	0

　　番茄在果重方面的优势不显著，对提高总产量的作用也不恒定。F_1 单果重的大小与亲本及具体杂交组合相关，如果双亲单果重差异不太大，则 F_1 的单果重可能表现出某种程度优势；如果双亲单果重差异较大，则 F_1 的单果重不会表现杂种优势，而多接近双亲的中间值，往往是中间偏小。因此有人认为番茄小果是不完全显性。L. Powens (1945) 指出影响番茄果重的基因互作不是积加关系，而是倍数关系。其后的研究发现，番茄 F_1 单果重符合双亲的几何平均数。番茄平均单果重以特殊配合力为主，约占 60%，一般配合力占 40%，其狭义遗传力越小，受环境的影响越大。平均单果重遗传模型符合加性-显性-上位性。加工番茄的单果重等性状的一般配合力方差分量大于特殊配合力方差分量，可以稳定遗传。保护地番茄品种单果重的广义遗传力为 34.5%，樱桃番茄单果重的狭义遗传力为 25.5%。番茄果重属典型的数量性状，迄今为止，已在番茄 12 条染色体上均发现了控制果重的 QTL。

二、果实数目

番茄 F_1 的增产因素与单株结果数有关，但现有结果表明结果率与单果重之间呈明显的负相关，说明番茄产量构成因素之间存在明显的制约关系。张汉卿等（1981）发现番茄单株果数的遗传方差大于环境方差，其遗传力为 50.36％～60.74％，属于高遗传力性状，单株果数的遗传进度要小于单果重。胡开林（2001）分析了 6 个苦瓜世代群体的主要性状的遗传，发现单株果数的遗传符合加性-显性模型，且具倾大值亲本的现象，其广义遗传力为 66.42％，狭义遗传力为 61.94％，为高遗传力性状，容易对其进行遗传改良。Sharma（2013）发现辣椒 F_1 的单株果数具有超亲或超标优势，但非加性效应占主导。隋益虎等（2014）的研究表明辣椒单株果数性状符合 2 对加性-显性-上位性主基因（B-1）模型，且分离世代 F_2 主基因遗传率高达 70.13％。因此，认为辣椒单株果数性状的选择应在分离世代的早期进行。

第二节 品　质

在现代园艺植物育种目标中，品质已上升到比产量更重要、更突出的位置。欧洲品质控制组织（EOQE，1976）给品质的定义是：产品能满足一定需要特征特性的总和，即产品的客观属性符合人们主观需要的程度。针对园艺植物而言，其产品按用途和利用方式分可为外观品质、内在品质、风味和营养品质等。

一、外观品质

外观品质主要包含植株或产品器官的大小、形状、色泽等由视觉、触觉所感知的外在质量，即株型、果形、果实色泽、花型、花色、叶形、叶色等。

（一）株型

不结球白菜的株型包括叶片缺刻、叶面刺毛、叶片皱缩、圆梗/扁梗、直立/束腰等性状。曾国平和曹寿椿（1996）系统的研究了不结球白菜株型的遗传，发现叶片深裂对无缺刻为显性，受 1 对基因控制；叶片刺毛对无刺毛为显性，叶面皱缩对平滑为显性，叶缘锯齿对全缘为显性，均分别由 1 对主效核基因和细胞质修饰基因所控制；圆梗对扁梗为显性，由 2 对核基因和细胞质修饰基因共同控制；直立束腰对直立不束腰为显性，由 3 对互补基因控制；叶色深绿对黄绿为显性，受 3 对重叠基因控制；直立对塌地为不完全显性，F_1 代表现为半直立，由 2 对重叠基因所控制；有分蘖对无分蘖为不完全显性，F_1 代表现为中间类型而偏向有分蘖，由 2 对重叠基因控制；绿梗对白梗为不完全显性，F_1 代为绿白梗，由 3 对基因控制；叶色墨绿对黄绿为不完全显性，F_1 表现为深绿，由 2～3 对基因控制。

曹寿椿和李式军（1980）对小白菜的主要性状遗传研究发现，高株×矮株→F_1 表现中间偏高，束腰×直立→F_1 中间偏束腰，束腰×半塌地→F_1 直立微束腰，菜头大×菜头小→F_1 中间型；叶片板叶×花叶→F_1 花叶，叶数多×叶数少→F_1 中间偏多，叶面光滑×叶面皱缩→F_1 皱缩，叶片翘曲×平展→F_1 翘曲，叶片内凹×平展→F_1 中间偏内凹；叶柄长梗×短梗→F_1 中间偏长；白梗×青梗→F_1 浅绿梗，扁梗×半圆梗→F_1 半圆梗，宽梗×窄梗→F_1 中间偏宽。

① 甘蓝的结球性　大多数研究者认为控制结球的基因是隐性，且受光、温、水、肥等

环境因子的影响。甘蓝的裂球性至少有 3 对基因控制，且属于累加作用，早开裂为不完全显性。外叶多×外叶少→F_1 为中间性，属加性遗传。外短缩茎，短茎对长茎为不完全显性。甘蓝的叶球品质、叶球质地、叶脉粗细等，在 F_1 代一般表现为双亲的中间型。球形尖头×圆球或扁圆，显示尖头为显性，圆球形对倒卵形为不完全显性，圆球×扁圆→F_1 中间型，自交系间杂交后代的球形指数常为中间性，决定球形指数的基因有多个。针对叶片性状，叶片宽×窄→F_1 接近宽形，皱叶×平叶→F_1 中间型，紫红色×绿色→F_1 为浅紫红色，黄色×绿色→F_1 绿色，绿色×深绿色→F_1 中间型偏向深绿色。

② 菠菜株型　直立性品种与匍匐性品种杂交，F_1 为直立性或近于直立性，F_2 多数为直立性，少数为匍匐性，另有一部分为中间型。长叶柄品种与短叶柄品种杂交，长叶柄为不完全显性。叶形，尖叶种和圆叶种的杂交后代多为中间型。叶片有缺裂品种与无缺裂品种杂交，F_1 为偏向于裂叶的中间型。平叶对皱叶为显性，F_1 大多是中间偏于平叶。

③ 萝卜叶型　板叶×羽状裂叶→F_1 为浅裂叶，羽状裂叶×羽状裂叶→F_1 为羽状裂叶，但 F_1 侧裂叶对数偏向于数目较多的亲本。叶色的遗传：浅绿色×绿色→F_1 为绿色，绿色×深绿色→F_1 为深绿色，绿色×绿色→F_1 偏深绿色，心叶紫色×心叶绿色→F_1 心叶紫色。叶丛状遗传：叶丛直立×半直立→F_1 叶丛偏直立，直立×平展→F_1 叶丛半直立，开展度介于双亲之间，半直立×平展→F_1 叶丛偏半直立。

苹果树型的矮化/乔化是一个比较复杂的数量性状，且非加性效应较大，遗传力小，育种改良的难度较大。在苹果和桃上发现，树型的矮化性状是单基因控制，可能还有其他修饰基因起作用。苹果除普通株型外，还有紧凑型、短枝型和矮化型，其中紧凑型由完全显性的 Co 基因控制，属于质量性状遗传。普通型与紧凑型杂交，后代中的紧凑型占 43%～45%，约占 1/2；紧凑型自交，后代的紧凑型占 65%～72%，接近 3/4。可见，普通型的基因型为 $coco$，紧凑型为 $CoCo$ 或 $Coco$。短枝型是由多基因控制的，矮化型由 3 对基因控制。

桃树的短枝型由完全显性的 Dw 基因控制，且 Dw 与 dw 有明显互作关系，表现出超显性杂种优势。桃的灌丛性由 $Bu\,1$、$Bu\,2$ 等重复基因控制，当控制性状的基因数愈多，则基因型之间的差异愈受环境效应所影响。桃树开张性 Sp 对直立性 sp 为不完全显性。多分枝与少分枝的两亲本杂交，杂种表现倾向于多分枝，分枝多少呈数量性状遗传，但也有各种过渡类型。

（二）果形

苹果果形为多基因控制的数量性状，通常用果形指数（纵径/横径）度量。果形指数在 0.8 以下的为扁圆，0.8～0.9 为圆形或近圆形，0.9～1.0 为椭圆或圆锥形，1.0 以上为长圆形。苹果果形指数的变异较果重为小，变异系数通常在 0.06～0.10 之间。双亲果形指数大的，一般杂种中果形指数大的个体所占比例较大（表 10-4）。由此可知，苹果果形具有趋中变异的倾向，即杂种有比亲本变圆的趋势。

梨的果形是一个极其复杂的数量性状，而且果实的发育受环境条件影响很大。不同国家、地区对果实形状的要求有不同标准，国外喜好瓢形，中国较喜好近圆形或倒卵形，随着西洋梨在我国栽培数量的增加，瓢形果也逐渐被国人接受。梨杂种平均果形指数接近双亲的平均值，果形在纵轴上的变化趋向由长变短，且在果实大小上趋于小型化，表现经济价值的衰退。

桃果实形状主要有圆形、广卵圆形和扁平型（蟠桃）。由于自然条件和栽培条件的影响，在圆形、卵圆形的基础上表现出不同程度的数量性状的变化特征。但圆桃（$SaSa$）与蟠桃（$sasa$）杂交，杂种表现圆桃（$Sasa$），圆桃对蟠桃为显性，由 1 对基因所控制。果实卵圆形与圆形的桃品种杂交，后代多数为卵圆形。但国外研究认为，蟠桃对圆桃为显性。果实表面平整的品种与凹凸不平的品种杂交，杂种表现为果面平整。果实缝线两侧不对称（偏肉）对两侧对称的为显性。果实缝线两侧不对称的品种，果实成熟度不一致，影响外观、加工性和耐藏性。果实顶部突起对平圆为显性。此外，环境对果实发育的影响也可表现在形状上的某些变化，良好的发育条件使果实厚度增加，趋向于圆形，否则果实发育不良常表现为椭圆形或广卵形。

番茄不同品种的果实形状有很大差异，有圆球形、扁圆形、长圆形或梨形。纵横径比和最大、最小横径比都可以作为果形指数来表示果实形状。王雷等（1998）认为加工番茄果形的遗传无论纵径、横径还是果形指数，均有较高的遗传力，果实横径的广义遗传力为56.64%，狭义遗传力为48.12%；果实纵径的广义遗传力为92.67%，狭义遗传力为89.0%；果形指数广义遗传力为95.99%，狭义遗传力为91.86%。同时指出，加工番茄果形指数同果实纵径极显著正相关，并且果实纵径的遗传力大于横径的，说明长果形占有遗传优势，容易通过遗传改良。

表 10-4 苹果杂种果形指数的变异

杂交组合		黄奎×祝	黄奎×印度	黄奎×元帅	老笃×印度	老笃×元帅	国光×玲珑	元帅×玲珑
杂种系数		81	84	76	115	120	57	53
各级果形指数的株数	0.71~0.75	1	1	1	4	1		
	0.76~0.80	7	9	4	7	5	3	3
	0.81~0.85	22	16	20	31	24	11	9
	0.86~0.90	33	22	24	32	41	15	14
	0.91~0.95	16	21	16	23	35	12	10
	0.96~1.00	7	9	6	10	9	4	12
	1.01~1.05	4	5	3	5	3	2	1
	1.06~1.10			2	3	2	7	2
	1.11~1.15	1					2	1
	1.16~1.20						1	1
亲中值		0.805	0.810	0.875	0.905	0.970	0.975	1.055
杂种均数		0.879	0.887	0.884	0.881	0.889	0.930	0.913
0.0905	变异系数	0.0650	0.0735	0.0680	0.0834	0.0658	0.1080

注：黄奎、国光、祝、印度、元帅、老笃、玲珑的果形指数分别为0.79、0.80、0.82、0.83、0.96、0.98、1.15。

盖均镒等（2003）提出了植物数量性状主基因＋多基因混合遗传的多世代联合分离分析方法，将该方法应用于瓜类蔬菜的果形遗传分析，结果发现许多瓜类蔬菜的果形性状遗传多数是符合加性-显性遗传模型。西葫芦果形性状遗传符合加性-显性模型，果长、果径及果形指数的广义和狭义遗传力较大。丝瓜果长遗传由1对加性主基因控制，并由加性-显性多基因修饰。甜瓜的果形遗传符合加性-显性遗传模型，呈负向部分显性，受加性效应和非加性效应的控制，以加性效应为主，促使果实伸长的数量等位基因之间的作用是显性的，而圆果的等位基因却是加性或隐性的，果形杂种优势的遗传控制为显性互补型。而早期研究认为甜瓜果实形状为质量性状，非圆果形对圆果形为显性或不完全显性遗传。

萝卜肉质根形状的遗传。长圆筒形×长圆筒形→F_1为长圆筒形，长圆筒形×短圆筒形（或圆球形）→F_1为偏长圆形，圆锥形×扁圆形→F_1为卵圆形，扁圆形×短圆筒形→F_1为扁球形，正反交结果相同，杂种后代均表现双亲的中间类型。说明肉质根的长、粗两个性状均为不完全显性，不受细胞质基因的影响。

（三）果实色泽

果实色泽是园艺植物一个重要的外观品质性状。番茄的果实色泽决定于果皮和果肉颜色，果皮色泽主要与果皮内的类黄酮类物质、果肉内叶绿素和类胡萝卜素类物质的种类、含量和比例有关，而果肉颜色主要取决于番茄红素和胡萝卜素含量。番茄果皮颜色分为黄色和透明两种，由1对等位基因控制，黄色果皮基因 Y 相对于透明果皮基因 y 为显性。果肉颜色主要分为红、黄、橙三种，分别由 R-r 和 T-t 两对等位基因控制，其中 R 基因导致红色果肉表型的产生，基因 r 则产生黄色果肉，基因 T 决定非橙黄色果肉，t 基因产生橙黄色果肉。研究还发现，黄色果肉基因 tt 对红色果肉基因 R 起隐性上位作用。因此，当黄色亲本 $TTrr$ 与橙色亲本 $ttRR$ 杂交后，F$_2$ 代基因型和表现性比例为：

9 T_R_ ：3 T_rr ：3 ttR_ ：1 $ttrr$

9 红色　　：3 黄色　　：3 橙色　　：1 橙色

这3对等位基因的不同组合使成熟番茄果实表现出不同的颜色：红色果肉与黄色果皮组合导致果实呈现红色，红色果肉与透明果皮组合导致果实呈现粉红色，黄色果肉与黄皮组合则形成深黄色果实，橙黄果肉与黄皮组合形成深橙黄色果实。基因 y、r、t 分别被定为在第1、3和10号染色体上。除这3对基因之外，涉及番茄果实颜色的还有 B、Del、dg、hp、og^c、MO_B 等基因，这些基因均为单基因，其作用机制在于控制类胡萝卜素生化合成途径中的不同环节，从而影响类胡萝卜素的组成和积累，导致果实表现出不同颜色。

早期研究发现，黄瓜嫩果皮色属于质量性状，白色果皮性状是由一对隐性基因（w）控制，且 w 对控制绿皮色的 yg 基因为隐性。顾兴芳等（2005）研究发现黄瓜嫩果皮深绿色对绿色果皮的遗传受单一基因 Dg 控制，深绿色为显性，绿色 dg 为隐性。但不同种质的黄瓜嫩皮色颜色变异较多，如有乳白、黄白、白绿、浅绿、绿、深绿、墨绿等之分，一些杂交组合的后代也表现出连续的变异。最近，申晓青等（2014）研究表明黄瓜嫩果皮色遗传符合2对主基因的加性-显性-上位性遗传模型，第一主基因以加性效应为主，第二主基因的显性效应明显，主基因表现出高遗传力的特点。因此，黄瓜嫩果皮色可划分为数量性状且受主基因控制。

苹果果皮色泽决定于花青素的形成能力、含量和分布。花青素的形成受显性基因 Rf 所控制，但有一些基因影响到 Rf 基因的表现。红色果皮是苹果的一个主要性状，盛炳成（1993）发现红果皮品种皮色基因型大多为杂合性，而非红品种的基因型是隐性同质或同质程度很高，控制皮色的基因是主效基因，红色（有花青素）对非红色（无花青素）为显性，但受一些修饰基因的影响，因此苹果皮色是带有数量性状特点的质量性状。关于红皮色的传递能力，可根据着色部分占果面的百分率分级来表示，如0＝无彩色，1＝彩色在25%以下，2＝彩色在25%～50%，3＝彩色在50%～75%，4＝彩色在75%～100%。进一步研究发现，果色传递指数［Σ（各级次株数×各级代表值）总株数×最高级次代表值］比果实着色百分率更能确切地反映品种间传递红果性状的差异（表10-5）。在5个红色品系中，以武萨斯脱和兰宝玉在传递红色性状方面最为优良。根据辽宁果树所的育种记录，估算一些红色品种对红色的传递力指数依次为：伏红（0.698）＞祝光（0.649）＞金花（0.444）＞元帅（0.433）＞组奎（0.426）。

梨果实皮色与其底色和表皮有关。梨果皮底色分为黄绿两种，底色性状为多基因互作效应，黄色对绿色为显性或部分显性。梨果皮红晕与树种有关，西洋梨、秋子梨及新疆梨的许多品种常有红晕，白梨只有少数带有红晕，砂梨的皮部特征主要是有无红晕。从西洋梨品种间杂交结果来看（表10-6），红晕的遗传不存在简单的显隐关系。红巴梨果皮的红晕与其茎

表 10-5　苹果果皮色泽的遗传

杂交组合	果色分级株数					着色植株/%	果色传递指数
	0	1	2	3	4		
橘苹×黄色品种	16	5	4	6	0	48.4	0.25
1381×黄色品种	14	10	4	1	0	51.7	0.19
詹姆格里夫×黄色品种	20	6	11	10	0	57.4	0.31
武萨斯脱×黄色品种	0	3	19	24	0	100.0	0.62
兰宝王×黄色品种	0	3	12	19	0	100.0	0.62

表 10-6　西洋梨杂交后代果皮的遗传变异

杂交组合		株数	底色/%		红晕/%		褐斑/%		
			黄	绿	有	无	无	轻	重
巴斯德×寇密斯		67	64.1	35.9	16.2	83.8	85.2	10.4	4.4
巴斯德×法敏德尔		58	55.1	44.9	10.3	89.7	25.8	58.6	16.6
格里斯×寇密斯		72	58.3	41.7	16.7	83.3	79.1	9.7	11.0
寇密斯×雪凯尔		222	49.0	51.0	77.9	22.1	75.6	19.8	3.6
寇密斯×巴斯德		54	77.8	22.2	11.1	88.9	77.8	11.1	11.1
寇密斯×法敏德尔		144	66.7	33.3	22.9	77.1	86.9	9.0	4.1
杂交亲本	巴斯德			100	14	86	—	42	58
	寇密斯			100	10	90	88	12	—
	雪凯尔			100	90	10	86	14	
	法敏德尔			100		100		100	
	格里斯			100		100		100	

叶的红色是有相关的，红巴梨是杂合体，红是显性，由深红基因 C 控制，绿色为 c，C 除使果皮呈深红色外，并且同时表现在茎叶上。早期研究认为，西洋梨果皮光滑无锈对有锈为显性。西洋梨遗传无锈的能力较强，砂梨则有锈的遗传力强。砂梨果皮的基色呈绿色，有些品种因为在果皮上形成木栓层而呈褐色，木栓层的形成受 R 基因控制，而 H 基因则能抑制木栓层的形成，梨皮色的表现受 R 和 H 这 2 对基因所控制。当 R 呈异质结合时，H 只能起部分抑制作用。所以 rrH 为纯绿色，$RrHH$ 为红褐色（中间色），$RrHh$ 为变色性褐色，$RR\_\_$ 和 $Rrhh$ 为不变色的褐色。但进一步研究认为，绿色品种并不一定只受 rr 控制，可能还有辅助基因的影响。

葡萄果实的颜色分为 3 类，即白色（绿、黄绿、黄、金黄）、红色（微红、粉红、鲜红、暗红）和黑色（紫、红黑、蓝黑）。果色遗传有如下规律：①白色品种自交或互交，后代果实几乎全为白色；②红色品种自交、互交或与白色品种杂交，后代果实表现为红色和白色，也有出现黑色的；③黑色品种自交、互交或与红色和白色品种杂交，一些情况下后代出现黑色、红色和白色的单株，另一些情况下后代不分离，全部呈黑色。由此可见，葡萄果实颜色的遗传受 1 对基因控制，有色对无色为显性，白色属于隐性同质结合。但也有人认为受 2 对基因控制，B 为黑色显性基因，R 为红色显性基因，白色对黑色和红色为隐性，B 对 R 为显性上位。黑色果实品种如无核黑、康可、司库勒、黑锁锁的基因型为 $Bbrr$，贝司、布法罗、福雷多尼亚的基因型为 $BbRR$；红色果实品种玫瑰露的基因型 $bbRr$；白色果实无核白、尼加拉等基因型为*bbrr*。野生葡萄黑色果实为纯合基因型，自交或与白色、红色品种杂交时，F$_1$不出现分离，均为褐色（表 10-7）。只是在杂种与白色、红色品种回交时，子代出现分离。

表 10-7　葡萄种间杂交一代果实颜色遗传

杂交组合	亲本浆果颜色		杂种植株数	杂种浆果颜色/%		
	母本	父本		绿	红	黑
山葡萄×白马拉加	黑	绿	12	0	0	100.0
山葡萄×红亚历山大	黑	红	32	0	0	100.0
山葡萄×玫瑰香	黑	黑	17	0	0	100.0
玫瑰香×山葡萄	黑	黑	174	0	0	100.0
华北葡萄×亚历山大	黑	绿	15	0	0	100.0
华北葡萄×玫瑰香	黑	黑	112	0	0	100.0
玫瑰香×河岸葡萄	黑	黑	4	0	0	100.0

注：原表中玫瑰香、华北葡萄果实紫色和杂种果实紫色全部合并为黑色。

桃果皮红色由 *R-r* 基因控制，*R* 对 *r* 不完全显性。*RR* 植株果实为红色，*Rr* 为浅红色或近红色，*rr* 为黄白色。纯合红色品种（*RR*）与无色品种（*rr*）杂交的后代表现浅红色或近于红色亲本；杂合体红色品种（*Rr*）与白色品种杂交的后代有 50% 左右为红色，但个体间红色程度也有差异；白色品种间杂交的后代仍为白色。因此，桃果皮红色可能有微效基因参与，故引起红色程度的差异。桃果皮褐斑对正常无斑为隐性遗传，有斑品种与无斑品种杂交的后代全部或绝大多数无褐斑。桃果肉颜色有白色、黄色、红色 3 种类型，是由果肉内的胡萝卜素和花青素含量决定的，适于加工的黄肉桃胡萝卜素含量较高。果肉中黄色与白色由 1 对完全显性基因 *Y-y* 控制，*Y* 能合成胡萝卜素，*y* 则抑制其合成，表现为简单孟德尔遗传。但有时也会受到遗传影响，出现不符合分离规律的现象。

（四）花色

植物学中的花仅指花瓣，而在观花的园林植物中，花的内涵十分丰富，包括单花、花序、变态的花萼以及变态的营养器官。花色不仅限于花瓣的颜色，还包括苞片、花萼、雄蕊、雌蕊等花器官的颜色。花色素主要包括类黄酮、类胡萝卜素和花青素。花色与其内部的色素组成有一定的相关性，如红、蓝、紫和红紫等花色多与含有花青素有关，类胡萝卜素控制黄色花与橙色花的形成，但花色与花瓣所含色素的颜色并不完全相同。影响花色形成的因素还包括花瓣细胞的构造及 pH 值、花色素种类和数量、细胞中金属离子等内因，以及环境温度、光照强度、矿质营养、土壤 pH 值等外因。内因是主要的，受遗传物质的调控。

1. 花色素基因

调控花色素的基因有单基因、双基因或多基因。金鱼草的白化症是由单基因控制的，基因呈显性 N 时，色素合成开始，基因呈 *n* 时，色素合成停止，出现白化症。香豌豆花青素合成受 2 个基因（*E* 和 *Sm*）控制，当基因型为 *esm* 时，生成天竺葵色素，花色为砖红色；当基因型为 *eSm* 时形成矢车菊型花青素；当基因型为 *Esm* 或 *ESm* 时形成花翠素，花色为蓝色。大丽花的花色受多个基因控制，基因间关系复杂，因而其花色十分丰富。*Y* 基因控制类黄酮的合成，*I* 基因影响类黄酮的生成，*H* 基因可抑制 *Y* 基因。当基因 *H* 和 *Y* 共存时，类黄酮的合成被抑制。当基因 *Y* 和 *I* 共存时，*I* 的作用又被抑制。此外，*A*、*B* 基因均为制造花青素苷的基因，A 基因只生成少量花青素苷，而 B 基因能生成大量花青素苷，从而影响大丽花的花色。当 Y、A 共存时，花青素苷生成受抑制，主要生成天竺葵（双）苷。而花青素苷的生成又与 Y 及 H 的抑制程度成反比。当 I 和 A 或 B 共存时，天竺葵色素型花青素苷的生成受到抑制。这些基因以四倍体形式发生作用，而且由于各基因数不同，可累加性地加强其显性能力。

2. 花色素量基因

花色素含量多少会使花色由浅到深变化，花色深浅也是由基因控制的。紫花地丁从白花到深蓝色，中间有许多过渡颜色，这是由于控制花色的 A、B 两基因显性数目的累加所致，$aaBB$ 为白色，$AAbb$ 为浅蓝紫色，$AaBb$ 为蓝紫色，$AABb$ 或 $AABB$ 为深蓝紫色。与之相反，四倍体金鱼草的花色由 EI 基因控制，并且使花色变淡。有 4 个 EI 基因时呈近白色，3 个时呈微红色，2 个时为淡红色，1 个时为红色，没有 EI 时则为浓红色，说明 EI 基因对花色的形成有减退的作用。

3. 花色素分布基因

花色素在花瓣中的分布会使同一朵花的不同部位或正背面的色调不均匀，这也是受基因控制的。例如，虞美人的 W 基因强烈抑制花瓣四周花色素的合成，具有 W 基因的花，其花瓣边缘为白色。在藏报春中，现已知有控制花色素分布的 3 个基因 J、D、G。J 基因是促进花青素形成的基因，J 存在时，红色藏报春花呈红色，但在花中心部位作用较弱，呈粉红色；D 与 G 基因都有抑制花青素生成的作用，D 对花瓣周边抑制作用较强，G 对花中心部位抑制作用较强。当 D 存在时，花瓣四周逐渐变白；具有 G 基因的花，其花瓣基部变为白色。

4. 助色素基因

助色素多是类黄酮家族成员，单独存在于细胞中时几乎无色，但当助色素与花青素共存于细胞中时，与花青素形成一种复合体，使花呈现蓝色，与花青素本来的色调完全不同。由共同的原料物质合成助色素还是合成花青素是由基因决定，基因 A 为完全显性时合成花青素（红色），隐性时合成助色素（白色），不完全显性时同时生成花青素和助色素，通过形成复合体使花呈现蓝色。如报春花中，B 基因显性时，助色素大量合成，花青素苷生成减弱，使花呈蓝色。如果花青素生成量比助色素的量多，则一部分花青素与助色素形成复合体使花瓣呈蓝色，多余的花青素仍保持红色不变，此时的花瓣呈紫色或紫红色。

5. 易变基因

易变基因是指常发生突变且容易回复突变的一类基因。在矮牵牛、金鱼草、杜鹃花等花卉中经常发生花色基因的突变，且回复突变频率也很高。如鸡冠花的花色有黄色和红色，红色花由显性基因 A 控制，黄色花由隐性基因 a 控制，常见的黄花为正常类型，但 a 很容易突变成 A。如果 a 在较早时期突变为 A，则鸡冠花的红色斑块较大；若 a 在较晚时期突变为 A，则红色斑块较小或呈条纹状。相反，产生隐性突变时（$A \rightarrow a$），则花冠底色为红色，其上出现了黄色条纹或斑块，呈现红、黄镶嵌的两色花冠。

6. 与花瓣细胞的 pH 值相关的基因

花瓣细胞液泡 pH 值直接影响花色素的颜色表现，即花青素苷显色具 pH 依赖性。pH <2 时，显红或黄色；$2<$pH<3 时，显红或蓝色；pH>6 时，显多种色；pH 为 3～6 时，形成无色甲醇假碱，可再转化为无色的顺式和反式查尔酮。花瓣细胞液泡的 pH 值由相应的 pH 基因调控。pH 基因可能通过影响液泡膜上的 H^+-ATP 酶的亚基组成，调控液泡内的 pH 值。目前已在矮牵牛中经定位了 7 个与 pH 值有关的基因，任何一种基因的隐性表达都会使花色向蓝色系转变。在三色牵牛、月季的花色形成中，pH 基因突变导致了其花色的突变。

（五）彩斑

植物的花、叶、果实、枝干等部位的异色斑点、条纹统称为彩斑。特别是花瓣或叶片上的彩斑，是某些园林植物的重要观赏价值的组成部分。如花叶天竺葵、彩叶芋、银边吊兰等植物，一般情况下常年保持着彩斑或条纹；变色叶观赏植物如雁来红、银边翠、一品红等，只在适当的季节或气候条件下叶片才出现色斑。彩斑有规则与不规则之分。规则彩斑包括花环、花心或花眼、花斑等多种形式，通常都由稳定的基因控制，因此规则彩斑都能在有性杂交过程中按照遗传的基本规律进行遗传传递。不规则的彩斑是指花瓣上有非固定图案的异色散点或条纹，形成所谓的"洒金"（半枝莲属、百合属、蔷薇属等），有些花朵被划分成或大或小的两个部分，各部分具一种花色，即所谓的"二乔"、"跳枝"等（牡丹、鸡冠花、梅花等）。不规则彩斑出现的原因可归纳以下几个方面：

1. 彩斑的形成和位置效应

一个位于染色体常染色质区的基因，由于它处于正常位置上而具有正常的功能，但是一旦它被易位到另一个靠近异染色质的新的位置时，它的功能就受到抑制。这种由于易位现象对基因造成的抑制作用可以形成彩斑。例如波朗迪娜月见草的 ps 基因可从第 3 号染色体易位至第 11 号染色体，花芽颜色就从绿色底色上的宽条纹变为不均匀的浅红色条纹。

2. 彩斑与转座子

转座子是生物体广泛存在的一种 DNA 片段，它可在转位酶的作用下从基因组的一个位点转移至另一个位点。有些不规则的花斑彩斑（如牵牛花、金鱼草等）是由于转座子移动造成的。在类黄酮合成相关基因中插入一个转座子可使有色的花瓣中出现白色花瓣，而在特定的基因中切除转座子能使白色花瓣中出现有色花瓣。但转座子引起的花斑现象具有随机性，难以稳定遗传，因而这类彩斑极难控制。

3. 病毒杂锦斑

有些不规则的花斑彩斑不是由于遗传物质的差异造成的，而是由于某些病毒感染引起的病态。这类彩斑可以用营养繁殖的方式加以保存，或用适当种类的病毒感染而传递给其他品种，然而这种性状的表现仍然是受基因控制的。这种现象最早是在郁金香某些品种中发现的，被病毒感染的品种曾被当作新品种。但在另一些品种中，即使直接用病毒处理，也不出现锦斑。

4. 叶绿体分离与缺失

植物叶绿体有时可突变为白色质体，从而产生白色细胞系，使叶片和茎上出现白色花斑。如天竺葵属、紫茉莉属、月见草属、槭属及常春藤属植物的彩斑是叶绿体机能受阻所致。此外，细胞分裂过程中，还可以从含有绿色和白色质体的细胞中分化出只含有纯绿色或纯白色质体的条纹。这种彩斑一般遵守叶绿体遗传，但也有些是受核基因控制的。

（六）重瓣性

重瓣性是指观花植物花瓣数目的重复性。从形态发生的角度看，重瓣花的起源有六种形式：花瓣积累起源，如月季、梅花、牡丹、芍药等；雌雄蕊起源，如芍药、牡丹、木槿、蜀葵等；花序起源，如菊花；重复起源，如矮牵牛、丁香等；苞片及萼片起源，如"二层楼"紫茉莉；台阁起源（花枝极度压缩→花中花），如台阁梅。观赏植物的重瓣性除了受遗传基础的调控外，还与自身生长势、营养状况、栽培条件和环境有关，其遗传基础可总结为：

1. 单基因控制

在一般情况下，花朵重瓣性是隐性性状。当品种为纯合体时表现重瓣，杂合时则表现为单瓣。当这些杂合体的单瓣花自交或相互授粉时，可预期子代分离比率为3/4单瓣和1/4重瓣。例如用香石竹的单瓣品种与超重瓣品种杂交，F_1多为普通重瓣型，普通重瓣香石竹自交后代中，单瓣：普通重瓣：超重瓣＝1：2：1。香石竹的重瓣性是由单基因D控制的，基因型dd为单瓣花，Dd为半重瓣，DD为重瓣花。

2. 双基因控制

有的观赏植物重瓣性受2对基因支配。如紫罗兰，单瓣与重瓣杂交后代分离为：单瓣：重瓣＝9：7，表现为互补效应。单瓣凤仙花与重瓣凤仙花杂交后代分离为：单瓣：重瓣：茶花型重瓣＝9：3：4，表现为2基因控制的隐性上位作用。

3. 多基因控制

重瓣性大多情况下表现为数量性状，遵循数量性状的遗传规律。如菊花、大丽花、万寿菊等，当以单瓣品种与重瓣品种杂交，F_1出现一系列中间过渡类型（图10-1）；只有双亲都是重瓣花时，杂交后代才出现较高的重瓣率，说明重瓣性是受多基因系统控制。但重瓣性受环境影响较大，环境条件不适宜时，重瓣品种常出现单瓣花、复瓣花或不完全重瓣花。

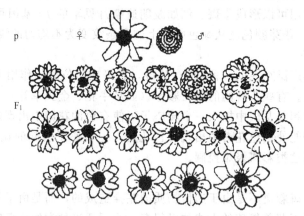

图10-1 大丽花重瓣性的遗传（杂交亲本及其F_1的变异类型）

4. 其他

紫斑牡丹单瓣品种与重瓣品种杂交，F_1中单瓣占65％，半重瓣占20％，重瓣只有15％；反交则F_1中单瓣约占30％，半重瓣占40％，重瓣30％。说明紫斑牡丹的重瓣性受母本遗传影响较大，而且单瓣遗传性较强，可能是细胞质遗传。在猕猴桃属中，中华猕猴桃花瓣数为5～6枚、毛花猕猴桃花瓣数为6～7枚，两者都是二倍体，其杂交后代中8个植株花瓣数为8～10枚且排成2～3轮，变成三倍体。四倍体的重瓣天竺葵经花药培养产生的二倍体却变成了单瓣花。显然，重瓣性与倍性有一定关系。

二、内在品质

内在品质主要包括果肉的颜色、果肉质地、果心大小、有核无核以及有籽无籽等。

（一）果肉色泽

桃果肉的基本颜色有白色和黄色两种，有些品种还在这两种颜色基础上表现不同程度的红色。红色常呈显性遗传。果肉白色Y对黄色为显性，由一对基因控制。核洼红色R_3对原品种的肉色为显性，易遗传给后代。早熟品种该性状表现得较充分，说明它与环境条件有关，因此，罐桃育种时要避免选用核洼红色的品种为亲本。

欧洲葡萄肉质的遗传，在肉软×肉脆、肉软×肉软、肉软×肉囊组合中，后代果肉以肉软最多。美洲葡萄品种间杂交，后代以囊韧最多，囊软次之。肉囊是美洲葡萄特有具很强遗传力的一种质量性状。无肉囊的欧亚种葡萄品种间杂交，后代不出现有肉囊株系。无肉囊的玫瑰香与有肉囊的香蕉和柔香杂交时，后代出现肉囊与无肉囊（3：1）分离；有肉囊的美洲种品种相互杂交，后代全部有肉囊。

洋葱内部鲜鳞片的色泽一般是白色，有些稍带淡紫红色，也有些稍带淡黄色。研究发现，5个主要基因位点（I、C、G、L 和 R）决定了鳞片颜色呈数量性状变异，且都是独立遗传的。I 为抑制基因，对 i 为不完全显性，II 为白色，Ii 为淡黄色。C 为基本色素基因，所有 cc 型个体不论带其他什么基因都是白色。GG 基因型个体表现为绿色，gg 使个体呈黄绿色。L 和 R 为互补基因，二者均存在时，才能表现红色。此外还有修饰基因影响色素深浅。

萝卜肉质根的木质部薄壁组织含有叶绿素，肉质呈绿色；含有花青素的，肉质呈紫红色（红心）；不含叶绿素及花青素的，肉质呈白色。肉质白色×绿色→F_1肉质淡绿色；白色×白色→F_1肉质白色；肉质紫红色×绿色→F_1肉质暗紫色（紫红色），还会出现肉质淡绿色（皮为绿色）的植株。

（二）果心大小或内茎长度

梨果心的大小关系到可食部分的多少。根据果心横径与果实横径之比可将果心大小分为三类：大于 1/2 的为大果心，1/3 至 1/2 的为中果心，小于 1/3 的为小果心。对 9 个杂交组合的果心大小的研究结果显示，不同品种的果心大小的遗传传递力明显的不同（表 10-8）。以哀家梨与严州雪梨为亲本的 3 个组合杂交后代中，小果心的百分比最高；单用哀家梨或严州雪梨为亲本的分别为 36.4％和 35.3％；哀家梨和严州雪梨为双亲的，小果心占 90％；来康梨的遗传传递力不强。

表 10-8　梨杂种后代果心大小的遗传

亲本果心大小类型	杂交组合	调查枝数	各类果心/%			果心横径 /cm	果心横径/果实横径
			大	中	小		
大×中	八云×二十世纪	29	44.8	55.2	0	3.0	0.49
大×中	八云×杭红	103	34.0	61.2	4.8	3.1	0.46
大×中	八云×市原早生	11	9.1	81.8	9.1	2.7	0.40
大×小	八云×来康	27	29.6	66.7	3.9	2.8	0.47
大×小	八云×杭青	37	21.6	75.7	2.7	3.0	0.41
大×小	八云×哀家	55	1.8	61.8	36.4	2.9	0.36
中×小	菊水×来康	11	27.3	72.7	0	2.7	0.46
小×小	严州雪梨×来康	17	11.8	52.9	35.3	2.5	0.37
小×小	严州雪梨×哀家	10	0	10.0	90.0	2.3	0.28

甘蓝内茎长度由 2 对基因控制，短内茎为不完全显性。但也有研究认为，长中心柱对短中心柱为显性。这些差异可能与不同材料对不同环境的反应有关。

（三）果实无籽或无核性

巴梨具有不经过受精而产生无籽果实的习性，即单性结实性（parthenocarpy）。山东农业大学用巴梨与金坠子、鸭梨杂交分别得到 27.2%、6.25% 的无籽后代。无籽梨与有籽梨相比，其特点是果型变长，果实变小，风味变甜而淡，但也有个别单株表现风味浓甜、果实大型化。因此，利用梨无籽性的遗传，可有计划地选育出无籽且优质的新品种。

无核葡萄分为两类：一类包括黑锁锁、苏丹娜、康可无核等，这些品种具有单性结实性；另一类包括无核白、无核黑、晶早京等品种，其花器构造完整，能进行正常受精作用，只是在卵细胞受精后约 1 个月左右，受精胚败育，但能形成正常种子，这称为假单性结实（stenospermocarpy）。葡萄有核品种或株系自交或互交，在绝大多数组合中无核实生苗为比例小于 3%，在少数组合中可达 7.4%～10.7%。有核与无核品种杂交时，少数组合均为有核单株，半数以上组合的无核单株占 10%～40%，个别组合的无核单株高达 55%。因此认为葡萄无核是隐性性状，但并非是单基因隐性。

（四）粘离核

粘离核是指成熟果实的果肉与核附着的程度。桃原始品种多为离核类型，粘核品种为进化类型，粘核品种表现出肉质较细致，粗纤维少，品质较好，而且果实成熟度里外比较一致。粘离核性状受 1 对等位基因 F-f 控制，离核品种基因型为 $F\_$，粘核种为 ff，但有时会出现半粘核类型。也有人认为离核对粘核呈不完全显性。

三、营养及风味品质

营养品质指人体需要的营养、保健成分含量，如矿质元素、维生素 C、有机酸、可溶性糖、可溶性蛋白质、氨基酸等，而风味则包括甜酸度、芳香物质、单宁等物质组成。园艺植物果实的营养及风味品种涉及到多种物质种类及其含量，是一个综合性状，控制这些性状的遗传基础十分复杂，而且影响这类性状的因素较多，包括栽培方法、发育阶段及环境条件等，是当前育种研究的难点。

糖酸含量及比例是桃果实主要的风味品质。野生的和起源早的品种，大多数酸味较重或酸多甜少。商业品种多数以甜味为主，或甜而微酸，风味浓。糖与酸含量各为独立遗传的数量性状，但对品质则有共同的影响。一般酸含量高的亲本对后代有较强的遗传影响。以味甜的品种为母本与甜的、酸甜的、甜酸的品种杂交，后代果实风味倾向于母本，部分组合中出现少数只酸不甜的后代。如以果实味甜的大久保或冈山白为母本与甜酸的父本兴津油桃杂交，杂种后代中果实味甜的植株占多数。

梨果实的风味是糖、酸、单宁和芳香等成分综合的结果。香味是由各种醇和有机酸构成的酯类物质，酸味主要决定于苹果酸和柠檬酸，甜味包括果糖、葡萄糖及蔗糖。控制酸和甜的基因彼此不是等位的关系，似乎都是数量性状。无论西洋梨品种间杂交，还是西洋梨与白梨或砂梨杂交，西洋梨的香味都能遗传给后代中的部分个体，但也经常会伴随一些异味（皂味、羊味、腥味）产生，异味由多基因控制，且具有复杂的互作效应。

苹果果实香气分为三级，即有香气、微香、无香气。双亲都具香气的组合通常后代具香气的植株比例较高。双亲的一方有香气，后代具香气植株比例显著高于双亲都没有香气的杂交组合。而双亲都不具香气而后代也能分离出有香气的类型，有的也无香气。苹果的香气至少和 20 种以上的芳香物质有关，元帅、金冠、白龙、红玉、橘苹具有不同香型。橘苹香为单一基因控制的完全显性性状，杂合类型在自交或互交时有香与无香分离比接近 3∶1。苹果的酸味是一对不完全显性的主效基因和微效多基因共同控制，多基因对果实含酸量影响较大，可以掩盖主基因的作用使杂种群体偏离典型的分离比例。

葡萄果实香味有玫瑰香味和狐香味（草莓香味）两种。关于玫瑰香味在杂交后代的遗传表现，各个材料虽然不完全相同，但总的趋势都是一致的。玫瑰香味浓的与玫瑰香味中等或淡的品种杂交，多数或半数左右的杂种果实无香味，其余杂种的果实虽有不同程度的香味，但香味浓的只有极少数；玫瑰香味浓的与无香味的品种杂交，绝大多数或全部杂种果实无香味；玫瑰香味中等的或淡的与无香味的品种杂交以及双亲全无香味的品种杂交，后代全部是无香味的；玫瑰香味浓的品种与无香味的种间杂交，如玫瑰香×巴柯，玫瑰香×黑塞比尔等，后代完全无香味。由此可以看出，玫瑰香味在杂种第一代的表现不是加强，而是明显的减弱。葡萄含糖量的遗传一般不具有杂种优势。高糖品种相互杂交，多数实生苗的含糖量较高，但也有少数高于高糖亲本与低于低糖亲本的单株；高糖与低糖亲本品种杂交，后代含糖量大多数介于双亲之间或接近低糖亲本；低糖品种间相互杂交，绝大多数实生苗的含糖量低。与大多水果一样，葡萄的甜味的遗传有劣变趋势。

番茄果实中各营养及风味物质种类较多，且种质资源丰富，与营养及风味品种的研究报道较多。番茄果实维生素 C 含量的遗传力较高，其一般配合力和特殊配合力方差均达显著水平，说明两种效应都有，并且以加性效应为主，估算的狭义遗传力达 60.12%，但樱桃番茄果实的维生素 C 遗传力很低。杂种优势方面，维生素 C 正优势组合数与负优势组合数相当，基因效应表现为隐性基因增效、显性基因减效的遗传，F_1 群体中有超显性表现。果实中番茄红素的含量至少受到 17 对基因的控制或影响，其中基因 R 能提高番茄红素含量，r 则降低番茄红素的含量。基因 T 产生番茄红素及 β-胡萝卜素，基因 Beta（B）可以增加 β-胡萝卜素含量，从而影响番茄红素/胡萝卜的比率，B 基因的作用受 MO_B 基因所修饰，基因型为 $BBMO_BMO_B$ 的果实 β-胡萝卜素含量最高。Wann（1997）指出深绿色（dg）突变体的成熟果实中番茄红素含量比普通类型高 100%，平均 β-胡萝卜素含量比高色素系约高 50%，比普通基因型高 250%。可溶性固形物的遗传较为复杂，在 Ox-heart×PI407544 中研究推断，控制总可溶性固形物含量的基因对数为 3 对，广义遗传力为 59.1%。Lower 等用 2 个小果番茄亲本进行杂交，F_1 表现出杂种优势，F_2 的可溶性固形物含量在高低两侧都出现有超亲本分离现象，其遗传力高达 74.90%。王雷等（1998）对加工番茄主要数量性状的遗传相关性进行了研究，认为可溶性固形物的特殊配合力方差大于一般配合力方差，遗传主要受非加性效应控制，不能稳定遗传。Stevens（1995）在不同生长类型的番茄上研究发现通常无限生长类型番茄可溶性固形物含量较有限生长类型高，小果类型较大果类型高。李景富等（1981）认为番茄的含酸量主要受加性效应控制，但也有非加性效应，广义遗传力为 60%，狭义遗传力为 36%。

第三节　成　熟　期

对于果树而言，从播种后萌发到具有花芽分化及开花结实能力为止的时间段称为童期（juvenile period），从嫁接算起的到达结果年龄称为营养期（vegetative period）。对于有性繁殖的蔬菜而言，从播种到成熟称成熟期。

一、童期

梨的结果周期长，从播种到开花一般要 4～5 年，甚至 10 年以上。通常以杂种第一次开花结果作为渡过童期的标志。杂种童期的长短与亲本营养期之间有较高的相关性，因此可根据亲本品种营养期长短预测杂种童期。另外，杂种童期长短不具有质的显隐关系，而是呈连续的变异，表现为多基因控制的数量性状遗传。例如，砂梨系的品种大多数童期较短，白梨系或含有洋梨系种质的品种童期较长（表10-9）。西洋梨的童期长短与其茎叶及果实的色素紧密相关，茎叶、果实带深红色的植株童期短，带绿色的童期长。用深红色的杂合品种红巴梨与绿色品种杂交，后代在第5年开花的株率为25.2%，而用绿色品种与绿色品种杂交，后代中第5年的开花株率只有3%。

表10-9　梨不同杂交组合后代不同年龄结果树数的比较

杂交组合	杂种株数	杂种不同年龄结果树/%					平均开始结果年龄	结果早晚次序
		3	4	5	6	7		
八云×杭青	40	0	70.0	97.5	100.0	100.0	4.33	1
八云×二十世纪	38	0	52.6	97.2	100.0	100.0	4.47	2
八云×杭红	118	1.7	58.5	90.7	98.3	99.2	4.51	3
八云×市原早生	12	0	41.7	91.5	100.0	100.0	4.75	4
八云×来康	40	0	25.0	80.0	100.0	100.0	4.95	5
八云×哀家	80	0	28.8	75.0	92.5	92.5	5.11	6
菊水×消梨	20	0	0	47.3	94.7	94.7	5.63	7
菊水×来康	30	0	10.0	41.4	71.4	92.9	5.82	8
严州雪梨×来康	60	0	3.3	35.6	79.3	93.1	5.88	9
严州雪梨×哀家	60	0	1.8	35.7	75.0	92.8	5.95	10
严州雪梨×消梨	16	0	0	31.3	50.0	87.5	6.31	11

苹果亲本营养期长短与杂种童期长短密切相关（表10-10）。双亲平均营养期为4.0～4.5年，其杂种从播种后6年内开花结果植株达77%，9年以上开花的仅为4%；若双亲平均营养期在8年以上，其杂种在6年内开花的只占5%～8%，9年以上开花的植株占总株数的60%。营养期亲中值和杂种童期平均值的相关系数为0.77，这说明亲本结果越早，杂种实生苗的童期亦越短，但一般童期均较亲本营养期长。此外，童期长短这一数量性状具有母性遗传的趋势，即童期遗传部分决定于胞质基因。

表10-10　苹果亲本营养期亲中值和杂种童期的关系

营养期亲中值/年	调查杂种数	不同年龄开花结果率/%							
		4	5	6	7	8	9	10	11
4.0～4.5	371	2	26	49	9	10	3	1	0
5.0～5.5	539	5	16	27	5	20	13	2	1
6.0～6.5	377	5	20	23	13	21	9	3	5
7.0～7.5	216	1	4	6	4	21	47	2	15
8.0～8.5	261	0	2	6	6	21	43	8	14
9.0	43	0	0	5	7	28	28	7	25

二、成熟期

大白菜的成熟期为数量性状，其变异主要来源于显性效应、上位性效应及加性效应。如早熟×中熟→F₁中熟偏早熟，早熟×晚熟→F₁中熟偏早熟，中熟×晚熟→F₁中晚熟。

甘蓝的早熟性可能受多个显性基因控制。当早熟×早熟时，F₁成熟期接近双亲或超过双亲；当早熟×晚熟时，F₁成熟期介于双亲之间，但偏早熟。

萝卜生育期的差异主要在于肉质根膨大期的长短不同。早熟对晚熟表现为不完全显性。当早熟×早熟时，F₁表现早熟，但超双亲的不多；当早熟×中熟、早熟×晚熟、中熟×晚熟时，F₁生育期一般介于双亲之间或略偏早。

番茄的成熟期受多基因控制，且受环境条件及多方面有关性状的影响。泰也耳（M. H. Tayel，1959）报道，早熟对晚熟为显性，至少涉及 4 对基因。R. R. Crobeil（1967）研究发现，早熟为显性，至少受 5 对基因控制，大多分布在第 2 染色体上。其遗传趋势可归纳为：早熟×早熟→F₁熟性偏早熟或少数有超亲表现；早熟×中熟→F₁熟性偏向早熟或介于中早熟；早熟×晚熟→F₁熟性表现为中间偏早熟。R. R. Crobeil（1967）还认为，杂合位点的互作对早熟性杂种优势起很大作用，接近于加性效应；杂合位点与纯合位点间的互作也可能是优势的一部分原因。要想获得极早熟的材料，利用一代杂种要比选育系统易于成功。此外，番茄 F₁熟性在正反交组合中差异较大，母本影响较强，因此在配组时注意用早熟亲本作母本。

马铃薯成熟期是多基因隐性性状。K. H. Möller（1956）研究了两个早熟品种和多个成熟期不同的亲本的杂交后代中早熟实生苗出现的频率，结果发现成熟期的长短取决于许多基因，而品种按多数基因来说是杂合的。早熟频率最高的是在早熟×早熟杂交后代中出现；当早熟类型和较晚熟的品种杂交时，早熟类型所占比例下降。早熟品种在自交后代中分离不超过 20%～25% 的早熟类型，而中熟和中早熟品种仅能分离出 2%～11%。在早熟×晚熟和早熟×中晚熟的杂交后代中，在早熟杂种中发现的高产杂种数最多。所以，为了获得早熟品种，优选的组合是早熟×中早熟和早熟×中晚熟，而不是早熟×早熟。前两个组合能分离出早熟而高产的类型，后面的组合中早熟类型频率虽高，但产量较低。

在葡萄杂交后代中，果实成熟期的变异有趋于早熟的共同倾向。果实成熟期一般表现为：早熟品种间杂交，后代全部或绝大多数杂种表现为早熟；早熟与中熟品种杂交，多数表现为早熟，少数为中熟；早熟与晚熟品种杂交，绝大多数为中熟，也有少数早熟和晚熟的；中熟品种间杂交，多数为中熟，还会出现一定数量的早熟或少数晚熟；中熟与晚熟品种杂交，后代多数为中熟，少数为晚熟；晚熟品种之间杂交，多数为晚熟，少数为中熟。此外，还有报道认为葡萄果实成熟期与亲本品种的地理起源有关，如前苏联北方的早熟品种间杂交，后代全部为早熟；北方和南方的早熟品种杂交，后代中 90% 的实生苗为早熟；而南方的早熟品种相互杂交，后代仅有 18% 的实生苗为早熟。因此，早熟葡萄品种的培育，除了考虑亲本的成熟期外，还应注意它们的地理起源。

苹果果实成熟期是公认的由多基因控制的数量性状，杂种后代的成熟期的变异一般介于双亲之间而倾向于较早熟的亲本。辽宁省果树研究所（1960）曾对苹果成熟期进行了系统概括：早熟×早熟，后代大部分早熟，少数中熟；早熟×中熟，后代早熟和中熟杂种各占一半；早熟×晚熟，后代绝大部分为中熟，小部分早熟，个别晚熟；中熟×晚熟，后代绝大部分中熟，少数为晚熟，个别早熟；晚熟×晚熟，后代绝大多数为晚熟，少数为中熟或中晚熟。上述情况基本上符合趋中变异的特点。此外，成熟期遗传方面还存在着母本优势，以早熟品种作为母本，杂种果实平均成熟期普遍要早于反交组合，反映果实成熟期的遗传与细胞质基因有关。杂种果实成熟期的平均值和亲中值比较接近，也就是说在控制果实成熟期的多基因体系中加性效应所占分量显著大于非加性效应。

梨果实成熟期的遗传是由多基因控制的数量性状遗传，几乎任何杂交组合的后代都有极为广泛的分离，并表现为趋中偏早的特点。以新世纪或早酥为亲本，其后代的成熟期表现趋中偏早，但也有超亲后代。选择亲缘关系较远的砂梨系品种和白梨系品种作杂交亲本，且以前者为母本、后者为父本配制杂交组合，是选育早熟品种较理想的亲本材料。

桃果实成熟期亦为多基因控制的数量遗传，杂交后代具有广泛分离，并有趋中偏早的倾向，同时也存在广泛的超亲现象。自交或异交群体的成熟期呈常态分布，自交后代变异性大的品种与其他品种杂交时，一般也能产生变异性大的杂种群体。大多学者认为，成熟期相同的亲本杂交，杂种成熟期大多接近亲本；成熟期相差较小的亲本杂交，杂种成熟期以介于双亲之间的单株为多；成熟期相差较远的亲本杂交，杂种成熟期变幅很大，并表现偏早遗传的趋势。此外，在一些桃杂种群体中成熟期呈双正态分布，且伴随超亲遗传的现象，以早熟品种作亲本，后代大部分单株成熟期早于较早的亲本。韩明玉等（2008）研究也证实了桃成熟期性状存在明显的超亲遗传，且发现果实成熟期的狭义遗传力达83%，很可能存在控制成熟期的主效基因。

第四节　抗　　性

抗性主要包括耐贮运性和抗逆性。耐贮运性是园艺产品在贮藏和运输期间能保持原有的品质或性状、抵抗衰老的特性，是一个重要经济性状，亦可划为采后品质范畴。抗逆性主要是指园艺植物对不良环境的适应能力，主要包括抗生物胁迫（抗病、抗虫等）和抗非生物胁迫（抗寒、抗热、抗旱、抗涝、耐盐碱、耐瘠薄、抗污染等）。园艺产品在贮运过程中由于呼吸作用会导致营养物质损耗、品质劣变，进而引起器官衰老，而且常常伴随着病害的发生。耐贮运性和抗逆性是相互交叉的。

一、耐贮运性

洋葱的耐贮运性是由鳞茎抗病性、休眠期、抗萎缩失重性等性状构成，并受多种因素的复合影响。①抗病性：造成鳞茎在贮藏期间霉烂损失的病害主要是颈腐病（即灰霉病）和炭疽病。颈腐病病原菌主要通过假茎伤口侵入；有色品种一般比白色品种抗病，与有色鳞茎外皮所含的某种水溶性有毒物能防止病原菌侵入有关；辛辣味强的品种抗性较强，可能是抗性与辛辣物质双硫化丙烯的含量有关；假茎较粗的鳞茎较易感病。有色品种比白色品种较为抗炭疽病，抗病品种的病斑仅限于颈部而不易发展。②休眠期：贮藏期间鳞茎萌芽期的早晚或品种萌芽率的高低是休眠期的表现，在同样的贮藏条件下，南方品种一般比北方品种由于休眠期较短而萌芽较早。休眠期的长短与鳞茎的隐藏鳞片数和开放鳞片数的比值呈正相关；长日、高温、干燥有利于鳞茎的肥大成熟，此条件下形成的鳞茎的休眠期也较长。休眠期的长短也与鳞茎的贮藏物含量呈正相关，选择长休眠期的品种，能显著降低后代的贮藏损失。③抗萎缩失重性：抗萎缩失重性的强弱是用贮藏期间个体或品种的分期失重率来表示的，在同样贮藏条件下，南方品种一般比北方品种抗性较差。抗萎缩失重性还与鳞茎外部的组织结构有关，北方品种具有较多较厚的外部干鳞片，且鳞片的包被较严密紧实，表面水分不易蒸发。假茎粗大的个体，其假茎断口的蒸发失水较多，一般不耐贮藏。

番茄果实耐贮运性是由多基因控制的数量性状，以加性效应为主，显性效应次之，并兼有上位性效应。其广义遗传力为52.07%，狭义遗传力50.98%，说明该性状既受基因的控制，也受环境的影响，在育种中应在早、中世代进行选择。杂种一代果实的耐贮性虽然没有超亲优势，但只要亲本选配适当，可望找到耐贮性强且果实又能正常转红的优良组合，故仍可采用一代杂种育种。张要武等（2005）认为番茄果实软化速度表现为正向优势，即 F_1 果实的耐贮性一般倾向于不耐贮的亲本，果实软化速度表现部分显性。

葡萄果实的耐运性主要决定于果蒂的耐拉力和果粒的耐压力程度，浆果耐拉力强弱反映果实从果柄上脱落的难易程度，耐压力大小直接与果肉软化及伤害变质有关，任何导致耐压力、耐拉力减小的因素均会降低果实的耐运性。这两个指标的遗传均表现为趋中变异，且倾向于低拉力或低压亲本。一般大果粒比中果粒、小果粒耐运力强，晚熟比早熟、中熟品种耐运力强；花果粒比圆果粒耐运力强；同期成熟的品种，有核比无核的耐运力强；脆肉品种比硬肉品种的耐运性强；果实表面蜡质层厚、蜡质分布均匀、致密的品种的耐运性强。

苹果的耐藏性不仅受由多基因控制的以呼吸作用为主的生理过程的影响，还受果肉结构、果皮蜡质、气孔等及某些贮藏期间抗病性的影响，一般在杂种后代表现为连续变异。苹果的耐藏性严格受亲本性状的影响，亲本耐贮藏，后代多耐贮藏。如国光的后代中耐藏性强的株系较多，元帅后代不耐贮的较多，红玉后代在贮藏期间多发生红玉斑点病等。果实大小不同的品种杂交时，杂种贮藏天数的变异范围很广，从 20d 到 200d 均有分布，但平均值大多比双亲的平均值有所缩短，也有少许超亲遗传。另外，耐藏性与果实成熟期密切相关，成熟期愈晚则耐藏性愈强。但这种趋势不是绝对的，因为成熟期相同或极为相近的两株同胞株系，它们果实的耐贮性有显著差异。

梨杂交后代果实的耐贮性呈明显偏小分布的特点。以烂果数达 50% 定为贮藏末期，耐贮性以采收到贮藏末期之间的天数表示，贮藏天数为 15d 以下者为 1 级，15～29d 为 2 级，30～44d 为 3 级，45～59d 为 4 级，60～75d 为 5 级，75d 以上为 6 级。在 4 个杂交组合中，共 105 个单株的果实贮藏期呈明显的偏小分布，集中分布于 30d 以内，但也有贮藏期在 105d 以上的耐贮株系出现（表 10-11）。杂种后代耐贮性与双亲密切相关，龙香×早酥的组合传递力为 74.00%，苹果梨×乔马的组合传递力为 30.48%。当双亲皆为不耐贮品种时，后代不耐贮株系出现的比率较高，但也有耐贮株系出现，龙香×早酥组合后代出现耐贮株系的比例最大。

表 10-11　梨果实耐贮性的遗传

组合	子代株数	亲中值	子代果实耐贮性分布						子代平均值	组合传递率/%
			1	2	3	4	5	6		
龙香×早酥	32	3.5	15	4	5	1	1	6	2.59	74.00
龙香×早香 2 号	31	1.0	23	2	4	1	0	1	1.58	158.00
大香水×矮香	27	1.0	23	3	0	0	0	1	1.26	126.00
苹果梨×乔马	15	3.5	14	1	0	0	0	0	1.07	30.48

二、抗病虫性

病虫害对园艺植物的产量和品质都有严重的影响。在生产中为防治病虫害而大量使用化学农药，不仅大幅度地提高生产成本，而且随之带来的农药残留严重损害了人体健康，并给生态环境带来了严重威胁。对于设施栽培的园艺植物而言，农药滥用所造成的产品毒害问题日趋严峻。因此，培育对多种病虫害具有较强的耐、抗性品种成为园艺植物育种的重要目标性状。

（一）抗病性

危害十字花科植物的病害较多，主要有病毒病、霜霉病、黑腐病、白斑病、软腐病、细菌性角斑病、根肿病等。在病毒病中，以芜菁花叶病毒（TuMV）为主，黄瓜花叶病毒（CMV）、烟草花叶病毒（TMV）为次。不结球白菜对 TuMV 的抗性遗传符合 1 对加性-显性主基因＋加性-显性多基因模型，抗性的显性效应不明显，呈负向部分显性，且显性效应是由主基因控制的。因此，对不结球白菜抗性性状的改良要以主基因为主，同时注意显性基因负向效应的影响。方智远等（1995）认为甘蓝对 TuMV 的抗性属于显性遗传。对甘蓝 F_2及回交世代群体的抗病性研究表明，甘蓝对 TuMV 的抗性为显性，细胞质效应不明显，推测甘蓝对 TuMV 的抗性是受 2 对独立的显性基因 R_1 和 R_2 控制。萝卜对 TuMV 的抗性遗传符合 2 对加性-显性-上位性主基因＋加性-显性-上位性多基因的遗传模型，各世代抗病毒病主基因遗传率在 55％～95％之间，多基因遗传率为 0～40.9％，环境方差仅占总方差的4.3％～10.1％。芸薹属蔬菜对霜霉病的抗性主要由单一主效基因控制，并且发现了许多主效抗性基因。萝卜霜霉病抗性是由 2 个显性基因控制的独立遗传，只要具有霜霉病的抗原材料，不抗病×抗病的 F_1 表现抗霜霉病。萝卜对黑腐病的抗性属于遗传性复杂的多基因抗性。大白菜根肿病抗性是由 1 对显性核基因控制的，抗病纯系基因型为 RR，感病纯系基因型为 rr。大白菜对黑斑病的抗性属于显性遗传，并受单个显性基因控制。大白菜白斑病受 4对以上基因控制，为部分显性，具有数量性状遗传特点。甘蓝对根肿病的抗性一般是数量遗传抗性，受两个基因控制，一个为隐性，另一个为不完全显性。甘蓝对黑腐病的抗性是由 1个主效基因支配的，当其为杂合状态时，表现为受 1 个隐性的和 1 个显性修饰基因的影响。甘蓝对黄萎病的抗性有两类，一种为 A 型抗病性，受 1 个显性基因支配，另一种称为 B 型抗病性，受多基因支配，表现近于隐性遗传。A 型远比 B 型抗病性强，B 型在 22℃以下表现抗病性，超过 24℃则发病；A 型抗病性在高温下表现稳定。美国迄今为止育成的抗黄萎病的甘蓝品种都利用了 A 型抗源。

茄果类蔬菜的病害有病毒病、晚疫病、青枯病等。番茄晚疫病抗性受 1 对主基因和多基因控制，一般配合力和特殊配合力存在显著差异，一般配合力的效应较大，且受细胞质效应的影响，其广义遗传力为 90.61％，狭义遗传力为 81.48％，以加性效应为主，同时存在部分显性，符合加性-显性模型。番茄对青枯病的抗性较为复杂，PI127805A 可能由单显性基因、不完全显性或隐性多基因控制，而北卡罗来纳系抗性由隐性多基因或 2 个互作的显性基因控制，LA1421 的抗性由多基因控制，具重复隐性上位表现，其抗性以加性效应为主，抗性遗传力较高。野生番茄存在抗黄化曲叶病毒（TYLCV）的基因，一些研究结果认为其抗性是由单个显性基因或不完全显性基因控制的，在 LA121 和 LA373 中则是由隐性数量性状基因控制的。茄子对青枯病的抗性遗传较为复杂，由多个微效基因、较少的主效基因和细胞质基因共同控制，抗性遗传规律符合加性-显性模型，遗传效应中同时存在加性效应、显性效应和反交效应，但以加性效应为主，抗病性表现隐性，感病性表现部分显性。茄子对黄萎病的抗性遗传是受 2 对加性-显性-上位性主基因控制的。对青枯病的抗性一种是由 1～2 个基因控制，有 1 个基因起主导作用，具有不完全显性遗传；另一种是 2 个或 2 个以上基因控制，有 2 个基因起主导作用，同样为不完全显性，但两者都表明茄子抗青枯病基因有累加作用。辣椒对疫病的抗性遗传呈现出多样化的特点，不同的抗病性品种甚至不同的株系，其抗病性遗传方式也不相同，分别表现为单基因遗传、寡基因遗传和多基因遗传（多基因控制，并存在加性效应和上位性效应），更多的学者趋向于认同多基因遗传。抗性遗传规律的多样化，一方面说明在辣椒基因组中存在着丰富多样的抗病基因，另一方面也表明辣椒疫病抗性的遗传具有非常复杂的机制，这些都给辣椒疫病抗性基因的分离克隆增加了难度。辣椒对白粉病抗性至少由 4 对基因控制，并且感病基因具有一定程度的显性作用，而抗病基因具有一定程度的隐性作用。表 10-12 给出了辣椒主要病害的抗性遗传参数。

表 10-12　辣椒主要病害的抗性遗传参数

遗传参数	TMV	CMV	疫病	疮痂病
加性方差	0.1075	0.2260	0.0866	0.0201
显性方差	0.1445	0.1139	0.2203	0.0053
遗传方差	0.2521	0.3399	0.3071	0.0254
环境方差	0.1178	0.1804	0.2910	0.0110
表型方差	0.3699	0.5203	0.5981	0.0364
遗传决定度/%	68.15	65.33	51.35	69.78
狭义遗传力/%	29.06	43.43	14.51	55.22

瓜类蔬菜的病害较多，主要有病毒病、白粉病、霜霉病、枯萎病、黑斑病等。黄瓜对 CMV 的抗性是由 3 对相互独立的显性基因控制，也有的发现是由 3 对互补基因控制的。大多人认为黄瓜霜霉病的抗性是由多基因控制的，但也有单基因控制的报道。例如在种质 Poinsett 中，抗性由 1 对隐性基因控制，且与暗绿色果皮基因 D 或亮绿色果皮基因 d 连锁。有关黄瓜白粉病遗传规律的研究较多，结果也不一致，但基本观点都是抗性受隐性多基因控制。黄瓜疫病抗性遗传效应的组成中以加性效应为主，也存在部分显性和上位性效应，控制抗性的最少基因数目为 3 对，抗性的狭义遗传力为 78%。黄瓜枯萎病抗性为数量遗传，抗病与感病亲本杂交 F_1 抗值介于双亲之间，抗性表现为完全或部分显性，而且抗性受细胞质的影响，用抗病亲本做母本的杂交后代 F_1 的抗性比用感病亲本做母本的强；抗性的狭义和广义遗传力分别为 76.00% 和 96.10%。甜瓜白粉抗性基因有 Pm-1、Pm-2、Pm-3、Pm-4、Pm-5、$Pnr\ 6$、Pm-A、Pm-B、Pm-C^1、Prn-C^2、Pm-D、Pm-E、Pm-F、Pm-G、Pm-W、Pm-X 和 Pm-H，多数报道认为是简单遗传。目前已经明确的白粉病抗病基因多数是抗 $S.\ fuliginea$ 的生理小种 1 和 2，而且上述抗病基因大多是独立遗传。

葡萄主要受霜霉病、白粉病、黑痘病所危害。葡萄霜霉病遗传是受多基因控制的数量性状。欧亚种葡萄抗白粉病遗传受加性微效基因控制。葡萄黑痘病受 3 对独立基因控制，显性基因 An_1 和 An_2 决定感病，显性基因 An_3 决定抗病，当 An_1 和 An_2 同时存在时，不论 An_3 是否存在，仍表现为感病；当 An_1 或 An_2 任何一个缺少时，An_3 决定抗病，an_3 决定感病。

苹果褐斑病抗性的遗传存在主基因效应，抗病相对感病为显性，抗病性由 1～2 对主基因和微效多基因控制，抗褐斑病基因位于苹果第 8 连锁群上。吕松等（2012）认为苹果斑点落叶病发病对不发病表现为显性，且表现为质量性状，分离比符合 3:1。发病群体的严重度表现为多基因数量性状，其变异由 2 个主基因分离位点所致，严重度的主基因遗传率和多基因遗传率分别为 86.33% 和 10.51%。苹果白粉病是一个分布广、危害重的病害，砧木黄海棠（$M.robusta$）和眉海棠（$M.zumi$）对白粉病具有高度抗性，由单一显性基因控制，源于 $M.robusta$ 的基因为 pl_1，源于 $M.zumi$ 的基因为 pl_2。苹果栽培品种对白粉病的抗性呈数量遗传，不同品种的抗性遗传力不一致，有的传递力很强，有的则很弱；其杂种感病情况显著低于亲本，杂种平均抗病级次随亲本的抗病性加强而提高，但同一抗性级次的不同亲本在抗性遗传上也有较大差异。苹果褐斑病是引起落叶的主要病害，按落叶程度分为极轻（5 叶以内）、轻（5～15 叶）、中（15～30 叶）、重（30 叶以上）四级，以多数植株（70% 以上）的落叶情况评定杂交组合的感病程度。结果显示，杂种抗性和亲本本身的抗性关系密切，抗性和感染之间的连续变异和变异的复杂性似乎说明它是多基因控制的数量性状。苹果对灰斑病的抗性属于多基因控制的数量性状，杂种抗性和大苹果母本本身的抗性程度密切相关（表10-13）。

关（表10-13）。

表 10-13 苹果杂种对灰斑病的抗性

组合类型	调查数	感病级次								杂种平均感病级次
		重(3)		中(2)		轻(1)		无(0)		
		系数	%	系数	%	系数	%	系数	%	
国光×玲珰果	73	46	63.0	8	10.9	19	26.0	1	1.3	2.37
红玉×玲珰果	61	17	27.8	10	16.3	29	47.5	5	8.1	1.44
元帅×玲珰果	68	2	2.9	1	4.7	27	39.7	38	55.8	0.52

针对桃树的许多病害，抗病性强的对弱的为显性。对根癌病的抗病性是由显性基因 Ca 控制，感病性由隐性基因 ca 所控制。白粉病抗性也是如此，而且它与叶蜜腺的有无呈相关性遗传，有蜜腺的表现为抗病，因此根据叶片基部有无蜜腺可以间接鉴定对白粉病的抵抗力。

梨树病害主要是梨黑星病、轮纹病和锈病。抗梨黑星病的品种在不同梨属间有明显差异。中国梨最易感，日本梨次之，西洋梨基本不感病。梨杂交组合的 F_1 群体对黑星病的抗性表现为质量性状的遗传，抗病性对感病性为显性。抗轮纹病的品种大多有白梨的血缘，如中梨一号、大慈梨、早美酥等。梨属不同品种间抗轮纹病的强弱不同，植株间表现为：秋子梨＞中国砂梨＞白梨＞日本沙梨＞西洋梨，果实间表现为：秋子梨＞白梨＞西洋梨。品种间抗性表现为：南国梨的植株和果实抗病性都强，香水、秦梨、秋白梨的植株和果实抗病性较强。不同类别的梨树品种对梨锈病抗性不同，西洋梨的抗病性最强；日本梨的抗病性较强，其中丰水的抗性相对较弱；中国梨的抗病性较弱，其中华酥、黄冠相对较抗病，翠冠较易感病，早酥美和西子绿最易感病。

（二）抗虫性

蔬菜的虫害较多，主要蝶蛾类、蚜虫类、蓟马类、螨类、潜蝇类、粉虱类等。蔬菜的抗虫性遗传表现为两种方式：①由主基因或寡基因控制的抗虫性。具有此遗传方式的抗虫品种与感虫品种杂交，其 F_2 和以后世代的抗性分离明显，属质量性状，其抗性水平一般较高。如豇豆对豆蚜的抗性和莴苣对蚜虫的抗性受显性单基因控制；西葫芦品种对条斑瓜叶甲和南瓜缘蝽的抗性由少数几个基因支配，具有不完全显性和累加性；甜瓜对瓜叶甲的抗性受显性单基因 Af 支配，甜瓜品系 IJ90234 对棉蚜的抗性由显性单基因 Ag 支配，而甜瓜对黄瓜条叶甲和斑点瓜叶甲的抗性由 2 对隐性基因支配；野生马铃薯叶片上的腺毛性状对桃蚜、棉红蜘蛛和棉蓟马表现抗性，该性状在不同品系中可能受显性单基因或几个隐性基因所控制；无苦味基因 bi 决定对黄瓜甲虫类和二斑叶螨的抗性，显性等位基因使上部叶片葫芦素水平升高，利用葫芦素的抗生效应产生对螨的抗性，纯合隐性由于葫芦素的诱导产生对黄瓜甲的抗性。②由微效基因或多基因控制的抗虫性。受此类基因控制的品种与感虫品种杂交，F_2 的抗性表现为感虫至抗虫的连续变异，属数量性状，其抗性水平一般较低或中等。例如，甘蓝和花椰菜对粉纹夜蛾和小菜蛾的抗性属数量遗传，抗性的狭义遗传力为 22%；Lyman 等（1985）发现叶底多毛的利马豆品系抗豆微叶蝉，此性状为数量遗传且隐性遗传；而豇豆无论在开花期或其他生育期对蟓虫的抗性均为多基因支配，表现为不完全显性；黄瓜对棉红蜘蛛的抗性与葫芦素的含量有密切关系，高抗品种的葫芦素含量较高；不结球白菜对小菜蛾的抗虫性遗传符合 1 对加性-显性主基因＋加性-显性多基因遗传模型。番茄抗虫性是由多基因控制的，且多为隐性。如普通番茄与潘那利番茄 F_1 的抗虫性强于普通番茄，源于潘那利番茄的后代对马铃薯蚜的抗性是上位的，符合简单加性模型，但其遗传力较低。对与避蚜相关的番茄多茸毛形态突变基因 W_0 的研究发现，该基因的遗传为单基因控制的不完全显性遗传。

为害果树的虫害很多，如叶蝉、金龟子、透翅蛾、蚜虫、叶螨等，但果树抗虫性遗传的研究报道甚少。苹果品种对棉蚜的反应差异很大，主要是棉蚜有不同的生理小种。其抗性的遗传有两种方式，一种是受单显性基因 Er 的控制，如在君袖中此基因和花粉不亲和基因 S 紧密连锁，具有 Er 基因的植株无论地上或地下部分对棉蚜都有抗性；另一种是多基因控制的抗性，表现为根部感染棉蚜而地上部具有抗性。根瘤蚜是普通的一种毁灭性的虫害，在19世纪末已毁灭欧洲大陆 2/3 的欧亚种葡萄自根葡萄园。葡萄对根瘤蚜抗性呈现不同程度的连续性分布，表现出数量性状遗传的特点。表 10-14 显示，4 种杂交组合后代出现的抗性比例高，分布范围为 80.8%～97.7%，贝达×双红出现抗性比例仅为 3.7%，贝达×山葡萄7306 实生后代没有出现抗性株系。所有杂交组合后代的葡萄根瘤蚜平均侵染率均大于亲中值，且呈连续性分布。

表 10-14　葡萄杂交组合后代对根瘤蚜的抗性遗传

杂交组合	后代株数	抗性分布				平均抗性级次	亲中值	子代均值
		0	1	2	3			
5BB×1103P	44	38	5	1	0	0.16	0.00	9.09
香槟尼葡萄 1148×燕山葡萄 0947	43	21	12	6	4	0.84	0.00	25.56
燕山葡萄 0947×SO4	26	6	11	4	5	1.31	0.00	19.97
河岸葡萄 580×山葡萄 0936	239	87	121	26	5	0.24	37.80	14.59
贝达×双红	238	0	9	96	133	2.47	67.65	69.78
贝达×山葡萄	11	0	0	2	9	2.34	75.80	83.25

三、耐热性

每种园艺植物都有其适应的特定温度范围，温度过高、过低都会对植物产生伤害。一般植物受低温的影响要比高温涉及面广，影响严重，而高温对植物的影响范围较小。植物体所处环境温度过高所引起的生理性伤害称为热害，热害往往与生理干旱并存，共同伤害植物体。植物所能忍耐高温逆境的适应能力称为耐热性。不同植物的耐热性有别，热带、亚热带植物耐热性较强，如茶花、台湾相思等；而温带、寒带植物耐热性较差，如丁香、紫荆在35～40℃时便开始遭受热害。

番茄耐热性一般属于多基因控制的数量性状，遗传特性复杂，遗传力低，容易受到环境因素的影响。Villar 等曾报道番茄耐热基因的表达受环境影响较大。EL-Ahmadi 等发现，在高温下植株正常开花数量和柱头突出等特性有较高的遗传力。Rich 等报道，柱头的位置是由少数基因控制的，且这几个基因易受环境的影响。高温下番茄子房发育畸形和落花性受加性基因的控制，而子房形状、单果质量、每株果数、产量和花数是受非加性基因的作用。安凤霞等（2005）对抗热与热敏感性番茄 F_1、F_2 和 BC_1 研究表明，热胁迫下着花数和结果性在遗传上是独立的，坐果的耐热表现为加性遗传，柱头伸出多受遗传力高的部分显性基因控制，对特殊配合力进行选择有助于抗热性与其他优良农艺性状的重组。

萝卜耐热性的遗传规律比较复杂，一般而言，杂交后代 F_1 中有杂种优势存在，但优势方向和程度依杂交组合不同而存在差异，有的表现为中间或部分显性，有的表现为耐热超显性，有的则表现为不耐热超显性。恢复能力的试验结果表明，所有组合都表现正的超显性。一般配合力和特殊配合力效应在亲本间和组合间的差异均达极显著，故选配组合时对一般配合力和特殊配合力都要予以注意。

于栓仓等（2003）以耐热和热敏的黄瓜自交系 Rl 和 R29 及其杂交、回交世代为材料，对耐热性遗传模型参数进行了估算，结果表明，黄瓜耐热性符合加性-显性模型且以加性效应为主，显性效应不显著。配合力测验表明，黄瓜耐热性的一般配合力在杂种群体构成上占主导作用，证实了控制耐热性遗传的主要因素是决定一般配合力的加性效应。黄瓜耐热性的广义遗传力和狭义遗传力均较高，说明在试验控制的环境下，群体的遗传变异明显高于环境变异，且控制黄瓜耐热性遗传变异的是容易固定的加性效应。因而，在以耐热性为主要目标的杂交育种中，在严格控制环境的条件下，早期世代选择就可以获得较好的选择效果。

大白菜的耐热性是由多基因控制的数量性状，符合加性-显性-上位性模型，以加性遗传效应为主，兼有上位性效应，显性效应不显著。广义遗传力和狭义遗传力均较高。因此，采用常规的杂交育种方法能在耐热性改良方面取得很好的效果。配合力分析显示，一般配合力占绝大部分，而特殊配合力较小，因而单纯利用杂种优势难以收到提高耐热性的效果。甘蓝的耐热性遗传规律与大白菜十分相似。

茄子耐热性为不完全显性遗传，受 2 对以上基因控制，符合加性-显性模型，其中加性效应占更主要成分。其一般配合力和特殊配合力均极显著，且前者远大于后者。

四、抗低温性

植物的抗低温性主要表现在木本植物的抗寒性和草本植物的耐冷性。园艺植物的抗低温性是典型的数量性状，是由多种特异的抗低温基因调控的，但不同植物种类，甚至同一种的不同品种（系），其抗性遗传规律大不一致。

苹果的抗寒性属于以加性效应为主的数量性状遗传。通常杂种抗寒性和亲本品种的抗寒性级次呈正相关，而且还存在母本优势的现象。苹果抗寒性的母性遗传见表 10-15，大小苹果杂交时，大苹果×小苹果、大苹果×杂种一代（中苹果）的后代平均抗寒级次均明显低于反交组合。杂种一代和大苹果重复杂交的杂种二代抗性比杂种一代显著下降。此外，应注意区分由低温引起的冻害和早春干旱蒸腾失水引起的抽干，后者和抗寒性一般呈正相关，因为根系受冻后的抽干较为严重，但大苹果×大苹果的后代冻害重而抽干轻，主要因为物候期较晚，萌发时地上、地下部分水分失调现象已经减轻。苹果杂种生长的第一年，幼苗的抗寒性完全取决于母本，而与父本品种无关；第二年以后，随着杂种个体的发育，双亲的抗寒基因都会发生作用。

表 10-15　苹果抗寒性的母性遗传

组合类型	杂种数	杂种抗性级次						杂种平均级次	越冬状况	
		0	1	2	3	4	5		成活数	成活/%
大苹果×小苹果	316	120	100	29	14	18	35	1.41 ± 1.61		
小苹果×大苹果	426	253	113	54	13	8	5	0.65 ± 1.01		
大苹果×中苹果①	724	89	56	47	86	92	330	3.49 ± 1.87	192	27.4
中苹果×大苹果	2525	521	286	170	236	328	865	2.91 ± 2.01	977	40.4

① 中苹果指大苹果与小苹果杂种一代中的选系。

梨抗寒性是由多基因控制的数量性状，杂种后代趋中变异，平均抗寒水平介于双亲之间，但有超亲植株出现。秋子梨抗寒力极强，带有秋子梨血缘的梨品种抗寒力也较强，但秋子梨系统的品种商品性较差，通过回交或用抗寒性较强的京白梨作亲本之一进行杂交育种，可获得抗寒的优良品种，如寒玉、晚香、94-08 等品种。西洋梨本身不抗寒，但西洋梨和秋子梨的一些种间杂交品种表现出高度的抗寒性，有些品种如柠檬黄、兴城 1 号的抗寒性甚至超过其抗寒亲本京白梨，表现出明显的种间优势，由此认为某些品种在抗寒性方面可能存在一种杂种优势现象。抗寒梨品种南果梨作为母本的杂交后代在寒冷地区的存活率明显高于反交结果，说明抗寒性还存在母本优势的现象。

葡萄杂交一代的抗寒性与其野生亲本接近，说明野生亲本遗传其抗寒性的能力是很强的。在玫瑰香×山葡萄的杂交组合中，抗寒性极强的实生苗达 96.6%；如果用抗寒性极强的杂种实生苗与不抗寒的栽培品种回交或重复杂文，第二代（F_2）杂种实生苗的抗寒性虽然在群体上有了明显的下降，但仍然有不少单株的抗寒性是很强的，这就为选育抗寒而优质的葡萄新品种提供了可能性。

费力宾科等根据抗寒性强的山葡萄与抗寒性弱的欧亚种葡萄杂交一代至多代的抗寒性变化特征，提出了葡萄杂交后代抗寒性遗传规律的设想，其主要观点是葡萄属植物全部 19 对染色体上基因均承担同等分量的抗寒值。如山葡萄可耐 $-40℃$ 低温，则每条染色体上基因耐寒值为 $-40℃/38=-1.053℃$；欧亚种葡萄的耐寒值为 $-20℃$，则每条染色体上的基因耐寒值为 $-20℃/38=-0.526℃$。设山葡萄的染色体基因型为 a，欧亚种葡萄为 b，当山葡萄与欧亚种葡萄杂交时，F_1 的染色体基因型为 19a19b，抗寒力 $=19×(-1.053℃)+19×(-0.526℃)$，因而其抗寒力介于双亲之间。同理可计算出山欧 F_1 代与欧亚种葡萄回交及 F_1 代相互杂交获得的 F_2 代乃至以后各代可能出现的基因型、抗寒力和各种基因型出现的频率。根据这一设想，山欧葡萄杂种可能出现的基因型是从 0a38b 到 38a0b 变化，则抗寒力介于 $-20℃$ 和 $-40℃$ 之间。根据这一设想，任意一杂交组合后代的抗寒性呈以亲中值为峰顶的正态分布。当杂交亲本都为杂合或双方染色体基因型种类超过 2 种以上时（例如美洲种葡萄为 c、河岸葡萄为 d 等），杂交后代就有可能出现少量的超亲类型。当然，此设想是对葡萄抗寒性的模拟简化，实际杂种的抗寒性变化要复杂的多，但它为普通抗寒育种中的杂交亲本、杂交方式、杂交周期和育种规模的选择与控制提供了参考依据。

柑橘抗寒性的强弱，与它的形态特征、组织结构、抽枝生长习性、生理机能、生化特性以及化学成分含量有密切关系。不同树龄、植株的健康状况、自然地理环境和气候条件、农业栽培技术及管理等对抗寒性也有一定影响，但主要决定于品种固有的特性。不同的种、品种和品系，其抗寒性的表现从弱到强的次序是：柠檬、葡萄柚、柚、甜橙、酸橙、柑、橘、金柑、宜昌橙、枳壳。抗寒性强的亲本与抗寒性弱的亲本杂交，可产生三种类型的杂种：①枳壳与柑橘属的种杂交，所有或大多数杂种都是抗寒的，但都比原始抗寒亲本的抗性低；②后代类型中有很大的多样性，有在抗寒性上与原始亲本相等的、中间的或具有不抗寒特性的。抗性弱的和抗性强的数量决定于杂交的组合，如甜橙×宜昌橙和由这个组合的杂种与甜橙回交的后代，抗寒类型占多数；③温州蜜柑×柚得到的杂种，后代多数类型是抗寒的，且多数比原始亲本的抗性要强，出现超亲遗传。柑橘的抗寒性决定于原始亲本的基因型，多数情况下抗寒性在杂种第一代是显性的。

番茄的耐冷性易受环境条件的影响。Foolad 等认为无论是发芽期还是幼苗期，番茄的耐冷性遗传变异主要取决于加性遗传效应，显性效应和上位性效应不明显。KozLova 等认为番茄的抗冷性受核基因和细胞质基因控制，也与核质基因的互作有关。在孢子体和雄性配子体水平上对抗性进行选择，获得了有商品价值的 F_1 杂种。林多等的研究表明低温下番茄幼苗生长特性为不完全显性，回交效应显著，正反交差异不显著，细胞质作用不明显，符合加性-显性遗传模型，且加性效应更重要。

　　黄瓜耐冷性的遗传较为复杂，报道的结果差异甚大。Chung 等（2003）提出黄瓜耐冷性具有母系遗传特性。Kozik 和 Wehner（2008）研究表明黄瓜幼苗的耐冷性受 1 对完全显性基因 *Ch* 的控制。而 Gordon 和 Staub（2011）研究认为黄瓜幼苗的耐冷性由核、质因素共同控制，只是在不同程度的低温条件下，核、质因素对耐冷性的贡献程度不同。闫世江等（2011）研究发现黄瓜耐低温性的遗传受 2 对加性主基因＋加性-显性多基因控制，F_1 平均值略低于中亲值，主基因的遗传率为 62.87％～79.31％，多基因的遗传率为 3.45％～7.79％，环境方差所占的比率为 17.24％～25.97％。李恒松等（2015）发现黄瓜耐冷品系 0839 的耐冷性是由 1 对单显性基因控制的，位于第 6 连锁群上，与 SSR07248 标记的距离是 32.6cM。

　　张扬勇等（2011）研究认为甘蓝抗寒性的遗传符合加性-显性模型，以加性效应为主，随着寒害程度的增加其加性效应所占比重增加；一般配合力方差所占比重较大，一般配合力/特殊配合力的均方比大于 7，且差异极显著，因此在甘蓝抗寒育种中早期世代的选择可取得较好的效果。

　　西瓜的耐冷性研究报道较少。早期的研究发现，与西瓜幼苗冷敏性相关的花叶性状是由一个单隐性基因 *slv* 控制的。许勇等（2000）研究表明野生西瓜 PI482322 的耐冷性是由单个显性基因控制的，并获得了与之相距 6.98cM 的 RAPD 标记 OPG12/1950，此耐冷位点与 *slv* 位点相同，因此赋予野生西瓜 PI482322 耐冷性的基因是 slv^+。

五、抗旱、耐盐性

　　葡萄抗旱性是葡萄植株抵御环境水分胁迫的能力，一般采用叶片失绿黄化程度、相对含水量和原生质体细胞膜透性等作为抗旱性鉴定指标。F_1 代抗性呈现连续变异，表现为数量遗传的特征，亲本抗性强的组合获得抗旱杂交单株的几率大，有时还存在细胞质遗传的现象。野生葡萄杂种一代的抗性平均值一般接近双亲平均值，少数单株还会出现超亲遗传现象。

　　多数栽培番茄（*Solanum lycopersicum*）品种对干旱敏感，对盐中度敏感。一些野生种如 *S. sitiens*、潘那利番茄（*S. pennellii*）、多腺番茄（*S. corneliomulleri*）、智利番茄（*S. chilense*）等生长在极度干旱的西安第斯高海拔沙漠地区，尤其是 *S. sitiens* 和智利番茄（*S. chilense*），其生长地年降雨量仅为 0.9～1.5mm，是世界上最干旱的地区之一。而另外一些野生种，如醋栗番茄（*S. pimpinellifolium*）、秘鲁番茄（*S. peruvianum*）、契斯曼尼番茄（*S. cheesmaniae*）、潘那利番茄，可在盐碱含量较高的土壤中生存。这些野生种为了应对周围的逆境，自身演化形成了适应干旱和盐碱的特异机制。如潘那利番茄叶片表皮具有较多气孔，可吸收和利用空气中的水分；智利番茄具有发达的根系，可摄取深层土壤水分；在盐胁迫下，秘鲁番茄、潘那利番茄、契斯曼尼番茄仍能维持较高的相对水分含量，而且对不同离子具有选择吸收的能力。这些野生种为番茄耐旱和耐盐遗传改良提供了十分宝贵的资源材料。

　　黄瓜幼苗对土壤盐含量十分敏感。李艳茹和司龙亭（2011）以黄瓜耐盐和不耐盐自交系为亲本构建 6 个世代群体，采用数量性状主基因＋多基因模型分析法分析黄瓜幼苗耐盐性的遗传规律，结果发现黄瓜幼苗期耐盐性遗传受 1 对加性-显性主基因＋加性-显性-上位多基因控制，环境因素对黄瓜幼苗耐盐性遗传的影响较大。

　　邱杨和李锡香（2009）以不同耐盐水平的小白菜自交系为材料，采用完全双列杂交（正交全轮配法）配制杂交组合，研究发现小白菜耐盐性遗传符合加性-显性遗传模型；耐盐性主要表现为显性，盐敏感性为隐性；遗传效应中存在加性效应和显性效应，以显性效应为主，可能存在超显性，控制耐盐性表现显性的基因组数较少。

六、其他

（一）雄性不育性

十字花科植物的雄性不育最早见于 Tokumasu（1951）的报道，他在日本萝卜中首先发现了不育性受 1 对隐性基因（$msms$）控制。随后在青花菜、普通甘蓝、花椰菜、抱子甘蓝等蔬菜中发现了单隐性基因雄性不育。沈阳农业大学研究人员（1974）最早在大白菜中发现了核不育材料，通过测交筛选获得不育株稳定在 50% 左右的不育系统。在这种系统中，不育基因为 ms，不育株基因型为 $msms$；可育基因为 Ms，可育株基因型为 $MsMs$ 或 $Msms$。不育株与可育株杂交，后代中不育株与可育株呈 1:1 分离，同一系统既作不育系，又作保持系，一系两用，因此称作雄性不育"两用系"。迄今发现的大白菜雄性不育材料，大部分属于这种类型。其遗传模式如图 10-2。Van Der Meer（1987）报道了大白菜单显性基因控制的雄性不育，他在以可育株为轮回亲本、不育株为非轮回亲本的杂交中，回交子代可育株与不育株的比例为 1:1，且轮回亲本自交后代完全可育。因而推断不育基因为 Ms，可育基因为 ms，可育株 $msms$ 与不育株 $Msms$ 杂交，后代不育株与可育株按 1:1 分离。1 对显性核基因控制的雄性不育遗传模式如图 10-3。

$msms$（不育株）$\times Msms$（可育株）

↓

$msms$（不育株）和 $Msms$（可育株）

图 10-2　大白菜单隐性核基因雄性不育遗传模式

$Msms$（不育株）$\times msms$（可育株）

↓

$Msms$（不育株）和 $msms$（可育株）

图 10-3　大白菜单显性核基因雄性不育遗传模式

此外，张书芳（1990）在大白菜地方品种万泉青帮中发现了显性不育基因（Sp）及其显性上位基因（Ms），提出大白菜显性不育与显性上位基因互作雄性不育性遗传模式。之后有人发现了控制大白菜雄蕊育性的复等位基因 Ms^f，即存在 Ms^f、Ms 和 ms 3 个复等位基因。三者的显隐关系为 $Ms^f > Ms > ms$。不育株基因型有 $MsMs$ 和 $Msms$，可育株基因型有四种：$Ms^f Ms^f$、$Ms^f Ms$、$Ms^f ms$、$msms$。

萝卜雄性不育性有细胞核雄性不育和核质互作雄性不育两种类型。1951 年，在日本萝卜地方品种中发现不育性由核内隐性基因 ms 控制，该基因抑制绒毡层的发育。M. Nieuwhof（1990）认为至少存在 1 对或 2 对隐性基因和 1 对显性基因控制萝卜的雄性不育性，这些基因独立遗传，但并非一定在雄性不育材料中同时存在。我国学者何启伟等发现中国萝卜的雄性不育性是由同质不育的核隐性基因和不育的细胞质基因共同控制的核质互作类型。不育的细胞质基因为 S，正常的细胞质基因为 N，中国萝卜雄性不育的基因型为 S（$ms_1 ms_1 ms_2 ms_2$），保持系的基因型为 N（$ms_1 ms_1 ms_2 ms_2$）。

番茄雄性不育的表现主要分为：部位不育（L 型）、功能不育（J 型）、雄蕊退化（S 型）、花粉败育型。根据 Gabelman 对蔬菜作物各种不育现象的分类，番茄雄性不育受简单独立的隐性遗传基因控制。Larson 等（1954）认为番茄的雄性不育是由 1 对简单独立基因（$msms$）支配（图 10-4）。

（二）自交不亲和性

大白菜自交不亲和性是孢子体遗传，受一系列复等位基因 S_1、S_2、S_3……S_n 控制，具有相同 S 基因表现为不亲和，亲和与否主要决定了两孢子体的基因型，而不受花粉基因的

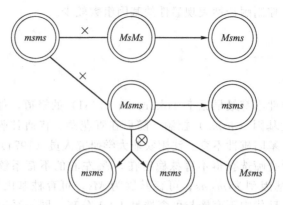

图 10-4　番茄雄性不育性的遗传

影响。当 S_1S_1 基因型母本接受了 S_1S_2 基因型父本的花粉以后,并不是具有 S_1 基因的花粉不萌发、具有 S_2 基因的花粉萌发,而取决于 S_1 与 S_1 基因间的相互关系。它们之间关系为独立、显隐和竞争减弱 3 种。独立就是两个基因彼此不干扰,各自发挥各自的作用。显隐就是一个基因能掩盖另一个基因的作用,显性可能是完全的,也可能是不完全的。例如,S_1 $S_1 \times S_1 S_2$,如果 S_1 和 S_2 的作用是独立的,则不亲和;如果 S_1 对 S_2 为显性,也不亲和;如果 S_2 对 S_1 为显性,则表现亲和。竞争减弱就是两个基因相互影响而减弱了原来的作用,减弱也有不同的程度。

萝卜的自交不亲和性也属于孢子体型。父母本交配时是否亲和不决定于雌雄配子的基因,决定于产生花粉的父本的基因是否具有与母本相亲和的基因。孢子体杂合时,雌雄蕊间 S 基因存在 4 种互作关系,即独立关系、显隐关系、竞争减弱和显隐性颠倒。

（三）性型

菠菜是雌雄同株,其性别表现由全雌性到全雄性,中间有不同程度的过渡类型。花的性型一般只有雌花和雄花,但有时出现少数二性完全花,甚至出现两性完全花的植株。菠菜性别主要受存在于染色体的 1 对 X 和 Y 基因及与其强连锁的性平衡基因 A、G 基因影响外,还受修饰基因和环境敏感基因的影响。A 能使 XX 株表现为雌二性株;G 能使 Y 的雄性减弱,使 XY 株表现为雄二性株。当 2 对基因平衡时,如 AG/AG 或 AG/ag 或 ag/ag 时,则 XX 为纯雌株,XY 为纯雄株。但在 AG 和 ag 发生交叉互换破坏平衡后,就产生二性株,如 $YYaaGG$ 表现为纯合的雄二性株,$XXAAgg$ 为纯合的雌二性株,$XYaaGg$ 为后代有分离的雄二性株。高温和短日照都能使雄性增强雌性减弱,日温 26.6℃、夜温 24℃比日温 21℃、夜温 18℃有增加雄性的趋势,不论温度高低,在 15～18h 光照下都比在 12h 光照下产生较多的雌株雌花,但温度愈高日照长短之间的差异愈小,即高温长日照下比低温长日照下雌性弱。

黄瓜的性型遗传主要有 3 种假说:①O. Shifriss 提出至少有 3 类基因控制黄瓜性表现;②E. Galun 提出有一群微效基因和 2 对主要基因控制性型;③B. Kubicki 发现了两个新的控制黄瓜性型的隐性基因,即 h 基因控制具有正常子房的完全花（1982 年基因命名修订后为 m-2）,以及 g 基因控制对雌雄为隐性的雌性型。以上几种,除 Kubicki 的假说外,其基本内容可概括为黄瓜性别主要由两个位点控制。陈惠明等认为,黄瓜花性别主要由 2 对基因控制,F 基因能加速植株的性转变进程,决定雌性化的程度,M 基因控制黄瓜植株性别是单性花或两性花,2 对基因共同作用形成了黄瓜性型的基本类型,纯雌株型是由 2 对纯合或杂合显性基因（$M\_F\_$）控制；雌雄同株和两性花株分别由 1 对纯合或杂合显性基因和 1 对纯合隐性基因控制（分别为 M_ff、$mmF\_$）；雄全株型由 2 对纯合隐性基因控制 $mmff$。黄瓜性别还存在隐性基因控制的强雌株系，该隐性基因 gy 可能与纯雌性基因 f 连锁。

思 考 题

1. 苹果和梨的果实大小有何共同的遗传规律？能否在其杂交后代中选出超亲的大果品种？为什么？

2. 试分析苹果紧凑型树型的遗传基础。紧凑型树型在现代果树育种中有何作用？

3. 试分析"粉果"番茄果实颜色形成的遗传基础。

4. 花色变异的机制是什么？试举例说明。

5. 园艺植物果实的风味构成因素有哪些？为什么说风味品质是复杂而重要的性状？

6. 试概述几种主要园艺植物成熟期遗传的特点，举例说明如何选育早熟品种。

7. 试分析现有的研究资料，说明番茄和黄瓜的耐热性遗传基础有何异同？

8. 费力宾科关于葡萄抗寒性遗传设想的主要观点是什么？它对葡萄抗寒育种有何指导意义？

9. 在园艺植物中发现的雄性不育类型有哪几种？哪种类型能在生产实践中广泛应用？为什么？

参 考 文 献

[1] 曾莉,曹必好,徐小万,等.辣椒抗疫病遗传与育种的最新研究进展.中国农学通报,2010,26(12):174-177.

[2] 程金水.园林植物遗传育种学.北京:中国林业出版社,2001.

[3] 戴朝曦.遗传学.北京:高等教育出版社,1998.

[4] 戴思兰.园林植物遗传学(第2版).北京:中国林业出版社,2010.

[5] 戴思兰.园林植物遗传学.北京:中国林业出版社,2005.

[6] 杜晓华,张菊平.园林植物遗传育种学.北京:中国水利水电出版社,2013.

[7] 季道藩.遗传学.北京:中国农业出版社,2000.

[8] 金陵科技学院.园艺植物遗传育种.北京:中国农业科学技术出版社,2005.

[9] 李惟基.新编遗传学教程.北京:中国农业大学出版社,2002.

[10] 梁红.植物遗传与育种.北京:高等教育出版社,2002.

[11] 林明宝,方木壬.黄瓜疫病抗性遗传研究.华南农业大学学报,2000,12(1):13-15.

[12] 刘振中,王雷存,高华,等.苹果白粉病抗性研究.西北林学院学报,2012,27(4):177-180.

[13] 齐乃敏,杨少军,朱龙英,等.番茄主要品质性状的遗传研究进展.上海农业学报,2006,22(4):140-143.

[14] 沈德绪.果树育种学.北京:农业出版社,1996.

[15] 沈德绪,林伯年.园艺植物遗传学.北京:农业出版社,1985.

[16] 沈洪波,陈学森,张艳敏.果树抗寒性的遗传与育种研究进展.果树学报,2002,19(5):292-297.

[17] 寿园园.苹果抗褐斑病性遗传分析与SSR分子标记.哈尔滨:东北农业大学,2009.

[18] 孙玉燕,刘磊,郑峥,等.番茄耐旱和耐盐遗传改良的研究进展及展望.园艺学报,2012,39(10):2061-2074.

[19] 谭其猛.蔬菜育种.北京:农业出版社,1983.

[20] 王萱,李宝聚,王立浩,等.辣椒白粉病及其抗病遗传与育种研究进展.中国蔬菜,2007,(11):37-41.

[21] 王亚馥,戴灼华.遗传学.北京:高等教育出版社,2001.

[22] 王益奎,李文嘉,莫贱友,等.茄子黄萎病及抗病遗传育种研究进展.中国蔬菜,2011,(14):9-14.

[23] 王勇,李玉玲,孙锋,等.葡萄抗旱性鉴定及其遗传倾向分析.植物生理学报,2015,51(6):835-839.

[24] 吴智明,吴丽君.辣椒疫病抗性遗传与抗病基因研究进展.北方园艺,2010,(5):213-215.

[25] 杨鹏鸣,周俊国.园林植物遗传育种学.郑州:郑州大学出版社,2010.

[26] 杨晓红.园林植物遗传育种学.北京:气象出版社,2004.

[27] 杨业华.普通遗传学.北京:高等教育出版社,2001.

[28] 张文珠,李加旺.蔬菜抗虫育种研究现状与前景.河南农业大学学报,1999,33(4):360-363.

[29] 朱军.遗传学(3版).北京:中国农业出版社,2002.

[30] 祝朋芳.园林植物遗传学.北京:化学工业出版社,2011.

[31] 易金鑫,侯喜林.茄子耐热性遗传表现.园艺学报,2002,29(6):529-532.

[32] 王述彬,刘金兵,潘宝贵.辣(甜)椒细胞质雄性不育胞质基因的遗传效应.上海农业学报,2006,22(4):14-17.

[33] 黄锐明,谢晓凯,卢永奋,等.茄子果长遗传效应的初步研究.广东农业科学,2006,(7):25-26.

[34] Grant V. Genetics of flowering plants. New York:Columbia University Press,1975.

[35] Griffiths A J F,Wesseler S R,Lewontin R C,et al. An introduction to genetic analysis(8th ed.). New York:Freeman and Worth Publishing Group,2005.

[36] Mok M C. Book Review:Plant Breeding and Genetics in Horticulture. Quarterly Review of Biology,1981.

[37] North C. Plant breeding and genetics in horticulture. London:Macmillan Publishers,1979.

[38] Snustad D P,Simmons M J. Principles of genetics(4thed.). New Jersey:John Wiley& Sons Inc,2006.